U0231217

图书在版编目（CIP）数据

2025 年版全国一级建造师建筑工程管理与实务案例专
题聚焦 / 龙炎飞主编；张楠副主编. -- 北京：中国建
工业出版社，2025. 3. -- ISBN 978-7-112-30926-9

Ⅰ. TU71

中国国家版本馆 CIP 数据核字第 2025P95A92 号

《2025 年版全国一级建造师建筑工程管理与实务案例专题聚焦》涵盖两大专题，助力
考生把握案例题中的基础部分、超教材外部分和拓展部分。专题一对教材可能涉及的案例
题考点按模块分知识点讲解；专题二对历年"建筑工程管理与实务"科目案例题中超教材
外考点进行解析，对涉及的规范进行引申。

责任编辑：李笑然　牛　松
责任校对：赵　力

2025 年版全国一级建造师
建筑工程管理与实务
案例专题聚焦
龙炎飞　主　编
张　楠　副主编

*

中国建筑工业出版社出版、发行（北京海淀三里河路 9 号）
各地新华书店、建筑书店经销
北京鸿文瀚海文化传媒有限公司制版
北京市密东印刷有限公司印刷

*

开本：787 毫米 × 1092 毫米　1/16　印张：$20\frac{3}{4}$　字数：513 千字
2025 年 2 月第一版　2025 年 2 月第一次印刷
定价：86.00 元
ISBN 978-7-112-30926-9
（44576）

2025年版全国一级建造师建筑工程管理与实务案例专题聚焦

龙炎飞　主　编

张　楠　副主编

中国建筑工业出版社

前言

　　自2004年首次举办全国一级建造师考试以来，题目难度逐年增加，考查的综合性、灵活性越来越强。尤其是实务操作和案例分析题部分，涉及面广、考点偏，与工程实践的结合越来越紧密，增加了大量实务操作内容。目前市面上关于一级建造师考试的辅导用书种类繁多，质量参差不齐，内容大多千篇一律，而质量过硬且能卓有成效地帮助考生通过考试的辅导用书却并不多见，特别是缺乏能切实帮助考生进行案例题备考的辅导用书。本书汇集编者多年授课经验，凝练讲义核心知识，分析和梳理历年考试真题，急考生之所需，解考试之难点，以"稳、准"两步助力考生通关。《2025年版全国一级建造师建筑工程管理与实务案例专题聚焦》包括以下两个专题：

　　专题一：案例题必备考点

　　夯实基础求"稳"。采用模块化教学对教材知识点进行分类汇总，针对知识点逐个进行近八年考情详解及可考性评估，提供教材必考知识点总结以及考点对应的历年真题解析，答案力求精准不拖沓，方便考生理解。

　　专题二：历年真题拓展考点与难点解析

　　拓展解析要"准"。全国一级建造师"建筑工程管理与实务"科目考试中案例题部分超教材范围考点，往往考查的是建筑工程领域最新规定及常用的国家标准。对于这部分题目，网络上提供的所谓"标准答案"千奇百怪，甚至引用了错误的法规和标准。本专题针对历年真题中超教材外考点进行详解，引用相应的法规、文件和标准，一招使考生掌握真题中超教材外的命题点和出题思路。

　　本书得以面世，要感谢西安建筑科技大学绿色建筑专业博士们的帮助，感谢各位同仁为本书的编写和出版提供的支持，感谢胡宗强老师的中肯意见，感谢中国建筑工业出版社各位编辑的悉心审校。本书内容虽经反复推敲，但不免有疏漏和不妥之处，恳请广大读者提出宝贵意见或建议，欢迎批评指正。

　　愿我的努力能够帮助广大考生顺利通过"建筑工程管理与实务"科目的考试。

龙炎飞

2025年1月

专题一：案例题必备考点

第一章　施工技术及质量　/　003

考点一：变形测量　/　004

考点二：基坑支护　/　006

考点三：基坑监测　/　011

考点四：人工降排地下水　/　012

考点五：土方工程　/　014

考点六：基坑验槽　/　016

考点七：地基处理方法　/　017

考点八：桩基础施工　/　018

考点九：混凝土基础施工　/　023

考点十：模板工程　/　027

考点十一：钢筋工程　/　030

考点十二：普通混凝土工程　/　034

考点十三：砖砌体工程　/　039

考点十四：填充墙砌体工程　/　040

考点十五：钢结构工程　/　042

考点十六：装配式混凝土结构工程　/　044

考点十七：屋面防水工程　/　050

考点十八：保温隔热工程　/　054

考点十九：地下防水工程　/　056

考点二十：轻质隔墙工程　/　059

考点二十一：吊顶工程　/　060

考点二十二：地面工程　/　061

考点二十三：幕墙工程　/　062

考点二十四：智能建造新技术　/　064

考点二十五：季节性施工技术 / 065

第二章 质量管理 / 068

考点一：项目质量计划及质量策划 / 069

考点二：项目施工质量检查与检验 / 071

考点三：地基与基础工程质量通病 / 073

考点四：主体结构工程质量通病 / 074

考点五：屋面与防水工程质量通病 / 077

第三章 验收 / 081

考点一：《建筑与市政工程施工质量控制通用规范》
GB 55032—2022关于施工质量验收的规定 / 082

考点二：地基基础工程质量验收 / 082

考点三：主体结构工程质量验收 / 084

考点四：装饰装修工程质量验收 / 087

考点五：节能工程质量验收 / 089

考点六：室内环境质量验收 / 091

考点七：单位工程竣工验收 / 095

考点八：工程资料与归档 / 097

第四章 施工组织 / 101

考点一：施工组织设计 / 102

考点二：主要专项施工方案编制与管理 / 103

考点三：施工平面布置 / 105

考点四：施工临时用电 / 110

考点五：施工临时用水 / 113

考点六：施工检验与试验 / 116

第五章 工程招标投标与合同管理 / 121

考点一：工程招标与投标 / 122

考点二：工程总承包合同管理 / 123

考点三：施工总承包合同管理、专业分包及劳务分包合同管理 / 124

考点四：材料和设备采购合同管理 / 126

考点五：索赔 / 128

第六章 工程造价及成本 / 132

考点一：工程量清单计价 / 133

考点二：工程造价 / 136

考点三：合同价款确定 / 143

考点四：预付款、起扣点和进度款计算 / 143

考点五：竣工结算及调整方法 / 146

考点六：施工成本计划及分解 / 149

考点七：成本控制方法 / 150

考点八：成本分析方法 / 154

第七章 进度 / 157

考点一：流水施工基本概念 / 158

考点二：流水施工时间参数计算及绘图 / 160

考点三：双代号网络计划 / 166

考点四：实际进度前锋线 / 175

考点五：施工进度计划编制 / 178

考点六：施工进度控制 / 181

第八章 安全 / 186

考点一：危大工程与超危大工程范围 / 187

考点二：危大工程专项施工方案 / 189

考点三：施工安全管理内容 / 191

考点四：施工安全危险源 / 194

考点五：安全检查的内容 / 196

考点六：安全检查的形式 / 197

考点七：安全检查的方法及要求 / 198

考点八：安全检查的标准 / 199

考点九：地基与基础工程安全管理要点 / 204

考点十：脚手架工程安全管理要点 / 205

考点十一：主体工程安全管理要点 / 212

考点十二：吊装工程安全管理要点 / 213

考点十三：高处作业安全管理要点 / 214

考点十四：塔式起重机安全管理要点 / 221

考点十五：施工电梯安全管理要点 / 223

考点十六：其他建筑机具安全管理要点 / 224

考点十七：常见施工生产安全事故及预防 / 226

考点十八：生产安全重大事故隐患判定标准 / 228

第九章 绿色建造及施工现场环境 / 230

考点一：绿色建造及信息化技术应用 / 231

考点二：环境保护技术要点 / 232

考点三：绿色施工组织与管理 / 232

考点四：绿色施工技术要点 / 233

考点五：施工现场卫生防疫 / 235

考点六：施工职业健康管理 / 236

考点七：文明施工 / 237

考点八：施工现场防火要求 / 238

考点九：施工现场消防管理 / 239

第十章　资源 / 243

考点一：材料与半成品管理 / 244

考点二：材料与半成品质量控制 / 248

考点三：机械设备管理 / 249

考点四：劳动用工管理 / 252

第十一章　其他 / 256

考点一：施工许可管理规定 / 257

考点二：施工现场建筑垃圾减量化有关规定 / 258

考点三：危及生产安全施工工艺、设备和材料淘汰目录（第一批） / 258

考点四：施工项目管理机构 / 260

考点五：绿色建筑评价标准 / 261

考点六：建筑碳排放计算 / 264

考点七：建设工程消防设计审查验收有关规定 / 265

专题二：历年真题拓展考点与难点解析

案例一（2023年一建真题案例一节选）/ 269

案例二（2022年一建真题案例一节选）/ 272

案例三（2022年一建真题案例四节选）/ 275

案例四（2022年一建真题案例五节选）/ 277

案例五（2021年一建真题案例一节选）/ 279

案例六（2021年一建真题案例三节选）/ 281

案例七（2020年一建真题案例一节选）/ 284

案例八（2018年一建真题案例五节选）/ 290

案例九（2017年一建真题案例五节选）/ 293

案例十（2016年一建真题案例三节选）/ 296

案例十一（2016年一建真题案例五节选）/ 298

案例十二 （2014年一建真题案例四节选，规范有更新） / 302

案例十三 （2011年一建真题案例一节选） / 305

案例十四 （2020年二建真题案例一节选） / 307

案例十五 （2020年二建真题案例二节选） / 309

案例十六 （2019年二建真题案例二节选） / 310

案例十七 （2018年二建真题案例一节选） / 312

案例十八 （2018年二建真题案例四节选） / 314

案例十九 （2016年二建真题案例一节选） / 316

案例二十 （2016年二建真题案例三节选） / 319

案例二十一 （2015年二建真题案例三节选） / 320

案例二十二 / 321

专题一：案例题必备考点

　　全国一级建造师"建筑工程管理与实务"科目考试之所以难，主要是有120分的案例题。本书第一部分针对教材知识点，按照模块对知识点进行分类和汇总，让大家在案例题复习和备考过程中做到事半功倍。本专题分为十一章来讲解。

第一章

施工技术及质量

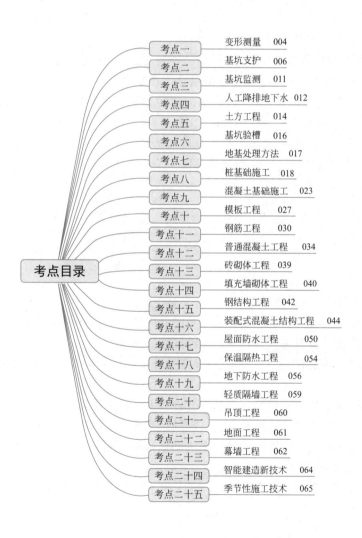

考点目录

考点一　变形测量　004

考点二　基坑支护　006

考点三　基坑监测　011

考点四　人工降排地下水　012

考点五　土方工程　014

考点六　基坑验槽　016

考点七　地基处理方法　017

考点八　桩基础施工　018

考点九　混凝土基础施工　023

考点十　模板工程　027

考点十一　钢筋工程　030

考点十二　普通混凝土工程　034

考点十三　砖砌体工程　039

考点十四　填充墙砌体工程　040

考点十五　钢结构工程　042

考点十六　装配式混凝土结构工程　044

考点十七　屋面防水工程　050

考点十八　保温隔热工程　054

考点十九　地下防水工程　056

考点二十　轻质隔墙工程　059

考点二十一　吊顶工程　060

考点二十二　地面工程　061

考点二十三　幕墙工程　062

考点二十四　智能建造新技术　064

考点二十五　季节性施工技术　065

考点一：变形测量

历年考情分析

年份	2014	2015	2016	2017	2018	2019	2020	2021	2022	2023	2024
案例	教材无此内容		√					√			

1. 施工期间变形监测内容

（1）各单体建筑：沉降观测。

（2）基坑工程：基坑及其支护结构变形监测、周边环境变形监测。

（3）高层和超高层建筑：水平位移监测、垂直度及倾斜观测、挠度监测、日照变形监测、风振变形监测。

2. 变形观测精度及基准点设置

（1）变形测量精度等级：特等、一等、二等、三等、四等共五级。

（2）变形测量基准点分为：沉降基准点和位移基准点。

① 沉降基准点：特等、一等沉降观测，基准点不应少于4个；其他等级沉降观测，基准点不应少于3个；基准点之间应形成闭合环。

② 位移基准点：对水平位移观测、基坑监测或边坡监测，应设置位移基准点。基准点数对特等和一等不应少于4个，对其他等级不应少于3个。

总结如下图：

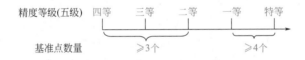

3. 沉降观测

（1）沉降观测点布设位置：

① 建筑四角、核心筒四角、大转角处及沿外墙每10～20m处或每隔2～3根柱基上。

② 高低层建筑、新旧建筑和纵横墙等的交接处两侧。

③ 对于宽度≥15m的建筑，应在承重内隔墙中部设内墙点，并在室内地面中心及四周设地面点。

④ 框架结构及钢结构建筑的每个和部分柱基上或沿纵横轴线上。

⑤ 筏形基础、箱形基础底板或接近基础的结构部分之四角处及其中部位置。

⑥ 超高层建筑和大型网架结构的每个大型结构柱监测点不宜少于2个，且对称布置。

（2）周期和时间要求：

开始	基础完工后和地下室砌完后
过程中	每加高2～3层观测1次
停工	停工时和重新开工时各测1次，期间每隔2～3个月测1次

4. 基坑变形观测

基坑变形观测分为基坑支护结构变形观测和基坑回弹观测。

（1）基坑围护墙或基坑边坡顶部变形观测点沿基坑周边布置，周边中部、阳角处、邻近被保护对象的部位应设监测点；监测点水平间距不宜大于20m，且每边监测点数目不宜少于3个。水平和竖向位移监测点宜为共用点。

（2）基坑围护墙或土体深层水平位移监测点宜布置在围护墙的中间部位、阳角处及有代表性的部位。监测点水平间距宜为20～60m，每侧边不应少于1个。

5. 倾斜观测

根据倾斜速率每1～2月观测1次。

6. 变形观测过程中发生下列情况之一时，必须立即实施安全预案，同时应提高观测频率或增加观测内容：

（1）变形量或变形速率出现异常变化。

（2）变形量或变形速率达到或超出预警值。

（3）周边或开挖面出现塌陷、滑坡情况。

（4）建筑本身、周边建筑及地表出现异常。

（5）由于地震、暴雨、冻融等自然灾害引起的其他异常变形情况。

【经典案例回顾】

例题1（2021年·背景资料节选）：某施工单位承建一高档住宅楼工程，钢筋混凝土剪力墙结构，地下2层，地上26层。施工单位项目部根据该工程特点，编制了"施工期变形测量专项方案"，明确了建筑测量精度等级为一等，规定了两类变形测量基准点设置均不少于4个。

问题：建筑变形测量精度分几个等级？变形测量基准点分哪两类？基准点设置要求有哪些？

答案：

（1）建筑变形测量精度等级共分五级。

（2）变形测量基准点分为：沉降基准点和位移基准点。

（3）基准点设置要求是：

① 特等、一等精度基准点数量不应少于4个，其他等级精度基准点数量不应少于3个。

② 沉降基准点之间应形成闭合环。

例题2（2016年·背景资料节选）：地下结构施工过程中，测量单位按变形测量方案实施监测时，发现基坑周边地表出现明显裂缝，立即将此异常情况报告给施工单位。施工单位立即要求测量单位实施安全预案。

问题：变形测量发现异常情况后，第三方测量单位还应及时采取哪些措施？针对变形测量，除基坑周边地表出现明显裂缝外，还有哪些异常情况也应立即报告委托方？

答案：

（1）应采取的措施：提高观测频率、增加观测内容。

（2）还应报告委托方的异常情况有：

① 变形量或变形速率出现异常变化。

② 变形量或变形速率达到或超出预警值。

③ 周边或开挖面出现塌陷、滑坡情况。

④ 建筑本身、周边建筑出现异常。

⑤ 由于地震、暴雨、冻融等自然灾害引起的其他异常变形情况。

例题3（背景资料节选）：基坑施工过程中对其支护结构进行变形观测，变形观测精度等级为一等，观测基准点设置3个。围护墙顶部变形观测点沿基坑周边布置，观测点间距为35m，每侧边不少于1个观测点。

问题：指出背景资料中基坑支护结构变形观测的错误之处，并说明理由。

答案：

错误1：基坑支护结构变形观测基准点设置3个。

理由：变形观测精度等级为一等时，变形观测基准点不应少于4个。

错误2：围护墙顶部变形观测点间距为35m。

理由：围护墙顶部变形观测点间距不宜大于20m。

错误3：每侧边不少于1个观测点。

理由：每侧边不宜少于3个观测点。

> 笔 记 区
>
> _____
>
> _____
>
> _____

考点二：基坑支护

历年考情分析

年份	2014	2015	2016	2017	2018	2019	2020	2021	2022	2023	2024
案例	√			√							√

一、灌注桩排桩支护

（1）由支护桩、支撑（或土层锚杆）及防渗帷幕等组成。

（2）排桩根据支撑情况可分为悬臂式支护结构、锚拉式支护结构、内撑式支护结构和内撑-锚拉混合式支护结构。排桩支护结构的桩身混凝土强度等级不应低于C25。

（3）适用条件：基坑侧壁安全等级为一级、二级、三级；适用于可采取降水或止水帷幕的基坑。除悬臂式适用于浅基坑，其他都适用于深基坑。

（4）灌注桩排桩应采用间隔成桩的施工顺序，已完成浇筑混凝土的桩与邻桩间距应大于4倍桩径，或间隔施工时间应大于36h。

（5）灌注桩顶应充分泛浆，高度不应小于500mm；水下灌注混凝土时，混凝土强度应比设计桩身强度提高一个强度等级进行配制。

（6）截水帷幕与灌注桩排桩间的净距宜小于200mm。采用高压旋喷桩时，应先施工灌注桩，再施工高压旋喷截水帷幕。

（7）基坑开挖后，排桩的桩间土防护可采用钢丝网混凝土护面、砖砌等处理方法。

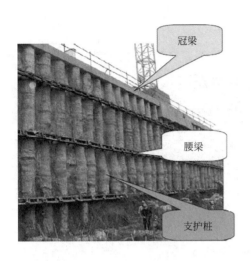

二、地下连续墙

（1）适用条件：基坑侧壁安全等级为一级、二级、三级；适用于周边环境条件很复杂的深基坑。

（2）应设置钢筋混凝土导墙：强度等级不低于C20，厚度不小于200mm；导墙顶面应高出地面100mm，导墙高度不小于1.2m；导墙内净距应比地下连续墙设计厚度加宽40mm。

（3）地下连续墙单元槽段长度宜为4～6m。

（4）水下混凝土应采用导管法连续浇筑。导管水平布置距离不应大于3m，距槽段端部不应大于1.5m，导管下端距槽底宜为300～500mm，现场混凝土坍落度宜为（200±20）mm，强度等级比设计等级提高一级配制，混凝土浇筑面宜高出设计标高300～500mm。

（5）混凝土达到设计强度后方可进行墙底注浆。注浆管应采用钢管；单元槽段内不少于2根；注浆管下端应伸到槽底200～500mm；注浆总量达到设计要求或注浆量达到80%以上，压力达到2MPa可终止注浆。

导墙开挖

导墙钢筋绑扎

导墙混凝土浇筑

导墙结构支撑

成槽开挖

钢筋笼起吊

钢筋笼入槽

混凝土浇筑

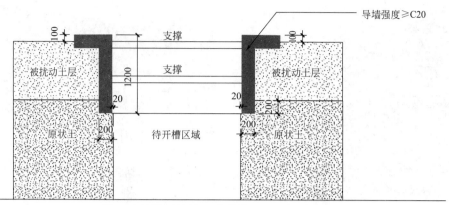

地下连续墙导墙施工（单位：mm）

三、土钉墙

1. 类型及验算内容

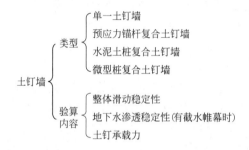

2. 施工要求

（1）土钉不应超出建筑用地红线范围。

（2）土钉墙施工遵循"超前支护，分层分段，逐层施作，限时封闭，严禁超挖"的原则。

（3）每层土钉施工后，应抽查土钉的抗拔力。土钉检测数量不宜少于土钉总数的1%，且同一土层中的土钉检测数量不应少于3根。

（4）开挖后及时封闭临空面，在24h内完成土钉安放和喷射混凝土面层。（淤泥质土12h内）

（5）土钉水平间距和竖向间距宜为1～2m；土钉倾角宜为5°～20°。

（6）上一层土钉完成注浆48h后，才可开挖下层土方。

（7）成孔注浆型钢筋土钉应采用两次注浆工艺施工。第一次（水泥砂浆）注浆量不小于钻孔体积的1.2倍；初凝后方可进行第二次注浆（纯水泥浆），注浆量为第一次注浆量的30%～40%，注浆压力宜为0.4～0.6MPa。

（8）钢筋网：宜在喷射一层混凝土后铺设，采用双层钢筋网时，第二层钢筋网应在第一层钢筋网被混凝土覆盖后铺设。

（9）喷射混凝土的骨料最大粒径不应大于15mm。作业应分段分片进行，同一分段内应自下而上，一次喷射厚度不宜大于120mm。

（10）土钉筋体保护层厚度不应小于25mm。

四、内支撑

（1）支撑系统的施工与拆除顺序应与支撑结构的设计工况一致，严格执行先撑后挖的原则。

（2）钢筋混凝土支撑拆除，可采用机械拆除、爆破拆除，爆破孔宜采取预留方式。爆破前应先切割支撑与围檩或主体结构连接的部位。

五、支护结构的选型

1. 支护结构选型时，应综合考虑下列因素：

（1）基坑深度。

（2）土的性状及地下水条件。

（3）基坑周边环境对基坑变形的承受能力及支护结构失效的后果。

（4）主体地下结构和基础形式及其施工方法、基坑平面尺寸及形状。

（5）支护结构施工工艺的可行性。

（6）施工场地条件及施工季节。

（7）经济指标、环保性能和施工工期。

2. 基坑侧壁安全等级是一级时，适用的支护结构有：

（1）灌注桩排桩：适用于可采取降水或止水帷幕的基坑。

（2）地下连续墙：适用于周边环境条件很复杂的深基坑。

（3）咬合桩围护墙：适用于较深的基坑，可同时用于截水。

（4）型钢水泥土搅拌墙：适用于黏性土、粉土、砂土、砂砾土等较深的基坑，深度不宜大于12m。

（5）板桩围护墙：适用于黏性土、粉土、砂土等较深的基坑，深度不宜大于12m。

【经典案例回顾】

例题1（2024年·背景资料节选）：某商品住宅项目，施工单位技术部门在审核基坑专项施工方案时，提出以下内容存在不妥之处，要求修改：

（1）灌注桩桩身设计强度等级为C20，采用水下灌注时提高一个等级。

（2）高压旋喷桩截水帷幕与灌注桩排桩净距小于200mm，先施工截水帷幕，后施工灌注桩。

（3）灌注桩顶部泛浆高度不大于300mm，节约混凝土用量。

（4）基坑内支撑的拆除顺序根据现场施工工况调整。

（5）项目部委托具备相应资质的第三方进行基坑监测。

问题：指出项目部基坑专项施工方案中不妥之处的正确做法。

答案：

正确做法1：桩身混凝土强度等级不宜低于C25。

正确做法2：采用高压旋喷桩时，应先施工灌注桩，再施工高压旋喷截水帷幕。

正确做法3：灌注桩顶部应充分泛浆，高度不应小于500mm。

正确做法4：基坑内支撑拆除顺序应与支撑结构的设计工况一致，严格执行先撑后挖的原则。

正确做法5：建设单位委托具备相应资质的第三方进行基坑监测。

例题2（背景资料节选）：某办公楼工程，建筑面积82000m²，地下3层，地上20层，钢筋混凝土框剪结构。距基坑边7m处有一栋6层住宅楼。地基土层为粉质黏土和粉砂，地下水为潜水，地下水位−9.500m，自然地面高程−0.500m。基础为片筏基础，埋深14.5m，基础底板混凝土厚1500mm。基坑支护工程专业施工单位提出了基坑支护降水采用"排桩+锚杆+截水帷幕+降水井"方案，施工总承包单位要求对基坑支护降水方案进行比选后确定。

问题：适用于本工程的基坑支护降水方案还有哪些？

答案：

（1）地下连续墙+内支撑+降水井。

（2）排桩+内支撑+截水帷幕+降水井。

（3）咬合桩围护墙+内支撑+降水井。

解析：

本问题难度很大，要求考生有一定的现场施工经验。

（1）周边住宅楼距离基坑边仅7m，而基坑开挖深度为14.5m，开挖深度范围内有单体建筑，故基坑侧壁安全等级为一级，支护形式只能选地下连续墙、排桩或咬合桩围护墙。型钢水泥土搅拌墙和板桩围护墙适用于基坑深度不宜大于12m的情况，所以在此不能采用。

（2）地下水位−9.500m，开挖前水位至少降到坑底以下0.5m以上，必须设置降水井。

（3）降水过程中，为保证基坑外水不渗透至坑内，必须设置截水帷幕；若支护形式为地下连续墙或咬合桩围护墙时，可不再设截水帷幕。

（4）本基坑地下3层，地下开挖深度为14.5m，用单一支护无法抵抗周边土的侧压力，必须加混凝土内支撑或锚杆。

例题3（背景资料节选）：基坑支护采用地下连续墙结构。施工时先设置现浇钢筋混凝土导墙，混凝土强度等级为C20；导墙厚度为150mm，高度为1m，顶面高出地面80mm；导墙内净距和地下连续墙厚度相同。地下连续墙采用分段成槽，槽段长度为8m。水下浇筑混凝土时，导管水平布置距离为4m，至槽段端部距离为2m，混凝土坍落度为100mm。混凝土达到设计强度后进行墙底注浆，注浆管下端伸到槽底部，注浆总量达到设计要求，压力达到2MPa终止注浆。

问题：背景资料存在哪些不妥？说明理由。

答案：

不妥1：导墙厚度为150mm，高度为1m，顶面高出地面80mm。

理由：导墙厚度不应小于200mm，高度不应小于1.2m，顶面应高出地面100mm。

不妥2：导墙内净距和地下连续墙厚度相同。

理由：导墙内净距应比地下连续墙设计厚度加宽40mm。

不妥3：槽段长度为8m。

理由：地下连续墙单元槽段长度宜为4～6m。

不妥4：导管水平布置距离为4m，至槽段端部距离为2m，混凝土坍落度为100mm。

理由：导管水平布置距离不应大于3m，至槽段端部距离不应大于1.5m，混凝土坍落度为（200±20）mm。

不妥5：注浆管下端伸到槽底部。

理由：注浆管下端应伸到槽底200～500mm。

笔记区

考点三：基坑监测

历年考情分析

年份	2014	2015	2016	2017	2018	2019	2020	2021	2022	2023	2024
案例	教材无此内容										√

1. 基坑工程施工前，应由建设方委托具备相应资质的第三方对基坑工程实施现场监测。

2. 基坑工程监测，应符合下列规定：

（1）基坑工程施工前，应编制基坑工程监测方案。监测方案应经建设方、设计方等认可，必要时还应与基坑周边环境涉及的有关管理单位协商一致后方可实施。（来自《建筑基坑工程监测技术标准》GB 50497—2019中的第3.0.3条）

（2）应至少进行围护墙顶部水平位移、沉降以及周边建筑、道路等沉降监测。

（3）监测点应沿基坑围护墙顶部周边布设，周边中部、阳角处应布点。

3. 基坑工程的现场监测应采用仪器监测与现场巡视检查相结合的方法。巡视检查的方法以目测为主，可辅以锤、钎、量尺、放大镜等工器具以及摄像、摄影等设备。

4. 当出现下列情况之一时，必须立即进行危险报警，并应通知有关各方对基坑支护结构和周边环境保护对象采取应急措施。

（1）基坑支护结构的位移值突然明显增大或基坑出现流沙、管涌、隆起或陷落等。

（2）基坑支护结构的支撑或锚杆体系出现过大变形、压曲、断裂、松弛或拔出的迹象。

（3）基坑周边建筑的结构部分出现危害结构的变形裂缝。

（4）基坑周边地面出现较严重的突发裂缝或地下裂缝、地面下陷。

（5）基坑周边管线变形突然明显增长或出现裂缝、泄漏等。

（6）冻土基坑经受冻融循环时，基坑周边土体温度显著上升，发生明显的冻融变形。

（7）出现其他危险需要报警的情况。

【经典案例回顾】

例题（背景资料节选）：基坑开挖前，施工单位委托具有相应资质的第三方对基坑工程进行现场监测，监测单位编制了监测方案，明确了支护结构的位移值出现突然明显增大等情形时立即进行危险报警。监测方案经建设方、监理方认可后开始实施。

问题：基坑监测管理工作有哪些不妥之处？说明理由。基坑支护结构还有哪些情形也应立即报警？

答案：

1. 不妥之处及理由：

不妥1：施工单位委托基坑监测单位。

理由：应由建设单位委托。

不妥2：监测方案经建设方、监理方认可后实施。

理由：应经建设方、设计方认可后实施。

2. 应立即报警的基坑支护结构情形还有：基坑支护结构的支撑或锚杆体系出现过大变形、压曲、断裂、松弛或拔出的迹象。

```
笔记区
_____
_____
_____
_____
```

考点四：人工降排地下水

历年考情分析

年份	2014	2015	2016	2017	2018	2019	2020	2021	2022	2023	2024
案例											

一、地下水控制技术方案选择

（1）软土地区开挖深度浅时，用排水沟和集水井进行集水明排。

（2）开挖深度超过3m，一般就要用井点降水。

（3）当因降水而危及基坑及周边环境安全时，宜采用截水或回灌方法。

（4）当基坑底为隔水层且层底作用有承压水时，应进行坑底突涌验算。必要时可采取水平封底隔渗或钻孔减压措施。（突涌验算承压水，钻孔减压水平封）

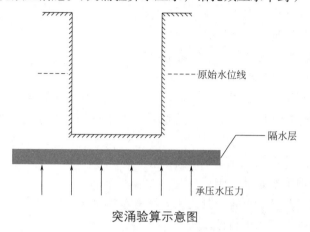

突涌验算示意图

二、降水施工技术

降水方法	轻型井点	喷射井点	降水管井
土料要求	填土、黏性土、粉土、砂土		碎石土和黄土，不适用于填土
渗透系数要求	$1 \times 10^{-7} \sim 2 \times 10^{-4}$ cm/s（小）		真空：$> 1 \times 10^{-6}$ cm/s（大） 非真空：$> 1 \times 10^{-5}$ cm/s（大）
降水深度	单级轻型井点：6m 以内 多级轻型井点：6 ~ 10m	8 ~ 20m	> 6m
注：降水深度从地面开始往下计算			

口诀：一类明排三类井；井点选择两标定。

注解：一类明排：排水明沟 + 集水井。

三类井：轻型井点、喷射井点、管井。

两标：渗透系数（也即土料），降水深度。

三、截水和回灌

1. 截水

（1）利用截水帷幕切断基坑外的地下水流入基坑内。

（2）截水帷幕渗透系数宜小于 1×10^{-6} cm/s，常用高压喷射注浆、地下连续墙、小齿口钢板桩、深层水泥土搅拌桩等。

2. 回灌

将抽出的地下水通过回灌井点持续地再灌入地基土层内，使地下降水的影响半径不超过回灌井点的范围。

【经典案例回顾】

例题（背景资料节选）：某框架结构，基坑深度为8.2m，地下水位较高，基坑侧壁安全等级为一级。地基土渗透系数较大，且含有大量碎石土。施工单位根据基坑深度、周边环境等因素综合考虑采用复合土钉墙支护方式，在编制基坑支护方案时，考虑渗透系数较大，降水深度较深，拟采用多级轻型井点降水，并在四周设置深层水泥土搅拌桩截水帷幕。

问题1：降水方式是否合理？说明理由。降水深度是多少？截水帷幕还有哪些方式？

答案：

（1）降水方式不合理。

理由：本工程渗透系数较大，适合采用管井降水。

（2）降水深度=8.2+0.5=8.7m。

（3）截水帷幕还有高压喷射注浆、地下连续墙、小齿口钢板桩。

问题2：基坑支护选型考虑的因素还有哪些？本工程的支护方式是否合理？说明理由。

答案：

（1）基坑支护选型考虑的因素还有：

① 土的性状及地下水条件。

② 主体地下结构和基础形式及其施工方法、基坑平面尺寸及形状。

③ 支护结构施工工艺的可行性。

④ 施工场地条件及施工季节。

⑤ 经济指标、环保性能和施工工期。

（2）本工程的支护方式不合理。

理由：复合土钉墙支护方式适用于基坑侧壁安全等级为二、三级。

笔 记 区

考点五：土方工程

历年考情分析

年份	2014	2015	2016	2017	2018	2019	2020	2021	2022	2023	2024
案例					√						

一、土方开挖

（1）遵循"开槽支撑，先撑后挖，分层开挖，严禁超挖"的原则。

（2）挖土方案有放坡挖土、中心岛式挖土、盆式挖土和逆作法挖土。前者无支护，后三种皆有支护结构。

（3）分层开挖时，分层厚度宜控制在3m以内；多级放坡开挖时，坡间平台宽度不小于3m。

（4）土钉墙支护的基坑开挖应分层分段进行，每层分段长度不宜大于30m。

（5）在地下水位以下挖土，应在基坑四周挖好临时排水沟和集水井，或采用井点降水，将水位降低至坑底以下500mm以上。降水工作持续到基础（地下水位下回填土）施工完成。

二、土方回填

1. 土料要求：

（1）不能选用淤泥、淤泥质土、有机质大于5%的土及含水量不符合压实要求的黏性土。

（2）填方土应尽量采用同类土。

2. 从场地最低处开始，由下而上在整个宽度分层回填，且应在下层土的压实系数经试验合格后方可进行上层土回填。

3. 每层虚铺厚度应根据压实机具确定，见下表：

压实机具	分层厚度（mm）	每层压实遍数（次）
平碾	250～300	6～8
振动压实机	250～350	3～4
柴油打夯机	200～250	3～4
人工打夯	<200	3～4

4. 冬期施工时每层铺土厚度应比常温施工时减少20%～25%，预留沉降量比常温时要增加。

5. 填方应在相对两侧或周围同时进行回填和夯实。

6. 填方的密实度要求和质量指标通常以压实系数表示。（方法：环刀法）

【经典案例回顾】

例题1（2018年·背景资料节选）：监理工程师在检查土方回填施工时发现：回填土料混有建筑垃圾，土料铺填厚度大于400mm，采用振动压实机压实2遍成活，每天将回填2～3层用环刀法取的土样统一送检测单位检测压实系数，对此提出整改要求。

问题：指出土方回填施工中的不妥之处，并写出正确做法。

答案：

不妥1：回填土料混有建筑垃圾。

正确做法：填方土应尽量采用同类土，不能混有建筑垃圾。

不妥2：土料铺填厚度大于400mm。

正确做法：振动压实机夯实时，土料铺填厚度为250～350mm。

不妥3：采用振动压实机压实2遍成活。

正确做法：每层压实3～4遍。

不妥4：2～3层土样统一送检。

正确做法：每层土单独取样送检。

例题2（背景资料节选）：某办公楼工程，建筑面积为82000m²，地下3层，地上20层，钢筋混凝土框剪结构。地基土层为粉质黏土和粉砂，地下水为潜水，地下水位-9.500m，自然地面高程-0.500m。基础为片筏基础，埋深14.5m。在基坑降水的施工方案中说明：

采用轻型井点降水，在地下水位以下挖土的过程中，基坑降水至基坑坑底标高处，降水工作持续至基础垫层施工完毕。

问题：基坑降水施工方案有哪些不妥之处？并写出正确做法。

答案：

不妥1：采用轻型井点降水。

正确做法：应采用喷射井点降水。

不妥2：基坑降水至基坑坑底标高处。

正确做法：应将地下水位降低至坑底以下500mm以上。

不妥3：降水工作持续至基础垫层施工完毕。

正确做法：应持续到基础（地下水位下回填土）施工完成。

笔 记 区
_____
_____
_____
_____

考点六：基坑验槽

历年考情分析

年份	2014	2015	2016	2017	2018	2019	2020	2021	2022	2023	2024
案例											

一、验槽具备的资料和条件

1. 需具备的资料

（1）地基基础设计文件。

（2）岩土工程勘察报告。

（3）轻型动力触探记录（可不进行时除外）。

（4）地基处理或深基础施工质量检测报告。

2. 需具备的条件

（1）五方技术人员到场。

（2）基底应为无扰动的原状土，留置有保护层时其厚度不应超过100mm。

二、地基处理工程验槽

（1）换填地基、强夯地基：检查处理后地基的均匀性、密实度等检测报告和承载力检测资料。

（2）增强体复合地基：检查桩头、桩位、桩间土情况和复合地基施工质量检测报告。

（3）特殊土地基：检查处理后地基的湿陷性、地震液化、冻土保温、膨胀土隔水等方面的处理效果检测资料。

三、验槽方法

验槽方法	（1）观察法：常用。 （2）钎探法：针对基底以下土层不可见部位采用。 （3）轻型动力触探
观察法	（1）重点观察柱基、墙角、承重墙下或其他受力较大部位。 （2）难以鉴别的土质采用洛阳铲等工具挖至一定深度仔细鉴别。 （3）直接观察时，可用袖珍式贯入仪作为辅助手段
轻型动力触探	基槽检验时，应检查下列内容： （1）地基持力层的强度和均匀性。 （2）浅埋软弱下卧层或浅埋突出硬层。 （3）浅埋的会影响地基承载力或稳定性的古井、墓穴或空洞等

【经典案例回顾】

例题（背景资料节选）：某工程基坑土方开挖结束，由总监理工程师组织相关各方采用轻型动力触探进行基坑验槽，检查了地基持力层的强度等内容，各方一致同意验槽通过。

问题：轻型动力触探进行基坑验槽时，检查的内容还有哪些？

答案：

（1）地基持力层的均匀性。

（2）浅埋软弱下卧层或浅埋突出硬层。

（3）浅埋的会影响地基承载力或地基稳定性的古井、墓穴和孔洞等。

笔 记 区

考点七：地基处理方法

历年考情分析

年份	2014	2015	2016	2017	2018	2019	2020	2021	2022	2023	2024
案例											

1. 砂和砂石地基

（1）材料要求

① 选用中砂、粗砂、砾砂、碎（卵）石、角砾、圆砾、石屑。

② 如用细砂或石粉时，应掺入不少于总重30%的碎石或卵石。

（2）检查内容

① 施工过程中检查分层铺设厚度、分段施工时上下两层的搭接长度、夯实时加水量、夯实遍数、压实系数。

② 施工结束后检查地基承载力。

2．水泥粉煤灰碎石桩（CFG桩）

根据现场条件可选用下列施工工艺：

（1）长螺旋钻孔灌注成桩。

（2）长螺旋钻中心压灌成桩。

（3）振动沉管灌注成桩。

（4）泥浆护壁成孔灌注成桩。

3．注浆加固

（1）适用于砂土、粉土、黏性土和人工填土等地基加固。

（2）加固材料可选用：水泥浆液、硅化浆液、碱液等固化剂。

【经典案例回顾】

例题（2013年·背景资料节选）：砂石地基施工中，施工单位选用细砂（掺入30%的碎石）进行铺填。监理工程师检查发现其分层铺设厚度，各分段施工的上下层搭接长度不符合规范要求，令其整改。

问题：砂石地基选用的原材料是否正确？砂石地基还可以选用哪些原材料？除事件背景中列出的项目外，砂石地基施工过程中还应检查哪些内容？

答案：

（1）正确。

（2）还可以选用中砂、粗砂、砾砂、碎（卵）石、角砾、圆砾、石屑等。

（3）还应检查夯实时加水量、夯实遍数、压实系数。

笔记区

_____

_____

_____

_____

考点八：桩基础施工

历年考情分析

年份	2014	2015	2016	2017	2018	2019	2020	2021	2022	2023	2024
案例			√				√		√	√	

一、钢筋混凝土预制桩

1．锤击沉桩法

（1）强度达到70%后方可起吊，达到100%后方可运输和打桩。

注：采用两支点起吊，吊点距桩端宜为0.2L（桩段长）。吊运过程中严禁采用拖拉取桩方法。

（2）接桩接头高出地面0.5～1m。接桩方法分为焊接、螺纹接头连接和机械啮合接头连接等。

（3）沉桩顺序：先深后浅、先大后小、先长后短、先密后疏。

（4）从中间向四周或两边对称施打；当一侧毗邻建筑物时，由毗邻建筑物处向另一方向施打。

（5）终止沉桩应以桩端标高控制为主，以贯入度控制为辅。

注：当桩终端达到坚硬、硬塑黏性土，中密以上粉土、砂土、碎石土及风化岩时，可以贯入度控制为主，以桩端标高控制为辅。

（6）贯入度达到设计要求而桩端标高未达到时，应继续锤击3阵，按每阵10击的贯入度不大于设计规定的数值予以确认。

2．静力压桩法

（1）施工前进行试压桩，数量不少于3根。

（2）桩接头可采用焊接法，或螺纹式、啮合式、卡扣式、抱箍式等机械快速连接方法。

（3）送桩深度不宜大于10～12m。

（4）沉桩顺序：先深后浅、先长后短、先大后小、避免密集。

（5）静压桩终止沉桩应以标高为主，以压力为辅。

①摩擦桩应按桩顶标高控制。

②端承摩擦桩应以桩顶标高控制为主，以终压力控制为辅。

③端承桩应以终压力控制为主，以桩顶标高控制为辅。

二、钢筋混凝土灌注桩

$$钢筋混凝土灌注桩\begin{cases}泥浆护壁成孔灌注桩\\沉管灌注桩\\长螺旋钻孔灌注桩\\干作业(机械、人工)成孔灌注桩\end{cases}$$

1. 泥浆护壁钻孔灌注桩

（1）场地平整→桩位放线→开挖浆池、浆沟→护筒埋设→钻机就位、孔位校正→成孔、泥浆循环，清除废浆、泥渣→清孔换浆→终孔验收→下钢筋笼和钢导管→二次清孔→清孔质量检验→浇筑水下混凝土→成桩。

（2）应进行工艺性试成孔，数量不少于2根。

（3）正、反循环成孔机具应根据桩型、地质条件及成孔工艺选择，砂土层成孔宜选用反循环钻机。

（4）清孔可采用正循环清孔、泵吸反循环清孔、气举反循环清孔等方法。清孔后孔底沉渣厚度要求：端承型桩应不大于50mm；摩擦型桩应不大于100mm；抗拔、抗水平荷载桩应不大于200mm。

（5）钢筋笼宜分段制作，接头宜采用焊接或机械连接，接头相互错开。

（6）导管法灌注水下混凝土，桩顶标高比设计标高超灌1m以上，充盈系数不应小于1。

注：水下混凝土强度比设计强度提高等级配置，坍落度宜为180～220mm。

（7）桩底注浆导管应采用钢管，单根桩上数量不少于两根。注浆终止条件应控制注浆量与注浆压力两个因素，以前者为主，满足下列条件之一即可终止注浆：

① 注浆总量达到设计要求。

② 注浆量不低于80%，且压力大于设计值。

2. 沉管灌注桩

（1）可选用单打法、复打法或反插法。单打法适用于含水量较小土层，复打法或反插法适用于饱和土层。

（2）成桩过程为：桩机就位→锤击（振动）沉管→上料→边锤击（振动）边拔管，并继续浇筑混凝土→下钢筋笼，继续浇筑混凝土及拔管→成桩。

3. 人工挖孔灌注桩

护壁方法可采用现浇混凝土护壁、喷射混凝土护壁、砖砌体护壁、沉井护壁、钢套管护壁、型钢或木板桩工具式护壁等多种。

三、桩基检测技术

（1）桩基施工前，试验桩应检测单根桩极限承载力，为设计提供依据。

桩基施工后，工程桩应检测桩身完整性（先）和承载力（后），为验收提供依据。

检测内容	方法	开始时间	抽检数量
承载力	静载试验	一般承载力检测前的休止时间： 砂土地基≥7d； 粉土地基≥10d	≥总桩数的1%，且≥3根。总桩数少于50根时至少为2根

检测内容	方法	开始时间	抽检数量
桩身完整性	钻芯法	受检桩龄期应达到28d，或同条件养护试块强度达到设计要求	≥总桩数的20%，且≥10根。每根柱子承台下的桩抽检数量≥1根
	低应变法 高应变法 声波透射法	受检桩强度≥设计强度70%，且≥15MPa	

（2）钻芯法：

检测内容	灌注桩桩长、桩身混凝土强度、桩底沉渣厚度，判定或鉴别桩端持力层岩土性状，判定桩身完整性类别
钻孔数量	桩径 ⊢—1.2m—⊢—1.6m—⊣ 1个孔　2个孔　　3个孔
钻孔位置	距桩中心（0.15～0.25）D范围内均匀对称布置（D为桩径）

（3）验收检测的受检桩选择条件：

① 施工质量有疑问的桩。

② 局部地基条件出现异常的桩。

③ 承载力验收时选择部分Ⅲ类桩。

④ 设计方认为重要的桩。

⑤ 施工工艺不同的桩。

⑥ 宜按规定均匀和随机选择。

（4）桩身完整性分为4类：

Ⅰ类桩	桩身完整
Ⅱ类桩	轻微缺陷，不会影响桩身结构承载力的正常发挥
Ⅲ类桩	明显缺陷，对桩身结构承载力有影响
Ⅳ类桩	严重缺陷

（5）单桩竖向抗压承载力特征值应按单桩竖向抗压极限承载力的50%取值；单桩竖向抗拔承载力特征值应按单桩竖向抗拔极限承载力的50%取值。

【经典案例回顾】

例题1（2023年·背景资料节选）：某施工企业中标一新建办公楼工程，钢筋混凝土灌注桩基础。桩基施工完成后，项目部采用高应变法按要求进行了工程桩桩身完整性检测，其抽检数量按照相关标准规定选取。

问题：灌注桩桩身完整性检测方法还有哪些？桩身完整性抽检数量的标准规定有哪些？

答案：

（1）方法还有：钻芯法，低应变法，声波透射法。

（2）抽检数量的标准规定：抽检数量不应少于总桩数的20%，且不应少于10根。每根柱子承台下的桩抽检数量不应少于1根。

例题2（2022年·背景资料节选）：某新建医院工程，采用沉管灌注桩基础。施工单位在桩基础专项施工方案中，根据工程所在地含水量较小的土质特点，确定沉管灌注桩选用单打法成桩工艺，其成桩过程包括桩机就位、锤击（振动）沉管、上料等工作内容。

问题：沉管灌注桩施工除单打法外，还有哪些方法？成桩过程还有哪些内容？

答案：

（1）施工方法还有：复打法、反插法。

（2）成桩过程内容还有：

①边锤击（振动）边拔管，并继续浇筑混凝土。

②下钢筋笼，并继续浇筑混凝土及拔管。

③成桩。

例题3（2020年·背景资料节选·有改动）：在静压预制桩施工时，桩基专业分包单位按照"先深后浅、先大后小、先长后短、先密后疏"的顺序进行，上部采用卡扣式机械快速连接接桩方法。桩基施工后经检测，有1%的Ⅱ类桩。

问题：桩基的沉桩顺序是否正确？机械快速连接方法还有哪些？桩身的完整性有几类？写出Ⅱ类桩的缺陷特征。

答案：

（1）沉桩顺序不正确。

（2）机械快速连接方法还有：螺纹式、啮合式、抱箍式等。

（3）桩身的完整性有4类。

（4）Ⅱ类桩的缺陷特征是：桩身有轻微缺陷，不会影响桩身结构承载力的正常发挥。

例题4（背景资料节选）：某写字楼工程，地质条件复杂，基坑深度为12m，距离邻近建筑物7m，支护结构采用地下连续墙且作为地下室外墙。工程桩为泥浆护壁成孔灌注桩基础，桩径为1m，桩长为35m，混凝土强度等级为C30，共400根。施工单位编制的桩基础施工方案中列明：采用导管法在水下灌注C30混凝土，灌注时桩顶混凝土面超过设计标高500mm，每根桩留置一组混凝土试件；完成第一次清孔工作后，随即下放钢筋笼及下导管，然后进行水下混凝土灌注。成桩后选择有代表性的桩进行验收检测，按总桩数20%对桩身完整性进行检验，并采用静载试验的方法对3根桩进行承载力检验。监理工程师认为方案存在错误，要求施工单位整改后重新上报。

问题：指出桩基础施工方案中的错误之处，并分别写出正确做法。检测桩身完整性的方法包括哪些？

答案：

（1）施工方案的错误之处及正确做法如下：

错误1：水下灌注C30混凝土。

正确做法：应灌注C35混凝土（强度等级提高一级）。

错误2：桩顶混凝土面超过设计标高500mm。

正确做法：应超灌1m以上。

错误3：完成第一次清孔工作后，随即下放钢筋笼及下导管。

正确做法：完成第一次清孔工作后，应在终孔验收合格后方可下放钢筋笼及导管。

错误4：下放钢筋笼及下导管后，进行水下混凝土灌注。

正确做法：应二次清孔并进行清孔质量检查后方可灌注水下混凝土。

错误5：选择有代表性的桩进行验收检测。

正确做法：验收检测的桩宜按规定均匀和随机选择。

错误6：对3根桩进行承载力检验。

正确做法：应至少对4根桩进行承载力检验。

（2）检测桩身完整性的方法包括：钻芯法、低应变法、高应变法、声波透射法。

例题5（背景资料节选）：在预制管桩锤击沉桩施工过程中，某一根管桩在桩端标高接近设计标高时，难以下沉；此时，贯入度已达到设计要求，施工单位认为该桩承载力已经能够满足设计要求，提出终止沉桩。经组织勘察、设计、施工等各方参建人员和专家会商后同意终止沉桩，监理工程师签字认可。

问题：监理工程师同意终止沉桩是否正确？请说明理由。预制管桩的沉桩方法有哪几种？

答案：

（1）监理工程师同意终止沉桩的做法不正确。

理由：贯入度达到设计要求而桩端标高未达到时，应继续锤击3阵，按每阵10击的贯入度不大于设计规定的数值予以确认。

（2）预制管桩的沉桩方法有：锤击沉桩法、静力压桩法。

> 笔 记 区

考点九：混凝土基础施工

历年考情分析

年份	2014	2015	2016	2017	2018	2019	2020	2021	2022	2023	2024
案例				√		√			√		

一、钢筋工程

（1）柱的锚固钢筋下端应用90°弯钩与基础钢筋绑扎牢固。

（2）底板采用双层钢筋网时，在上层钢筋网下面应设置钢筋撑脚。

（3）独立柱基础为双向钢筋时，其底面短边的钢筋应放在长边钢筋的上面。

（4）钢筋的弯钩朝上，不要倒向一边，但双层钢筋网的上层钢筋弯钩朝下。

（5）钢筋混凝土基础设置混凝土垫层时，其纵向受力钢筋的混凝土保护层厚度不应小于40mm，设计使用年限达到100年的地下结构和构件，其迎水面的钢筋保护层厚度不应小于50mm；当未设置混凝土垫层时，受力钢筋的混凝土保护层厚度不应小于70mm。

二、模板工程

后浇带和施工缝侧面宜采用快易收口网、钢板网、铁丝网或小木板作为侧模，在后浇带混凝土浇筑前应予拆除，将混凝土界面凿毛并清理干净。

三、混凝土输送和布料设备

（1）水平运输设备：混凝土搅拌输送车、机动翻斗车、手推车等。

（2）垂直运输设备：混凝土汽车泵（移动泵）、固定泵、塔式起重机、汽车吊（汽车起重机）、施工电梯、井架等。

（3）布料设备：混凝土汽车泵、布料机、布料杆、塔式起重机、手推车等。

四、大体积混凝土工程

1．大体积混凝土施工要求

（1）采用整体分层连续或推移式连续浇筑施工。

① 整体分层连续浇筑时，浇筑层厚度宜为 300 ~ 500mm。

② 应在前层混凝土初凝之前将次层混凝土浇筑完毕，层间间歇时间不应大于混凝土初凝时间。

（2）当采用跳仓法时，跳仓的最大分块单向尺寸不宜大于40m，跳仓间隔施工的时间不宜小于7d，跳仓接缝处应按施工缝的要求设置和处理。

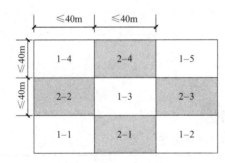

第一批施工(跳仓)：1-1~1-5
第二批施工(封仓)：2-1~2-4

（3）混凝土入模温度宜控制在 5 ~ 30℃。

（4）应及时对大体积混凝土浇筑面进行多次抹压处理。

（5）进行保温保湿养护。

① 保湿养护持续时间 ≥ 14d。

② 保温覆盖层拆除应分层逐步进行，当混凝土表面与环境最大温差小于20℃时，可全部拆除。

2．大体积混凝土施工温控指标

（1）最高温升值（温升峰值）≤ 50℃。

（2）里表温差 ≤ 25℃。

（3）降温速率 ≤ 2.0℃/d。

（4）拆除保温覆盖时，表面与温差 ≤ 20℃。

3. 大体积混凝土浇筑体内温度监测点布置

（1）测试区可选混凝土浇筑体平面对称轴线的半条轴线，测试区内监测点应按平面分层布置。

（2）在每条测试轴线上，监测点位不宜少于4处。

（3）沿混凝土浇筑体厚度方向，应至少布置表层、底层和中心温度测点，测点间距不宜大于500mm。

（4）混凝土浇筑体表层温度，宜为混凝土浇筑体表面以内50mm处的温度。

（5）混凝土浇筑体底层温度，宜为混凝土浇筑体底面以上50mm处的温度。

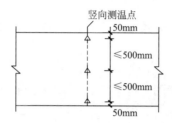

4. 大体积混凝土浇筑体温度测试

大体积混凝土浇筑体里表温差、降温速率及环境温度的测试，在混凝土浇筑后，每昼夜不应少于4次；入模温度测量，每台班不应少于2次。

【经典案例回顾】

例题1（2022年·背景资料节选）：某新建医院工程，沉管灌注桩基础，钢筋混凝土结构。基础底板大体积混凝土浇筑方案确定了包括环境温度、底板表面与大气温差等多项温度控制指标；明确了温控监测点布置方式，要求沿底板厚度方向测温点间距不大于500mm。

问题：大体积混凝土施工温控指标还有哪些？沿底板厚度方向的测温点应布置在什么位置？

答案：

（1）大体积混凝土施工温控指标还有：最高温升值（温升峰值）、里表温差、降温速率。

（2）沿底板厚度方向的测温点应布置在：表面以内50mm处、中心位置、底面以上50mm处。

例题2（2019年·背景资料节选）：某工程钢筋混凝土基础底板，长度为120m、宽度为100m、厚度为2.0m。混凝土设计强度等级为P6C35，设计无后浇带。采用跳仓法施工方案，分别按1/3长度与1/3宽度分成9个浇筑区（见图1），每区混凝土浇筑时间为3d，各区依次连续浇筑，同时按照规范要求设置测温点（见图2）。（资料中未说明条件及因素均视为符合要求）

4	B	5
A	3	D
1	C	2

注：① 1～5为第一批浇筑顺序；② A、B、C、D为填充浇筑区编号

图1 跳仓法分区示意图

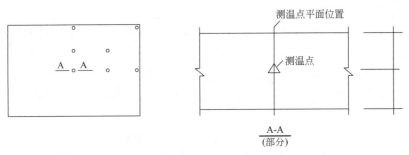

图2 分区测温点位置平面布置示意图

问题1：写出正确的填充浇筑区A、B、C、D的先后浇筑顺序（如表示为A–B–C–D）。

答案：

C–A–D–B。

问题2：画出A–A剖面示意图（可手绘），并补齐应布置的竖向测温点位置。

答案：

应布置五层测温点，竖向测温点的具体位置如下图所示：

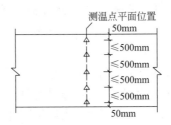

例题3（背景资料节选）：某新建仓储工程，采用钢筋混凝土筏板基础，内配双层钢筋网。基础筏板下三七灰土夯实，无混凝土垫层。项目部制定的基础筏板钢筋施工技术方案中规定：钢筋混凝土保护层厚度控制在40mm；柱的锚固钢筋用135°弯钩与基础钢筋绑扎；双层钢筋网弯钩均朝上，通过拉勾绑扎牢固，以保证上、下层钢筋网相对位置准确。监理工程师审查后认为有些规定不妥，要求改正。

问题：写出基础筏板钢筋技术方案中的不妥之处，并分别说明理由。

答案：

不妥1：钢筋混凝土保护层厚度控制在40mm。

理由：纵向受力钢筋混凝土保护层厚度不应小于70mm。

不妥2：柱的锚固钢筋用135°弯钩与基础钢筋绑扎。

理由：应用90°弯钩。

不妥3：双层钢筋网弯钩均朝上。

理由：上层钢筋弯钩应朝下。

不妥4：双层钢筋网通过拉勾绑扎牢固。

理由：在上层钢筋网下面应设置钢筋撑脚。

例题4（背景资料节选）：基础底板混凝土浇筑完毕后，施工方按规范要求对浇筑体进行保温保湿养护，其中保湿养护持续7d。第3天时，对里表温差按照每8h进行一次测试，测温显示混凝土内部温度为70℃，混凝土表面温度为35℃。养护结束时，底板表面与环境最大温差为23℃，为后续工作尽快实施，拆除了表面的保温覆盖层。

问题：指出背景资料中底板大体积混凝土浇筑及养护的不妥之处，并说明正确做法。

答案：

不妥1：保湿养护持续7d。

正确做法：保湿养护持续时间不宜少于14d。

不妥2：每8h进行一次里表温差测试。

正确做法：里表温差的测试，在混凝土浇筑后，每昼夜不应少于4次。

不妥3：混凝土内部温度为70℃，混凝土表面温度为35℃。

正确做法：采取措施使混凝土里表温差不大于25℃。

不妥4：拆除保温覆盖层时底板表面与环境最大温差为23℃。

正确做法：拆除保温覆盖层时，混凝土表面与环境温差不应大于20℃。

笔 记 区

考点十：模板工程

历年考情分析

年份	2014	2015	2016	2017	2018	2019	2020	2021	2022	2023	2024
案例		√	√				√		√		

一、设计要求

（1）模板支撑脚手架上的施工荷载标准值，一般工况下不应低于2.5kN/m²，有水平泵管设置时不应低于4.0kN/m²。

（2）模板支撑脚手架独立架体高宽比不应大于3.0。

（3）模板支撑脚手架应设置竖向和水平剪刀撑，并应符合下列规定：

①剪刀撑的设置应均匀、对称。

②每道竖向剪刀撑的宽度应为6～9m，剪刀撑斜杆的倾角为45°～60°。

（4）水平杆应按步距沿纵向和横向通长连续设置。

（5）可调底座和可调托撑调节螺杆插入脚手架立杆内的长度不应小于150mm，调节螺杆伸出长度应符合下列规定：

①当插入的立杆钢管直径为42mm时，伸出长度不应大于200mm。

②当插入的立杆钢管直径为48.3mm及以上时，伸出长度不应大于500mm。

（6）可调底座和可调托撑螺杆插入脚手架立杆钢管内的间隙不应大于2.5mm。

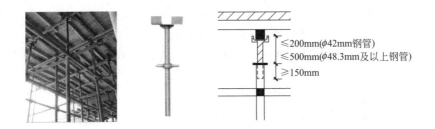

二、安装要点

（1）模板的木杆、钢管、门架等支架立杆不得混用。

（2）对跨度不小于4m的现浇钢筋混凝土梁、板，其模板应起拱。当设计无要求时，起拱高度应为跨度的1/1000～3/1000。

（3）后浇带的模板及支架应独立设置。

（4）模板支撑脚手架在浇筑混凝土、工程结构件安装等施加荷载的过程中，架体下严禁有人。

三、拆除要点

1. 拆模顺序

（1）先支后拆、后支先拆、先拆除非承重模板、后拆除承重模板。

（2）后张法预应力混凝土构件，侧模在钢筋张拉前拆除，底模在钢筋张拉后拆除。

2. 拆模条件

（1）同条件混凝土养护试块强度达到规定要求。（强度够）

（2）填写拆模申请，经技术负责人批准。（手续有）

注：若是后张法预应力混凝土构件，还需加一个条件：预应力钢筋张拉完毕。

3. 拆模强度

（1）侧模

① 保证混凝土构件表面及棱角不因拆模而受损伤时，即可拆除。

② 墙体大模板：混凝土强度达到$1N/mm^2$即可拆除。

（2）底模及支架

构件类型	构件跨度（m）	达到设计的混凝土立方体抗压强度标准值的百分率（%）
板	≤2	≥50
	>2, ≤8	≥75
	>8	≥100
梁、拱、壳	≤8	≥75
	>8	≥100
悬臂构件	—	≥100

（3）快拆支架体系

① 支架立杆间距不应大于2m。

② 拆模时的混凝土强度按跨度2m确定。

③ 拆模时应保留立杆并顶托支承楼板。（只拆模板不拆支架）

【经典案例回顾】

例题1（2022年·背景资料节选）：施工作业班组在一层梁、板混凝土强度未达到拆模标准（见下表）情况下，进行了部分模板拆除；拆模后，发现梁底表面出现了质量缺陷，监理工程师要求整改。（备注：同2020年二建真题）

构件类型	构件跨度（m）	达到设计的混凝土立方体抗压强度标准值的百分率（%）
板	≤2	≥A
	>2, ≤8	≥B
	>8	≥100
梁	≤8	≥75
	>8	≥C

问题：写出表中A、B、C处要求的数值。

答案：

A：50   B：75   C：100

例题2（2016年·背景资料节选）：某新建体育馆工程，建筑面积约为23000m²，现浇钢筋混凝土结构，钢结构网架屋盖，地下1层，地上4层，地下室顶板设计有后张法预应力混凝土梁。地下室顶板同条件养护试块强度达到设计要求时，施工单位现场生产经理立即向监理工程师口头申请拆除地下室顶板模板，监理工程师同意后，现场将地下室顶板及支架全部拆除。

问题：监理工程师同意地下室顶板拆模是否正确？地下室顶板预应力梁拆除底模及支架的前置条件有哪些？

答案：

（1）不正确。

（2）前置条件：

① 预应力钢筋张拉完毕。

② 同条件混凝土养护试块强度达到规定要求。

③填写拆模申请，经技术负责人批准。

例题3（背景资料节选）：大厅后张法施工预应力混凝土梁浇筑完成25d后，生产经理凭经验判定混凝土强度已达到设计要求，随即安排作业人员拆除了梁底模板并准备进行预应力筋张拉。

问题：预应力混凝土梁底模板拆除工作有哪些不妥之处？并说明理由。

答案：

不妥1：凭经验判定混凝土强度。

理由：应采用同条件混凝土养护试块方法判定混凝土强度。

不妥2：混凝土强度达到设计要求随即拆除梁底模板。

理由：必须办理拆模申请手续后方可拆模。

不妥3：生产经理批准拆模。

理由：应由技术负责人批准拆模。

不妥4：拆除梁底模板后进行预应力筋张拉。

理由：后张法预应力混凝土构件底模拆除应在预应力钢筋张拉完毕后。

┌───┐
│ 笔记区   │
│   │
│   │
│   │
│   │
└───┘

 考点十一：钢筋工程

历年考情分析

年份	2014	2015	2016	2017	2018	2019	2020	2021	2022	2023	2024
案例	√	√								√	

一、进场复验

1. 钢筋进场时抽样检验屈服强度、抗拉强度、伸长率、弯曲性能及重量偏差。

（1）成型钢筋可不检验弯曲性能。

（2）对由热轧钢筋制成的成型钢筋，当有施工单位或监理单位代表驻厂监督生产过程，并提供原材钢筋力学性能第三方检测报告时，可仅检验重量偏差。

（3）检验批划分：

原材	同一牌号、同一炉罐号、同一尺寸的钢筋，每批重量不大于60t
成型钢筋	同一厂家、同一类型、同一钢筋来源的成型钢筋，不超过30t为一批

2. 钢筋重量偏差计算：

（1）钢筋原材。依据《钢筋混凝土用钢 第1部分：热轧光圆钢筋》GB 1499.1—2024

和《钢筋混凝土用钢 第2部分：热轧带肋钢筋》GB 1499.2—2024：

钢筋公称直径	6 ~ 12mm	14 ~ 20mm	≥22mm
重量偏差（%）	±5.5	±4.5	±3.5

$$重量偏差 = \frac{试样实际总重量 -（试样总长度 × 理论重量）}{试样总长度 × 理论重量} × 100$$

试样随机从不同根钢筋上截取，数量不少于5支，每支试样长度不小于500mm，应精确到1mm。

（2）盘卷钢筋调直后：依据《混凝土结构工程施工质量验收规范》GB 50204—2015，重量偏差（%）应符合下表规定：

钢筋牌号	直径为6 ~ 12mm	直径为14 ~ 16mm
HPB300	≥-10	—
HRB/RRB系列	≥-8	≥-6

$$重量偏差（%）= \frac{实际重量 - 理论重量}{理论重量} × 100$$

理论重量（kg）：取理论重量（kg/m）与3个试件调直后长度之和（m）的乘积。

实际重量（kg）：3个钢筋试件的重量之和（kg）。

3. 抗震结构所用钢筋（钢筋牌号后加E）除满足强度标准值要求外，还应满足下列要求：

（1）抗拉强度实测值与屈服强度实测值的比值不应小于1.25。（强屈比≥1.25）

（2）屈服强度实测值与屈服强度标准值的比值不应大于1.30。（超屈比≤1.30）

（3）最大力总延伸率实测值不应小于9%。

$$强屈比 = \frac{实测抗拉强度}{实测屈服强度} ≥ 1.25$$

$$超屈比 = \frac{实测屈服强度}{理论屈服强度} ≤ 1.30$$

最大力总延伸率≥9%

二、钢筋配料

（1）直钢筋下料长度＝构件长度－保护层厚度＋弯钩增加长度

（2）弯起钢筋下料长度＝直段长度＋斜段长度－弯曲调整值＋弯钩增加长度

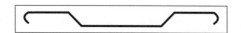

（3）箍筋下料长度=箍筋周长+箍筋调整值

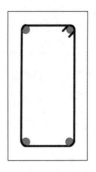

三、钢筋连接

连接方法	焊接	直接承受动力荷载的结构构件中，纵向钢筋不宜采用焊接接头
	机械连接	（1）有钢筋套筒挤压连接、钢筋直螺纹套筒连接等方法。 （2）最常见的方式：钢筋剥肋滚压直螺纹套筒连接
	绑扎连接	受拉钢筋直径＞25mm、受压钢筋直径＞28mm，不宜采用绑扎连接。 轴心受拉及小偏心受拉杆件和直接承受动力荷载的结构，纵向钢筋不得采用绑扎连接
接头		（1）宜设置在受力较小处。 （2）同一纵向受力钢筋不宜设置两个或以上接头。 （3）接头末端至钢筋弯起点的距离不应小于钢筋直径的10倍

四、钢筋接头面积百分率规定

1. 当纵向受力钢筋采用机械连接接头或焊接接头时，同一连接区段内纵向受力钢筋的接头面积百分率应符合设计要求；当设计无具体要求时，应符合下列规定：

（1）受拉接头，不宜大于50%；受压接头，可不受限制。

（2）直接承受动力荷载的结构构件中，不宜采用焊接；当采用机械连接时，不应超过50%。

2. 当纵向受力钢筋采用绑扎搭接接头时，接头的设置应符合下列规定：

（1）接头的横向净间距不应小于钢筋直径，且不应小于25mm。

（2）同一连接区段内，纵向受拉钢筋的接头面积百分率应符合设计要求；当设计无具体要求时，应符合下列规定：

①梁类、板类及墙类构件，不宜超过25%；基础筏板，不宜超过50%。

②柱类构件，不宜超过50%。

③当工程中确有必要增大接头面积百分率时，对梁类构件，不应大于50%。

五、钢筋加工

（1）包括调直、除锈、下料切断、接长、弯曲成型等。

（2）当采用冷拉调直时，HPB300光圆钢筋的冷拉率不宜大于4%；HRB400、HRB500级带肋钢筋的冷拉率不宜大于1%。

（3）钢筋除锈：一是在钢筋冷拉或调直过程中除锈；二是采用机械除锈机除锈、喷砂除锈、酸洗除锈和手工除锈等。

（4）下料切断可采用钢筋切断机或手动液压切断器进行。切断口不得有马蹄形或起弯等现象。

（5）钢筋应一次弯折到位，不得反复弯折。钢筋弯曲成型可采用钢筋弯曲机、四头弯筋机及手工弯曲工具等进行。

（6）加工宜在常温状态下进行，加工过程中不应加热钢筋。

六、钢筋隐蔽工程验收

在浇筑混凝土之前，应进行钢筋隐蔽工程验收，内容包括：

（1）纵向受力钢筋的牌号、规格、数量、位置等。

（2）钢筋的连接方式、接头位置、接头质量、接头面积百分率、搭接长度、锚固方式及锚固长度。

（3）箍筋、横向钢筋的牌号、规格、数量、间距、位置，箍筋弯钩的弯折角度及平直段长度。

（4）预埋件的规格、数量、位置等。

七、钢筋分项工程质量控制

（1）钢筋分项工程质量控制包括钢筋进场检验、钢筋加工、钢筋连接、钢筋安装等。

（2）钢筋施工过程中重点检查：原材料进场合格证和复试报告、加工质量、钢筋连接试验报告及操作者合格证。

【经典案例回顾】

例题1（2023年·背景资料节选）：钢筋施工专项技术方案中规定：纵向受力钢筋采用机械连接或焊接接头时的接头面积百分率等要求如下：

（1）受拉接头不宜大于50%。

（2）受压接头不宜大于75%。

（3）直接承受动力荷载的结构件不宜采用焊接。

（4）直接承受动力荷载的结构构件，采用机械连接时，不宜超过50%。

问题：指出钢筋连接接头面积百分率等要求中的不妥之处，并写出正确做法。

答案：

不妥1：受压接头不宜大于75%。

正确做法：受压接头的接头面积百分率可不受限制。

不妥2：直接承受动力荷载的结构构件，采用机械连接时，不宜超过50%。

正确做法：直接承受动力荷载的结构构件，采用机械连接时，不应超过50%。

例题2（2014年·背景资料节选）：项目部按规定向监理工程师提交调直后的HRB400E、直径12mm的钢筋复试报告。检测数据为：抗拉强度实测值为561N/mm²，屈服强度实测值为460N/mm²，实测重量为0.816kg/m（HRB400E钢筋：屈服强度标准值为400N/mm²，抗拉强度标准值为540N/mm²，理论重量为0.888kg/m）。

问题：计算钢筋的强屈比、超屈比、重量偏差（保留两位小数），并根据计算结果分别判断该指标是否符合要求。

答案：

（1）强屈比：561/460=1.22

强屈比不得小于1.25，所以不符合要求。

（2）超屈比：460/400=1.15

超屈比不得大于1.30，所以符合要求。

（3）重量偏差：（0.816−0.888）/0.888×100=−8.11

直径6 ~ 12mm的HRB400E钢筋，重量偏差应≥−8，该指标不符合要求。

例题3（背景资料节选）：钢筋原材料进场后，施工方在钢筋分项工程方案中把钢筋进场检验、钢筋加工列为质量控制内容，过程中重点检查原材料进场合格证和复试报告。监理工程师指出钢筋分项工程质量控制内容和过程中重点检查内容均不全，要求补充完善。

问题：钢筋分项工程质量控制内容还有哪些？钢筋施工过程中重点检查内容还有哪些？

答案：

（1）钢筋分项工程质量控制内容还有：钢筋连接、钢筋安装等。

（2）钢筋施工过程中重点检查内容还有：加工质量、钢筋连接试验报告、操作者合格证。

> 笔 记 区

考点十二：普通混凝土工程

历年考情分析

年份	2014	2015	2016	2017	2018	2019	2020	2021	2022	2023	2024
案例			√		√	√			√		√

一、配合比

（1）普通混凝土的最小胶凝材料用量：

最大水胶比	0.60	0.55	0.50	≤0.45
最小胶凝材料用量（kg/m³）	280	300	320	330

（2）由具有资质的试验室计算，应采用重量比。

二、浇筑

（1）混凝土泵或泵车设置处，场地应坚实、平整，具有通车行走条件。混凝土泵车应尽可能靠近浇筑地点，浇筑时应由远及近进行。

（2）混凝土输送采用泵送方式时，泵管内径及混凝土自由倾落高度为：

粗骨料最大粒径	泵管内径	自由倾落高度
≤25mm	≥125mm	≤6m
>25mm，≤40mm	≥150mm	≤3m

注：自由倾落高度不满足时，加串筒、溜管、溜槽。

（3）浇筑竖向结构混凝土前，应先在底部填不大于30mm厚、与混凝土内砂浆成分相同的水泥砂浆。

（4）振捣：宜分层浇筑、分层振捣。

（5）柱墙梁板连成整体浇筑时，应在柱墙浇筑完毕后停歇1～1.5h，再继续浇筑梁板混凝土。

（6）梁板宜同时浇筑混凝土，有主次梁的楼板宜顺着次梁方向浇筑，单向板宜沿着板的长边方向浇筑。

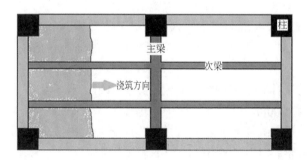

三、施工缝和后浇带浇筑混凝土规定

（1）已浇筑的混凝土，其抗压强度不应小于1.2N/mm²。

（2）在已硬化混凝土表面上，清除水泥薄膜和松动石子以及软弱混凝土层。（凿毛）

（3）充分湿润和冲洗干净，且不得有积水。（湿润）

（4）在水平施工缝浇筑混凝土时，宜先铺一层30mm厚、与混凝土成分相同的水泥砂浆。（铺一层）

（5）填充后浇带，可采用微膨胀混凝土，强度等级比原结构强度等级提高一级，保持14d的湿润养护。后浇带接缝处按施工缝的要求处理。

四、混凝土分项工程验收

1. 用于检查结构构件混凝土强度的试件，应在混凝土的浇筑地点随机抽取。同一配合比的混凝土，取样与试件留置应符合规定：

（1）每拌制100盘且不超过100m³时，取样不得少于一次。

（2）每工作班拌制不足100盘时，取样不得少于一次。

（3）连续浇筑超过1000m³时，每200m³取样不得少于一次。

（4）每一楼层取样不得少于一次。

（5）每次取样应至少留置一组试件。

2.【补充】结构实体混凝土同条件养护试件强度检验，依据《混凝土结构工程施工质量验收规范》GB 50204—2015附录C。

（1）同条件养护试件的取样和留置应符合下列规定：

① 同条件养护试件所对应的结构构件或结构部位，应由施工、监理等各方共同选定，且同条件养护试件的取样宜均匀分布于工程施工周期内。

② 同条件养护试件应在混凝土浇筑入模处见证取样。

③ 同条件养护试件应留置在靠近相应结构构件的适当位置，并应采取相同的养护方法。

④ 同一强度等级的同条件养护试件不宜少于10组，且不应少于3组。每连续两层楼取样不应少于1组；每2000m³取样不得少于1组。

（2）每组同条件养护试件的强度值应根据强度试验结果按现行国家标准《混凝土物理力学性能试验方法标准》GB/T 50081—2019的规定确定。

（3）对同一强度等级的同条件养护试件，其强度值应除以0.88后按现行国家标准《混凝土强度检验评定标准》GB/T 50107—2010的有关规定进行评定，评定结果符合要求时可判定结构实体混凝土强度合格。

【经典案例回顾】

例题1（2024年·背景资料节选）：项目部根据工程计划进场的混凝土搅拌运输车、串筒等部分混凝土和土方施工机具照片如下图所示。

问题1：写出上图中B ~ F的施工机具名称。（如：A—混凝土搅拌运输车）

答案：

B—混凝土固定泵；C—布料机；D—串筒；E—振捣棒；F—反铲挖掘机。

问题2：写出上图中用于混凝土浇筑施工的机具使用先后顺序（如表示为：A–B）。混凝土浇筑自由倾落高度不满足要求时，除串筒外，可以使用的机具还有哪些？

答案：

（1）混凝土浇筑施工的机具使用先后顺序：A–B–C–D–E。

（2）可以使用的机具还有溜管、溜槽。

混凝土和土方施工机具

例题2（2019年·背景资料节选）：施工单位选用商品混凝土浇筑，P6C35混凝土设计配合比为1：1.7：2.8：0.46（水泥：中砂：碎石：水），水泥用量为400kg/m³。实际施工搅拌时，粉煤灰掺量为20%（等量替换水泥），实测中砂含水率为4%、碎石含水率为1.2%。

问题：计算每立方米P6C35混凝土设计配合比的水泥、中砂、碎石、水的用量是多少？计算每立方米P6C35混凝土施工配合比的水泥、中砂、碎石、水、粉煤灰的用量是多少？（单位：kg，小数点后保留两位）。

答案：

（1）设计配合比中，每立方米P6C35混凝土的水泥、中砂、碎石、水的用量如下：

水泥：400.00kg

中砂：400×1.7=680.00kg

碎石：400×2.8=1120.00kg

水：400×0.46=184.00kg

（2）施工配合比中，每立方米P6C35混凝土的水泥、中砂、碎石、水、粉煤灰的用量如下：

粉煤灰掺量为20%（等量替换水泥），砂含水率为4%，碎石含水率为1.2%。

水泥：400×（1−20%）=320.00kg

中砂：680×（1+4%）=707.20kg

碎石：1120×（1+1.2%）=1133.44kg

水：184.00−680×4%−1120×1.2%=143.36kg

粉煤灰：400×20%=80.00kg

解析：

本题是2019年建筑实务案例题中的实操题，涉及三个关键知识点：

（1）混凝土配合比应采用重量比。

（2）砂、石含水率=水的重量/烘干后的重量×100%。

（3）不管是设计配合比还是施工配合比，各组分材料的净量不变。

例题3（2021年二建·背景资料节选）： 某新建职业技术学校工程，由教学楼、实验楼、办公楼及3栋相同的公寓楼组成，均为钢筋混凝土现浇框架结构。办公楼后浇带施工方案的主要内容有：以后浇带为界，用快易收口网进行分隔；含后浇带区域整体搭设统一的模板支架，后浇带两侧混凝土浇筑完毕达到拆模条件后，及时拆除支撑架体实现快速周转；预留后浇带部位上覆多层板防护以防止垃圾进入；待后浇带两侧混凝土龄期均达到设计要求的60d后，重新支设后浇带部位（两侧各延长一跨立杆）底模与支撑，浇筑混凝土，并按规范要求进行养护。监理工程师认为方案存在错误，且后浇带混凝土浇筑与养护描述不够具体，要求施工单位修改完善后重新报批。

问题： 指出办公楼后浇带施工方案中的错误之处。后浇带混凝土浇筑及养护的主要措施有哪些？

答案：

（1）错误之处：后浇带区域整体搭设统一的模板支架。

（2）后浇带混凝土浇筑及养护的主要措施：

①清除水泥薄膜和松动石子以及软弱混凝土层。

②充分湿润。

③冲洗干净，且不得有积水。

④采用微膨胀混凝土。

⑤强度等级比原结构强度等级提高一级。

⑥保持至少14d的湿润养护。

例题4（2016年·背景资料节选）： 某住宅楼工程，地下2层，地上16层，层高2.8m，檐口高47m，结构设计为筏板基础，剪力墙结构。根据项目试验计划，项目总工程师会同试验员选定1、3、5、7、9、11、13、16层各留置1组C30混凝土同条件养护试件，试件在浇筑点制作，脱模后放置在下一层楼梯口处。第5层C30混凝土同条件养护试件强度试验结果为28MPa。

问题： 题中同条件养护试件的做法有何不妥？并写出正确做法。第5层C30混凝土同条件养护试件的强度代表值是多少？

答案：

（1）不妥之处：

不妥1：项目总工程师会同试验员选定试件。

正确做法：项目总工程师会同监理方共同选定。

不妥2：在1、3、5、7、9、11、13、16层各留置1组C30混凝土同条件养护试件。

正确做法：每连续两层楼取样不应少于1组，每次取样应至少留置1组试件。

不妥3：脱模后放置在下一层楼梯口处。

正确做法：脱模后应放置在浇筑地点，与结构同条件养护。

（2）C30混凝土同条件养护试件的强度代表值：28÷0.88＝31.82MPa。

┌───┐
│ 笔记区   │
│ _____ │
│ _____ │
│ _____ │
│ _____ │
└───┘

 考点十三：砖砌体工程

历年考情分析

年份	2014	2015	2016	2017	2018	2019	2020	2021	2022	2023	2024
案例											

砌筑	（1）烧结砖应提前1～2d适度湿润，严禁采用干砖或处于吸水饱和状态的砖砌筑。 （2）混凝土多孔砖或实心砖不宜浇水湿润。 （3）每日砌筑高度≤1.5m或一步脚手架高度，冬、雨季每日砌筑高度≤1.2m。 （4）240mm厚承重墙的每层墙最上一皮砖应整砖丁砌
灰缝	（1）宽度应为8～12mm，宜为10mm。 （2）水平灰缝饱满度不得小于80%
临时洞口	侧边离交接处墙面≥500mm；净宽≤1m
脚手眼	不得留设部位： （1）120mm厚墙。 （2）过梁上与过梁成60°角的三角形范围及过梁净跨度1/2的高度范围内。 （3）宽度小于1m的窗间墙。 （4）砌体门窗洞口两侧200mm和转角处450mm范围内（不包括石砌体）。 （5）梁或梁垫下及其左右500mm范围内。 （6）轻质墙体。 （7）夹心复合墙外叶墙
斜槎	（1）砖墙转角处和纵横墙交接处同时咬槎砌筑，对不能同时砌筑又必须留置的临时间断处，应砌成斜槎。 （2）斜槎长高比：普通砖砌体≥2/3；多孔砖砌体≥1/2
构造柱	（1）先绑扎钢筋，后砌砖墙，最后浇筑混凝土。 （2）墙与柱沿高度方向每500mm设2Φ6拉筋。 （3）砖墙砌成马牙槎，每一马牙槎沿高度方向尺寸不超过300mm，先退后进

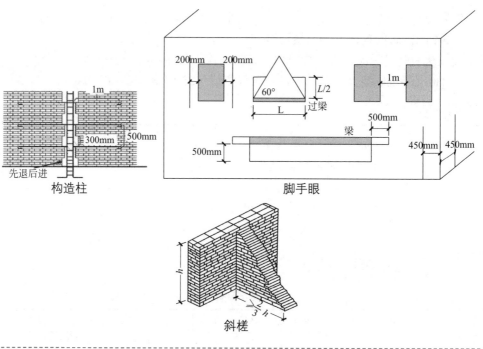

构造柱 脚手眼

斜槎

 考点十四：填充墙砌体工程

历年考情分析

年份	2014	2015	2016	2017	2018	2019	2020	2021	2022	2023	2024
案例			√					√	√		

1．一般规定：

（1）普通砂浆砌筑填充墙时，烧结空心砖、吸水率较大的轻骨料混凝土小型空心砌块应提前 1 ~ 2d 浇水湿润；蒸压加气混凝土砌块采用蒸压加气混凝土砌筑砂浆或普通砂浆砌筑时，应在砌筑当天对砌块砌筑面浇水湿润。

（2）轻骨料混凝土小型空心砌块或蒸压加气混凝土砌块不得使用于下列部位：

① 防潮层以下部位。

② 长期浸水或化学侵蚀环境。

③ 长期处于有振动源环境的墙体。

④ 砌块表面处于 80℃ 以上的高温环境。

（3）在厨房、卫生间、浴室等处砌筑填充墙时，底部宜现浇混凝土坎台，高度宜为

150mm。

（4）填充墙的拉结筋采用化学植筋的方式设置时，应按规范要求对拉结筋进行实体检测。

2. 填充墙顶部与承重主体结构之间的空隙部位，应在填充墙砌筑14d后进行砌筑。（即梁底部最后三皮砖）

3. 蒸压加气混凝土砌块砌体：

（1）砌筑填充墙时应错缝搭砌，搭砌长度不应小于砌块长度的1/3，且不应小于150mm。

（2）蒸压加气混凝土砌块采用薄层砂浆砌筑法砌筑时，应符合下列规定：

① 砌筑砂浆应采用专用粘结砂浆。

② 砌块不得用水浇湿，其灰缝厚度宜为2～4mm。

③ 砌块与拉结筋的连接，应预先在相应位置的砌块上表面开设凹槽；砌筑时，钢筋应居中放置在凹槽砂浆内。

④ 砌块砌筑过程中，当在水平面和垂直面上有超过2mm的错边量时，应采用钢齿磨板和磨砂板磨平，方可进行下道工序施工。

（3）采用非专用粘结砂浆砌筑时，水平灰缝厚度和竖向灰缝宽度不应超过15mm。

【经典案例回顾】

例题1（2022年·背景资料节选）：项目部填充墙施工记录中留存有包含施工放线、墙体砌筑、构造柱施工、卫生间砍台施工等工序内容的图像资料，详见图1～图4。

问题：分别写出填充墙施工记录图1～图4的工序内容。写出四张图片的施工顺序。（如1-2-3-4）

图1

图2

图3

图4

答案：

（1）工序内容：

图1为施工放线；图2为构造柱施工；图3为墙体砌筑；图4为卫生间坎台施工。

（2）施工顺序：1-4-3-2。

例题2（背景资料节选）：某新建住宅工程，钢筋混凝土剪力墙结构，室内填充墙体采用蒸压加气混凝土砌块，水泥砂浆砌筑。监理工程师审查"填充墙砌体施工方案"时，指出以下错误内容：砌块使用时提前2d浇水湿润；卫生间墙体底部用灰砂砖砌200mm高坎台；填充墙砌筑可通缝搭砌；填充墙与主体结构连接钢筋采用化学植筋方式，进行外观检查验收；填充墙砌筑7d后进行顶砌施工。要求改正后再报。

问题：逐项改正填充墙砌体施工方案中的错误之处。

答案：

（1）砌块使用时应当天浇水湿润。

（2）砌体底部用混凝土浇筑150mm高坎台。

（3）砌筑填充墙时应错缝搭砌。

（4）采用化学植筋连接方式时应进行实体检测（拉拔试验）。

（5）填充墙砌筑14d后进行顶砌施工。

> 笔 记 区
>
> _____
>
> _____
>
> _____
>
> _____

考点十五：钢结构工程

历年考情分析

年份	2014	2015	2016	2017	2018	2019	2020	2021	2022	2023	2024
案例		√	√		√				√		

一、高强度螺栓连接

（1）高强度螺栓连接摩擦面经表面处理后，连接摩擦面应保持干燥、清洁，不应有飞边、毛刺、焊接飞溅物、焊疤、氧化铁皮、污垢等。

（2）安装时应先使用安装螺栓和冲钉。

（3）自由穿入螺栓孔，不得强行穿入。若不能自由穿入，可采用铰刀或锉刀修整螺栓孔，不得采用气割扩孔。扩孔后的孔径不应超过1.2倍螺栓直径。

（4）高强度大六角头螺栓连接副施拧可采用扭矩法或转角法。

（5）施拧顺序：从接头刚度较大部位向约束较小部位，从螺栓群中央向四周进行。

（6）高强度螺栓和焊接并用的连接节点，宜按先螺栓紧固后焊接的施工顺序。

（7）同一接头中，高强度螺栓连接副的初拧、复拧、终拧应在24h内完成。

（8）高强度螺栓连接副应在终拧完成1h后、48h内进行终拧扭矩检查。

二、钢结构构件加工

（1）加工前的准备工作：施工详图设计、审查图纸、提料、备料、工艺试验和工艺规程的编制、技术交底等。

（2）钢构件生产的工艺流程：放样、号料、切割下料、平直矫正、边缘及端部加工、滚圆、煨弯、制孔、钢结构组装、焊接、摩擦面的处理。

三、钢结构安装

1. 钢结构构件堆场应具备的基本条件

（1）满足运输车辆通行要求。

（2）场地平整。

（3）有电源、水源，排水通畅。

（4）堆场的面积满足工程进度需要，若现场不满足要求时可设置中转场地。

（5）有防止构件变形及表面污染的保护措施。

2. 钢柱安装

（1）首节钢柱安装后应及时校正垂直度、标高和轴线位置。钢柱的垂直度可采用经纬仪或线锤测量。

（2）首节以上的钢柱定位轴线应从地面控制轴线直接引上。

（3）倾斜钢柱可采用三维坐标测量法进行测校。

3. 钢梁安装

（1）钢梁宜采用两点起吊。

（2）钢梁可采用一机一吊或一机串吊的方式吊装，就位后应立即临时固定连接。

（3）钢梁面的标高及两端高差可采用水准仪与标尺进行测量，校正完成后应进行永久性连接。

4. 大跨度空间钢结构

（1）安装方法：高空散装法、分条分块吊装法、滑移法、单元或整体提升（顶升）法、整体吊装法、折叠展开式整体提升法、高空悬拼安装法等。

（2）高空散装法适用于全支架拼装的各种空间网格结构。

（3）滑移法适用于跨越施工或场地狭窄、起重运输不便等情况。

（4）整体顶升法适用于支点较少的空间网格结构。

（5）整体吊装法适用于中小型空间网格结构。

四、钢结构涂装

1. 涂装时，经处理的钢材表面不应有焊渣、焊疤、灰尘、油污、水和毛刺等。

2. 油漆防腐涂装可采用涂刷法、手工滚涂法、空气喷涂法和高压无气喷涂法。

3. 钢结构涂装时的环境温度和相对湿度，除符合说明书外，还应符合以下规定：

（1）环境温度宜为5～38℃，相对湿度不应大于85%，钢材表面温度应高于露点温度3℃，且钢材表面温度不应超过40℃。

（2）涂装后4h内应采取保护措施，避免淋雨和沙尘侵袭。

（3）风力超过5级时，室外不宜喷涂作业。

【经典案例回顾】

例题（背景资料节选）：某高层钢结构安装施工前，监理工程师对现场的施工准备工作进行了检查，发现钢构件堆场面积过小等，构件堆场基本条件不具备，责令施工单位进行整改。

问题：钢构件堆场应具备的基本条件还有哪些？

答案：

（1）满足运输车辆通行要求。

（2）场地平整。

（3）有电源、水源，排水通畅。

（4）有防止构件变形及表面污染的保护措施。

笔 记 区

考点十六：装配式混凝土结构工程

历年考情分析

年份	2014	2015	2016	2017	2018	2019	2020	2021	2022	2023	2024
案例	教材无此内容				√		√				√

一、装配式混凝土结构施工专项方案

内容包括工程概况、编制依据、进度计划、施工场地布置、预制构件运输与存放、安装与连接施工、绿色施工、安全管理、质量管理、信息化管理、应急预案等。

二、预制构件生产、吊运与存放

生产	（1）宜建立首件验收制度。 （2）预制构件和部品经检查合格后，宜设置表面标识，出厂时应出具质量证明文件
吊装	（1）吊索水平夹角不宜小于60°，不应小于45°。 （2）慢起、稳升、缓放，严禁吊装构件长时间悬停在空中
运输	（1）外墙板宜立式运输，外饰面层朝外。 ①采用靠放架立式运输时，构件与地面倾斜角应大于80°，对称靠放，每侧不大于2层。 ②采用插放架直立运输时，构件之间应设置隔离垫块。 （2）梁、板、楼梯、阳台宜采用水平运输。 （3）水平运输时，预制梁、柱构件叠放不宜超过3层，板类构件叠放不宜超过6层

存放	（1）按产品品种、规格型号、检验状态分类存放，产品标识应明确耐久，预埋吊件朝上，标示向外。 （2）支点位置宜与起吊点位置一致。 （3）多层叠放时，每层构件间的垫块应上下对齐。 （4）预制楼板、叠合板、阳台板和空调板等水平板类构件宜平放，叠放层数不宜超过6层。 （5）预制柱、梁等细长构件应平放，用两条垫木支撑。 （6）墙板、挂板采用专用支架直立存放

 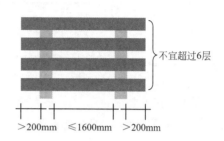

三、预制构件安装

1．一般要求

（1）预制构件与吊具的分离在校准定位及临时支撑安装完成后进行。

（2）竖向构件安装采取临时支撑时，应符合下列规定：

① 临时支撑不宜少于两道。

② 预制柱、墙板构件上部斜支撑，其支撑点至板底的距离不宜小于构件高度的2/3，不应小于构件高度的1/2。

（3）水平预制构件安装采用临时支撑时，应符合下列规定：

① 竖向连续支撑层数不宜少于2层且上下层支撑宜对准。

② 叠合板预制底板下部支撑宜选用定型独立钢支柱。

2．安装

预制柱	（1）按照角柱、边柱、中柱顺序安装。 （2）以轴线和外轮廓线为控制线，对于边柱和角柱应以外轮廓线控制为准

预制剪力墙板	（1）按照外墙先行吊装原则，与现浇部分连接的墙板先行吊装。 （2）墙板以轴线和轮廓线为控制线，外墙应以轴线和轮廓线双控制为准。 （3）墙板需要分仓灌浆的，采用坐浆料进行分仓。多层剪力墙采用坐浆材料时，应均匀铺设，厚度不宜大于20mm
预制梁和叠合梁、板	（1）先主梁、后次梁，先低后高。 （2）叠合板吊装完成，校核板底接缝高差及宽度。高差不满足时，重新起吊，通过可调支托调节。 （3）临时支撑应在后浇混凝土强度达到设计要求后方可拆除

四、预制构件的连接

1. 预制构件钢筋可以采用钢筋套筒灌浆连接、钢筋浆锚搭接连接、焊接或螺栓连接、钢筋机械连接等连接方式。

2. 钢筋套筒灌浆施工要求：

（1）可选连通腔灌浆施工或坐浆法施工；高层建筑装配混凝土剪力墙宜采用连通腔灌浆施工。

（2）连通灌浆区域内任意两个灌浆套筒间距离不宜超过1.5m，连通腔内预制构件底部与下方已完成结构上表面的最小间隙不得小于10mm。

（3）常温型灌浆料：温度不应低于5℃，不宜高于30℃。宜确保从灌浆施工开始24h施工环境温度、灌浆部位温度不低于5℃，之后宜继续封闭保温2d。

（4）低温型灌浆料：当连续3d的施工环境温度、灌浆部位温度的最高值均低于10℃时可采用。应确保灌浆施工过程中施工环境温度不低于0℃，灌浆施工开始24h内灌浆部位温度不低于−5℃。

（5）灌浆施工过程应合理控制灌浆速度，宜先快后慢。

（6）竖向钢筋灌浆作业应采用压浆法从套筒下灌浆孔注入，当灌浆料从其他灌浆孔、出浆孔平稳流出后应及时封堵。

（7）灌浆料宜在加水后30min内用完。

（8）采用连通腔灌浆施工时，不宜两层及以上集中灌浆。

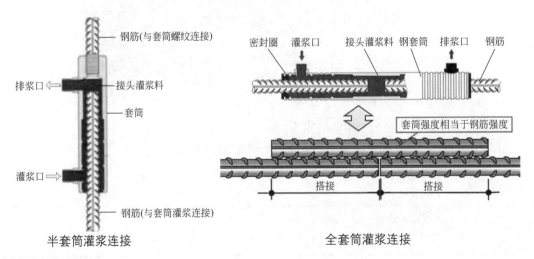

半套筒灌浆连接　　　　　　　　全套筒灌浆连接

3．后浇混凝土的施工要求：

（1）构件连接部位后浇混凝土与灌浆料的强度达到设计要求后，方可撤除临时固定措施。

（2）装配式混凝土结构连接节点及叠合构件浇筑混凝土前，应进行隐蔽工程验收，验收内容包括：

①混凝土粗糙面的质量，键槽的尺寸、数量、位置。

②钢筋的牌号、规格、数量、位置、间距、箍筋弯钩的弯折角度及平直段长度。

③钢筋的连接方式、接头位置、接头数量、接头面积百分率、搭接长度、锚固方式及锚固长度。

④预埋件、预留管线的规格、数量、位置。

⑤预制混凝土构件接缝处防水、防火等构造做法。

⑥保温及其节点施工。

4．外墙板接缝密封材料嵌填应饱满、密实、均匀、顺直、表面平滑，厚度应符合设计要求。

五、预制构件结构性能检验

1．梁板类简支受弯预制构件进场应进行结构性能检验。

2．不单独使用的叠合板预制底板，可不做结构性能检验；叠合梁是否需要结构性能检验，按设计要求确定。

3．不需做结构性能检验的预制构件，采取下列措施：

（1）施工或监理单位代表应驻厂监督生产过程。

（2）当无驻厂监督时，预制构件进场时应对主要受力钢筋数量、规格、间距、保护层厚度及混凝土强度等进行实体检验。

六、预制构件安装与连接相关试验

1．灌浆质量要求：饱满、密实，所有出口均应出浆。

2．灌浆料抗压强度试验：每工作班应制作1组且每层不应少于3组40mm×40mm×160mm的长方体试件，标准养护28d。

3．底部接缝坐浆抗压强度试验：每工作班同一配合比应制作1组且每层不应少于3组边长为70.7mm的立方体试件，标准养护28d。

4．外墙板接缝淋水试验：每1000m²外墙（含窗）划分为1个检验批，每个检验批抽查一处，抽查部位为相邻两层四块墙板形成的水平和竖向十字接缝区域，面积不小于10m²，进行现场淋水试验。

七、外围护系统质量检查与验收的要求

1．外围护部品应完成下列隐蔽项目的现场验收：

（1）预埋件。

（2）与主体结构的连接节点。

（3）与主体结构之间的封堵构造节点。

（4）变形缝及墙面转角处的构造节点。

（5）防雷装置。

（6）防火构造。

2．外围护系统应进行下列现场试验和测试：

（1）饰面砖（板）的粘结强度测试。

（2）墙板接缝及外门窗安装部位的现场淋水试验。

（3）现场隔声测试。

（4）现场传热系数测试。

3．外围护系统应在验收前完成下列性能的试验和测试：

（1）抗压性能、层间变形性能、耐撞击性能、耐火极限等实验室检测。

（2）连接件材性、锚栓拉拔强度等检测。

【经典案例回顾】

例题1（2024年·背景资料节选）：

节选一：叠合板预制构件未进行结构性能检验，无驻厂监督生产。进场后，项目部会同监理工程师按规定对叠合板预制构件主要受力钢筋规格等项目进行实体检验，合格后批准使用。

节选二：冬期施工方案中规定预制墙板钢筋套筒灌浆连接采用低温型灌浆料。监理工程师要求项目部密切关注施工环境温度和灌浆部位温度。

问题1：叠合板预制构件进场后的实体检验项目还有哪些？

答案：

主要受力钢筋数量、间距、保护层厚度及混凝土强度。

问题2：分别指出低温型灌浆料施工开始24h内的灌浆部位温度、施工环境温度最低要求值。

答案：

（1）低温型灌浆料施工开始24h内的灌浆部位温度最低要求：–5℃。

（2）低温型灌浆料施工环境温度最低要求：0℃。

例题2（2020年·背景资料节选）：某企业新建研发中心大楼工程，二层以上为装配式混凝土结构。二层装配式叠合构件安装完毕后准备浇筑混凝土时，监理工程师发现该部位没有进行隐蔽验收，下达了整改通知单，指出装配式结构叠合构件的钢筋工程必须按质量合格证明书的牌号、规格、数量、位置以及间距等隐蔽工程的内容分别验收合格后，再进行叠合构件的混凝土浇筑。

问题：监理工程师对施工单位发出的整改通知单是否正确？补充叠合构件钢筋工程需进行隐蔽工程验收的内容。

答案：

（1）监理工程师对施工单位发出的整改通知单正确。

（2）叠合构件钢筋工程需进行隐蔽工程验收的内容还有：

①箍筋弯钩的弯折角度及平直段长度。

②钢筋的连接方式、接头数量、接头位置、接头面积百分率、搭接长度、锚固方式、锚固长度。

③预埋件。

解析：

第二小问隐蔽工程验收内容一定要看清楚关键词，是针对钢筋工程的隐蔽工程验收，混凝土粗糙面、预留管线、接缝处及节点的隐蔽工程验收都不需要答，答案务必精准。

例题3（2018年·背景资料节选）： 某新建高层住宅工程，地下1层，地上12层，二层以下为现浇钢筋混凝土结构，二层以上为装配式混凝土结构，预制墙板钢筋采用套筒灌浆连接施工工艺。监理工程师在检查第4层外墙板安装质量时发现：钢筋套筒连接灌浆满足规范要求；留置了3组边长为70.7mm的立方体灌浆料标准养护试件；留置了1组边长为70.7mm的立方体坐浆料标准养护试件；施工单位选取第4层外墙板竖缝两侧11mm的部位在现场进行淋水试验，对此要求整改。

问题： 指出第4层外墙板施工中的不妥之处，并写出正确做法。装配式混凝土构件钢筋套筒连接灌浆质量要求有哪些？

答案：

（1）不妥之处及正确做法：

不妥1：灌浆料留置70.7mm的立方体试件。

正确做法：应留置40mm×40mm×160mm的长方体试件。

不妥2：留置1组坐浆料标准养护试件。

正确做法：每层应留置不少于3组坐浆料标准养护试件。

不妥3：选取竖缝两侧11mm的部位进行淋水试验。

正确做法：选取相邻两层四块墙板形成的水平和竖向十字接缝区域进行现场淋水试验，且面积不得小于10m²。

（2）灌浆质量要求：饱满、密实，所有出口均有出浆。

例题4（背景资料节选）： 装配式混凝土构件安装时，预制柱按照边柱、角柱、中柱顺序进行安装。预制梁和叠合梁、板按照先次梁后主梁、先高后低的原则安装。预制剪力墙板底部竖向钢筋采用套筒灌浆连接，灌浆时采用压浆法从下灌浆孔灌注，从出浆孔流出后及时封堵，灌浆拌合物制备后60min内用完，每工作班应制作1组且每层不应少于3组边长为70.7mm的立方体试件，标准养护28d后进行抗折强度试验。

问题： 指出装配式混凝土施工中的不妥之处，并写出正确做法。

答案：

不妥1：预制柱按照边柱、角柱、中柱顺序安装。

正确做法：应按照角柱、边柱、中柱顺序安装。

不妥2：预制梁和叠合梁、板按照先次梁后主梁、先高后低的原则安装。

正确做法：应按照先主梁后次梁、先低后高的原则安装。

不妥3：从出浆孔流出后及时封堵。

正确做法：从其他灌浆孔、出浆孔平稳流出后及时封堵。

不妥4：灌浆拌合物制备后60min内用完。

正确做法：应加水后30min内用完。

不妥5：灌浆料留置70.7mm的立方体试件。

正确做法：应留置40mm×40mm×160mm的长方体试件。

不妥6：灌浆料试件进行抗折强度试验。

正确做法：应进行抗压强度试验。

例题5（背景资料节选）： 总承包单位在施工前编制了装配式混凝土结构施工的专项方案，内容包括工程概况、编制依据、进度计划、绿色施工和安全管理。预制构件进场后堆放情况为：外墙板采用平卧式堆放，预制楼板采用8层叠层平卧，上下层之间设垫块，垂直方向位置错开500mm。

问题： 装配式混凝土结构施工的专项方案还应包括哪些内容？预制构件的堆放有何不妥？写出正确做法。

答案：

（1）装配式混凝土结构施工的专项方案还应包括：施工场地布置、预制构件运输与存放、安装与连接施工、质量管理、信息化管理、应急预案等。

（2）预制构件堆放的不妥之处及正确做法如下：

不妥1：外墙板采用平卧式堆放。

正确做法：外墙板宜采用专用支架直立存放。

不妥2：预制楼板采用8层叠层平卧。

正确做法：预制楼板叠放层数不宜超过6层。

不妥3：预制楼板上下层之间垫块垂直方向位置错开500mm。

正确做法：每层构件间的垫块应上下对齐。

> **笔记区**
> _____
> _____
> _____
> _____

考点十七：屋面防水工程

历年考情分析

年份	2014	2015	2016	2017	2018	2019	2020	2021	2022	2023	2024
案例		√				√					

一、屋面防水基本要求

（1）以防为主，以排为辅。

（2）找坡层：混凝土结构层宜采用结构找坡，坡度不应小于3%；当采用材料找坡时，坡度宜为2%；檐沟、天沟纵向找坡不应小于1%，最薄处厚度不小于20mm。

（3）保温层上找平层应在水泥初凝前压实抹平，并应留设分格缝，缝宽宜为5～20mm，纵横缝的间距不宜大于6m，养护时间不得少于7d。

（4）找平层设置的分格缝可兼作排汽道。

保护层/面层
隔离层
防水层
找平层
保温层
找平层
找坡层
结构层

二、基层与保护工程

1. 隔汽层：

（1）设置在结构层与保温层之间。

（2）采用卷材时宜空铺，卷材搭接缝应满粘，其搭接宽度不应小于80mm。

（3）采用涂料时，应涂刷均匀。

2. 隔离层：

设置在保护层与防水层之间，可采用干铺塑料膜、土工布、卷材或铺抹低强度等级砂浆。

3. 找坡层宜采用轻骨料混凝土，找平层宜采用水泥砂浆或细石混凝土。（来自《屋面工程质量验收规范》GB 50207—2012中的基层与保护工程部分）

三、卷材防水层屋面施工

1. 卷材防水层铺贴顺序和方向：

（1）施工时，应先进行细部构造处理，然后由屋面最低标高向上铺贴。

（2）檐沟、天沟卷材施工时，宜顺檐沟、天沟方向铺贴，搭接缝应顺流水方向。

（3）宜平行屋脊铺贴，上下层卷材不得相互垂直铺贴。

2. 立面或大坡面铺贴卷材，应采用满粘法。

3. 卷材搭接缝：

（1）平行屋脊的搭接缝顺流水方向。

（2）同一层相邻两幅卷材短边搭接缝错开不应小于500mm。

（3）上下层卷材长边搭接缝应错开，且不应小于幅宽的1/3。

（4）搭接缝宜留在屋面与天沟侧面，不宜留在沟底。

> 错缝顺流大坡满边角旮旯后大面

4. 卷材铺贴方法有冷粘法、热粘法、热熔法、自粘法、焊接法、机械固定法。

（1）厚度小于3mm的改性沥青防水卷材，严禁采用热熔法施工。

（2）自粘法铺贴卷材的接缝处应用密封材料封严，宽度不应小于10mm。

（3）焊接法施工时，应先焊长边搭接缝，后焊短边搭接缝。

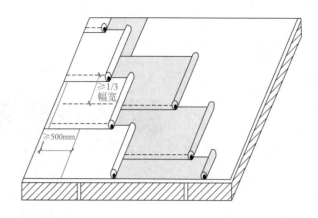

四、细部施工

1. 檐口：

（1）卷材防水屋面檐口800mm范围内的卷材应满粘，卷材收头应采用金属压条钉压，并应用密封材料封严。

（2）檐口下端应做鹰嘴和滴水槽。

2. 檐沟和天沟防水层下应增设附加层，附加层伸入屋面的宽度不应小于250mm。

3. 女儿墙泛水处的防水层应增设附加层，附加层在平面和立面的宽度均不应小于250mm。

【经典案例回顾】

例题1（2019年·背景资料节选）：屋面防水层选用2mm厚的改性沥青防水卷材，铺贴顺序和方向按照平行于屋脊、上下层不得相互垂直等要求，采用热粘法施工。

问题：屋面防水卷材铺贴方法还有哪些？屋面卷材防水铺贴顺序和方向要求还有哪些？

答案：

（1）屋面防水卷材铺贴方法还有：①冷粘法；②自粘法；③焊接法；④机械固定法。

（2）屋面卷材防水铺贴顺序和方向要求还有：

① 卷材防水层施工时，应先进行细部构造处理，然后由屋面最低标高向上铺贴。

② 檐沟、天沟卷材施工时，宜顺檐沟、天沟方向铺贴，搭接缝应顺流水方向。

解析：

第一小问的卷材铺贴方法不能写"热熔法"。根据规定，厚度小于3mm的改性沥青防水卷材，严禁采用热熔法施工。

例题2（背景资料节选）：某新建综合楼工程，地下室筏板及外墙混凝土等级均为C30P6。室内防水采用聚氨酯防水涂料，地下防水及屋面防水均采用SBS卷材，屋面防水层等级为Ⅰ级。

施工单位上报的地下结构专项施工方案中部分文字为"……地下防水混凝土严格按设计图纸的C30P6等级进行试配，并根据试配确定最终施工配合比；地下防水混凝土施工终凝后连续保湿养护10d以上……"。屋面进行水泥砂浆找平层施工时按横向6m、纵向12m间距留设分格缝；找平层施工完毕，养护5d后开始施工1道防水设防的卷材防水层；卷材防水层施工时，同一层相邻两幅卷材短边搭接缝错开300mm，上下两层卷材垂直进行铺贴。室内厕所楼板防水涂料施工完毕后，蓄水一夜检验，次日天亮后进行下道工序施工。监理工程师认为施工单位做法有诸多错误，责令整改。

问题：分别指出上述施工做法的错误之处，写出正确做法。

答案：

错误1：地下防水混凝土严格按设计图纸的C30P6等级进行试配。

正确做法：防水混凝土试配时的抗渗等级应比设计要求提高0.2MPa，即应按C30P8试配。

错误2：地下防水混凝土保湿养护10d以上。

正确做法：防水混凝土养护时间不得少于14d。

错误3：屋面水泥砂浆找平层施工时按横向6m、纵向12m间距留设分格缝。

正确做法：找平层纵横向分格缝间距均不宜大于6m。

错误4：屋面找平层施工完毕，养护5d后即开始下道工序施工。

正确做法：找平层养护时间不得少于7d。

错误5：屋面施工1道防水设防的卷材防水层。

正确做法：屋面防水层等级为Ⅰ级，防水做法不少于3道。

错误6：屋面同一层相邻两幅卷材短边搭接缝错开300mm。

正确做法：同一层相邻两幅卷材短边搭接缝错开至少500mm。

错误7：屋面上下两层卷材垂直进行铺贴。

正确做法：上下两层卷材不得相互垂直铺贴。

错误8：室内厕所楼板防水涂料施工完毕后，蓄水一夜检验。

正确做法：蓄水时间应为24h以上。

例题3（背景资料节选）：某新建住宅楼屋面工程设计中规定了屋面找坡排水设计要求（见下表）；确定了找坡层采用轻骨料混凝土；明确了找平层、隔汽层选用的材料。

屋面找坡排水设计要求

序号	找坡形式	坡度（%）
1	结构找坡	不应小于A
2	材料找坡	宜为B
3	天沟纵向找坡	不应小于C

问题：写出表中A、B、C的坡度要求。分别写出屋面找平层、隔汽层可选用的材料。

答案：

（1）坡度要求

A：3；　B：2；　C：1。

（2）材料

找平层：水泥砂浆、细石混凝土。

隔汽层：卷材、涂料。

笔 记 区

_____

_____

_____

_____

考点十八：保温隔热工程

历年考情分析

年份	2014	2015	2016	2017	2018	2019	2020	2021	2022	2023	2024
案例		√		√		√		√			

一、保温隔热工程施工

1．倒置式屋面

（1）基本构造自下而上为：结构层、找坡层、找平层、防水层、保温层、隔离层及保护层或面层。

（2）倒置式屋面的核心是将保温层做在防水层上。

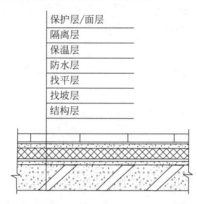

2．防火隔离带

（1）燃烧性能应为A级（宜用岩棉带），宽度不应小于300mm，防火棉密度不应小于$100kg/m^3$。

（2）应与保温材料的施工同步进行。

3．外墙外保温施工要求

（1）施工前应进行基层墙体检查或处理。

① 检查：基层墙体表面应洁净、坚实、平整，无油污和脱模剂等妨碍粘结的附着物。

② 处理：凸起、空鼓和疏松部位应剔除；界面处理宜用水泥基界面砂浆。

（2）采用粘贴固定的外保温系统，施工前应做基层墙体与胶粘剂的拉伸粘结强度检验，拉伸粘结强度不应低于0.3MPa，且粘结界面脱开面积不应大于50%。

（3）现场不应有高温或明火作业。

（4）环境空气温度不应低于5℃；5级以上大风天气和雨天不得施工。

二、技术与管理

（1）设计变更不得降低建筑节能效果。当设计变更涉及建筑节能效果时，应经原施工图设计审查机构审查，在实施前办理设计变更手续，并获得监理或建设单位的确认。

（2）建筑节能工程采用的新技术、新设备、新材料、新工艺，应按规定进行评审、鉴定及备案。施工前应对新的或首次采用的施工工艺进行评价，并制定专门的施工技术方案。

（3）单位工程的施工组织设计应包括建筑节能工程施工内容。建筑节能工程施工前，施工单位应编制建筑节能工程专项施工方案。施工单位应对从事建筑节能工程施工作业的人员进行技术交底和必要的实际操作培训。

【经典案例回顾】

例题1（2021年·背景资料节选）：项目经理部编制的屋面工程施工方案中规定：

（1）工程采用倒置式屋面，屋面构造层包括防水层、保温层、找平层、找坡层、隔离层、结构层和保护层，构造示意见下图。

（2）防水层施工完成后进行雨后观察或淋水、蓄水试验，持续时间应符合规范要求，合格后再进行隔离层施工。

问题1：常用屋面隔离层材料有哪些？

答案：

常用屋面隔离层材料有：塑料膜、土工布、卷材、低强度等级砂浆。

问题2：写出图中屋面构造层1～7对应的名称。

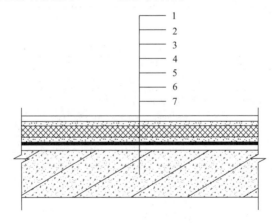

答案：

1—保护层；2—保温层；3—隔离层；4—防水层；5—找平层；6—找坡层；7—结构层。

注：此答案和《倒置式屋面工程技术规程》JGJ 230—2010中的第6.5.2条第2款不一致，是严格按照命题人的题目背景来答题的。

例题2（2015年·背景资料节选）：某工程采用某新型保温材料，按规定进行了评审、鉴定和备案，同时施工单位完成相应程序性工作后，经监理工程师批准后投入使用。

问题：新型保温材料使用前还应有哪些程序性工作？

答案：

（1）进行施工工艺评价。

（2）制定专门的施工技术方案。

考点十九：地下防水工程

历年考情分析

年份	2014	2015	2016	2017	2018	2019	2020	2021	2022	2023	2024
案例	√			√						√	

一、明挖法地下工程现浇混凝土主体结构防水做法

防水等级	防水做法	防水混凝土	外设防水层			现浇混凝土结构最低抗渗等级
			防水卷材	防水涂料	水泥基防水材料	
一级	不应少于3道	为1道，应选	不少于2道；防水卷材或防水涂料不应少于1道			P8
二级	不应少于2道	为1道，应选	不少于1道；任选			P8
三级	不应少于1道	为1道，应选	—			P6

二、防水混凝土施工

配制	（1）防水混凝土可通过调整配合比或掺加外加剂、掺合料等措施配制而成。 （2）抗渗等级不得小于P6，试配混凝土的抗渗等级应比设计要求提高0.2MPa
材料	（1）水泥：宜采用硅酸盐水泥、普通水泥。 （2）石子：最大粒径≤40mm。 （3）砂：中粗砂，含泥量≤3%，泥块含量≤1%；不宜使用海砂
配合比	（1）胶凝材料总量≥320kg/m³，其中水泥用量≥260kg/m³。 （2）水胶比≤0.5，有侵蚀介质时水胶比不宜大于0.45。 （3）宜采用预拌商品混凝土，入泵坍落度控制在120～160mm
浇筑及养护	（1）分层（≤500mm）连续浇筑，机械振捣。 （2）大体积混凝土入模温度≤30℃。 （3）保温保湿养护，养护时间≥14d；后浇带≥28d
穿墙管道止水措施	（1）单独埋设的管道可采用套管式穿墙防水。 （2）当管道集中多管时，可采用穿墙群管防水
中埋式止水带	（1）钢板止水带采用焊接连接时应满焊。 （2）橡胶止水带应采用热硫化连接。 （3）自粘丁基橡胶钢板止水带自粘搭接长度不应小于80mm，当采用机械固定搭接时，搭接长度不应小于50mm。 （4）钢边橡胶止水带铆接时，铆接部位应采用自粘胶带密封

三、水泥砂浆防水层施工

适用部位	地下工程主体结构的迎水面或背水面；不应用于受持续振动或高于80℃的地下工程
材料	（1）水泥：硅酸盐水泥、普通水泥、特种水泥。 （2）砂：宜采用中砂，含泥量≤1%
基层处理	（1）充分湿润、无明水。 （2）表面孔洞、缝隙采用与防水层相同的防水砂浆堵塞并抹平
施工	（1）多层抹压法，最后一遍提浆压光。 （2）不得在雨天、5级及以上大风中、烈日照射下施工。 （3）施工环境温度为5～30℃
养护	终凝后养护，温度≥5℃，时间≥14d，保持湿润

四、卷材防水层施工

铺贴	（1）严禁在雨雪天、5级以上大风中施工。 （2）垫层卷材用空铺法或点粘法；侧墙和顶板卷材用满粘法。 （3）冷粘法、自粘法施工环境温度≥5℃；热熔法、焊接法施工环境温度≥－10℃。 （4）铺设在混凝土结构迎水面，双层卷材时里外两层卷材不得相互垂直铺贴。 （5）采用外防外贴法铺贴卷材防水层时，先铺平面，后铺立面
接缝	（1）上下两层或相邻两幅卷材接缝错开1/3～1/2幅宽。 （2）搭接宽度：改性沥青类卷材为150mm；合成高分子类卷材为100mm
保护层	（1）顶板卷材采用细石混凝土保护层，人工回填土时其厚度不宜小于50mm，机械碾压回填土时其厚度不宜小于70mm，防水层与保护层之间宜设隔离层。 （2）底板卷材采用的细石混凝土保护层不应小于50mm。 （3）侧墙卷材防水层宜采用软质保护材料或铺抹20mm厚1：2.5水泥砂浆层
其他	（1）厚度小于3mm的改性沥青防水卷材严禁采用热熔法施工。 （2）采用自粘法铺贴卷材的接缝处，应用密封材料封严，宽度不应小于10mm。 （3）采用焊接法施工时，应先焊长边搭接缝，后焊短边搭接缝

【经典案例回顾】

例题1（2023年·背景资料节选）： 项目部编制的基础底板混凝土施工方案中确定了底板混凝土后浇带留设的位置，明确了后浇带处的基础垫层、卷材防水层、防水加强层、防水找平层、防水保护层、止水钢板、外贴止水带等防水构造要求，如下图所示。

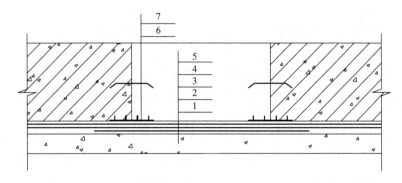

问题： 写出图中防水构造层编号的构造名称。

答案：

1—基础垫层；2—防水找平层；3—防水加强层；4—卷材防水层；5—防水保护层；6—外贴止水带；7—止水钢板。

例题2（2017年·背景资料节选）：项目部对地下室M5水泥砂浆防水层施工提出了技术要求：采用普通硅酸盐水泥、自来水、中砂、防水剂等材料拌合，中砂含泥量不得大于3%；防水层施工前应采用强度等级M5的普通砂浆将基层表面的孔洞、缝隙堵塞抹平；防水层施工要求一遍成活，铺抹时应压实、表面应提浆压光，并及时进行保湿养护7d。

问题：写出项目部对地下室水泥砂浆防水层施工技术要求的不妥之处，并分别说明理由。

答案：

不妥1：中砂含泥量不得大于3%。

理由：含泥量不得大于1%。

不妥2：用同等级普通砂浆处理基层表面孔洞和缝隙。

理由：应用与防水层相同的防水砂浆处理基层表面孔洞和缝隙。

不妥3：防水层施工一遍成活。

理由：宜多层抹压施工。

不妥4：保湿养护7d。

理由：保湿养护不得少于14d。

例题3（背景资料节选）：某行政办公楼，建筑面积为38940.4m²，局部2层地下室、筏板基础，地上4层，框架结构。地下室筏板和外墙混凝土等级均为C30P6。地下结构施工过程中，发生如下事件：

事件一：地下室底板下垫层防水设计为两道，为2mm+2mm高聚物改性沥青卷材外防水。施工单位拟采用热熔法、满粘法施工，监理工程师认为施工方法存在不妥，不予确认。

事件二：地下室防水层、保护层做法：顶板与底板一致，机械碾压采用50mm厚细石混凝土；侧墙为聚苯乙烯泡沫塑料。室内淋浴区防水层翻起高度不应小于1800mm。监理对此做法提出诸多不同意见。

问题1：指出事件一中的不妥之处，分别写出理由。

答案：

不妥1：采用热熔法施工。

理由：改性沥青防水卷材厚度小于3mm时，严禁采用热熔法。

不妥2：采用满粘法施工。

理由：底板下垫层防水卷材宜采用空铺法或点粘法施工。

问题2：指出事件二中的不妥之处，并分别给出正确做法。

答案：

不妥1：地下室顶板用50mm厚细石混凝土作防水保护层。

正确做法：机械碾压回填土时，顶板细石混凝土保护层厚度不宜小于70mm。

不妥2：室内淋浴区防水层翻起高度不应小于1800mm。

正确做法：室内淋浴区防水层翻起高度不应小于2000mm。

考点二十：轻质隔墙工程

历年考情分析

年份	2014	2015	2016	2017	2018	2019	2020	2021	2022	2023	2024
案例											

一、轻钢龙骨罩面板施工

（1）施工流程：

放线→安装龙骨→机电管线安装→安装横撑龙骨（有需要时）→门窗等洞口制作→安装一侧罩面板→安装填充材料（岩棉）→安装另一侧罩面板。

（2）天地龙骨固定用射钉或膨胀螺栓；罩面板固定用自攻螺钉。

（3）安装竖龙骨：由隔断墙的一端开始排列竖龙骨，有门窗时要从门窗洞口开始分别向两侧排列。

（4）安装一侧罩面板：宜竖向铺设，其长边接缝应落在竖龙骨上。

（5）安装另一侧罩面板：

① 装配的板缝与对面的板缝不得布在同一个龙骨上。

② 隔墙两面有多层罩面板时，应交替封板，不可一侧封完再封另一侧，避免单侧受力过大造成龙骨变形。

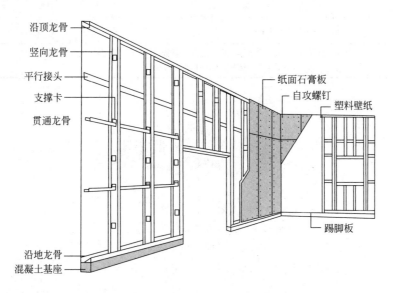

二、板材隔墙

（1）工艺流程：

放线→配板→支设临时方木→配置胶粘剂→安装U形卡或L形卡（有要求时）→安装隔墙板→安装门窗框→设备、电气管线安装→板缝处理。

（2）加气混凝土隔墙胶粘剂一般采用建筑胶聚合物砂浆，GRC空心混凝土隔墙胶粘剂一般采用建筑胶粘剂，增强水泥条板、轻质混凝土条板、预制混凝土板等则采用丙烯酸类聚合物液状胶粘剂。胶粘剂要随配随用，并应在30min内用完。

笔记区

考点二十一：吊顶工程

历年考情分析

年份	2014	2015	2016	2017	2018	2019	2020	2021	2022	2023	2024
案例											

暗龙骨吊顶施工流程：

放线→弹龙骨分档线→安装水电管线→安装主龙骨→安装副龙骨→安装罩面板→安装压条。

吊杆	（1）长度>1.5m时，设反支撑；长度>2.5m时，设钢结构转换层。 （2）灯具、风口及检修口等部位应附加龙骨和吊杆
主龙骨	（1）平行房间长向安装，悬臂端不应大于300mm。 （2）接长应对接。 （3）间距不应大于1.2m
次龙骨	间距不得大于600mm
罩面板	（1）纸面石膏板由中间向四周在自由状态下固定，不得多点同时作业。 （2）纸面石膏板的长边沿纵向次龙骨铺设

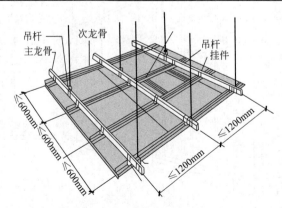

例题（背景资料节选）： 装饰装修施工前，装修单位上报会议室的木龙骨纸面石膏板吊顶施工方案，其中包括：采用φ6mm吊杆，长1.8m，纸面石膏板的长边沿横向主龙骨铺设，纸面石膏板四角先固定在龙骨上，然后固定四边，最后固定中心，确保牢固，监理认为部分做法不妥，退回施工单位整改。

问题： 指出纸面石膏板吊顶施工方案中的不妥之处，并给出正确做法。

答案：

不妥1：吊杆长度为1.8m。

正确做法：吊杆长度大于1.5m时，还应设置反支撑。

不妥2：纸面石膏板的长边沿横向主龙骨铺设。

正确做法：纸面石膏板的长边沿纵向次龙骨铺设。

不妥3：纸面石膏板四角先固定在龙骨上，然后固定四边，最后固定中心。

理由：纸面石膏板与龙骨固定，应从一块板的中间向板的四边进行固定。

笔 记 区

考点二十二：地面工程

历年考情分析

年份	2014	2015	2016	2017	2018	2019	2020	2021	2022	2023	2024
案例								√			

1. 进场材料

进场材料应有质量合格证明文件、规格、型号及性能检测报告，对重要材料应有复验报告：

（1）花岗石、瓷砖的放射性。

（2）天然石材面层铺设前，板块的背面和侧面应进行防碱处理。

（3）人造板、地毯及地毯衬垫中的游离甲醛（释放量或含量）。

（4）木竹地板面层下的木搁栅、垫木和垫层底板采用木材进场时应抽检断面尺寸、含水率等。

2. 石材饰面

（1）施工流程：基层处理→放线→试拼石材→铺设结合层砂浆→铺设石材→养护→勾缝。

（2）铺设石材：

① 结合层与板块应分段同时铺设；大理石、花岗石板材铺设前应浸湿、晾干，在石

材背面涂厚度约5mm厚加胶的素水泥膏或石材专用粘结剂。

②浅色石材铺设时应选用白水泥作为水泥膏使用。

（3）勾缝：

①铺装完成28d或胶粘剂固化干燥后，进行勾缝。

②质量要求：清晰、顺直、平整、光滑、深浅一致，缝色与石材颜色基本一致。

3．瓷砖面层

（1）工艺流程：基底处理→放线→浸砖→铺设结合层砂浆→铺砖→养护→勾缝。

（2）浸水后的瓷砖应阴干备用。

【经典案例回顾】

例题（2021年·背景资料节选·有改动）：项目经理巡查到住宅楼二层样板间时，地面瓷砖铺设施工人员正按照基层处理、放线、浸砖等工艺流程进行施工，其检查了施工质量，强调后续工作要严格按照正确施工工艺作业，保证地面整体质量。

问题：地面瓷砖面层施工工艺内容还有哪些？

答案：

铺设结合层砂浆、铺砖、养护、勾缝。

笔记区

考点二十三：幕墙工程

历年考情分析

年份	2014	2015	2016	2017	2018	2019	2020	2021	2022	2023	2024
案例		√									

一、施工测量

根据土建施工单位给出的标高基准点和轴线位置，对已施工的主体结构与幕墙有关的部位进行全面复测。复测的内容包括：

（1）轴线位置、各层标高、垂直度、混凝土结构构件局部偏差和凹凸程度。

（2）预埋件的位置偏差及漏埋情况。

二、构件式玻璃幕墙

立柱	（1）铝合金型材通常一层楼高为一整根，接头处留空隙，上、下立柱通过活动接头连接。 （2）立柱先与角码连接，角码再与主体结构预埋件连接。（角码需考虑承载能力）

横梁	（1）横梁分段与立柱连接，连接处应设置柔性垫片或预留 1～2mm 的间隙，间隙内填胶，以避免刚性接触。 （2）横梁与立柱连接用不锈钢螺栓或螺钉。（不锈钢螺栓、螺钉需考虑承载力）
玻璃面板	幕墙开启窗的开启角度不宜大于30°，开启距离不宜大于300mm
密封胶	（1）密封胶的施工厚度应大于3.5mm，一般控制在4.5mm 以内。 （2）密封胶在接缝内应两对面粘结，不应三面粘结。 （3）密封胶不得混用

三、全玻幕墙

（1）面板玻璃厚度不宜小于10mm，夹层玻璃单片厚度不应小于8mm。

（2）吊挂玻璃的夹具不得与玻璃直接接触，夹具衬垫材料应与玻璃平整结合、紧密牢固。

（3）槽壁与玻璃之间应采用硅酮建筑密封胶密封。

四、石材幕墙

（1）石材：天然石板厚度不应小于25mm，火烧石板的厚度比抛光石板厚3mm。

（2）密封胶：同一石材幕墙工程应采用同一品牌的硅酮密封胶，不得混用；石材与金属挂件之间的粘结应用环氧胶粘剂，不得采用"云石胶"。

（3）石材面板与骨架连接，通常有通槽式、短槽式和背栓式三种。其中通槽式较为少用，短槽式使用最多。短槽式又分为T型、L型和SE型等。

五、建筑幕墙防火构造要求

（1）幕墙与建筑窗槛墙之间的空腔应在建筑缝隙上、下沿处分别采用矿物棉等背衬材料填塞且填塞高度均不应小于200mm；背衬材料承托板应采用钢质承托板，且承托板的厚度不应小于1.5mm。

（2）同一幕墙玻璃单元不应跨越两个防火分区。

【经典案例回顾】

例题（背景资料节选）：施工中，施工单位对幕墙与建筑窗槛墙之间的空腔防火隔离处理进行了检查；对幕墙的气密性、水密性、抗风压性能等有关安全和功能检测项目进行了见证取样和抽样检测。

问题：简述幕墙与建筑窗槛墙之间的空腔防火隔离处理做法。幕墙工程中有关安全和功能的检测项目还有哪些？

答案：

（1）防火隔离处理做法：幕墙与建筑窗槛墙之间的空腔应在建筑缝隙上、下沿处分别采用矿物棉等背衬材料填塞且填塞高度均不应小于200mm；背衬材料承托板应采用钢质承托板，且承托板的厚度不应小于1.5mm。

（2）幕墙工程中有关安全和功能的检测项目还有：

① 硅酮结构胶的相容性和剥离粘结性。

② 幕墙后置埋件和槽式预埋件的现场拉拔力。

③幕墙的层间变形性能。

考点二十四：智能建造新技术

历年考情分析

年份	2014	2015	2016	2017	2018	2019	2020	2021	2022	2023	2024
案例	教材无此内容										√

一、绿色施工技术

1. 施工现场水收集综合利用技术

（1）包括基坑施工降水回收利用技术、雨水回收利用技术、现场生产和生活废水回收利用技术。

（2）雨水回收利用技术：可直接用于冲刷厕所、施工现场洗车及现场洒水控制扬尘。

2. 建筑垃圾减量化与资源化利用技术

可回收的建筑垃圾主要有：散落的砂浆和混凝土、剔凿产生的砖石和混凝土碎块、打桩截下的钢筋混凝土桩头、砌块碎块、废旧木材、钢筋余料、塑料等。

3. 施工现场太阳能、空气能利用技术

（1）施工现场太阳能光伏发电照明技术。

（2）太阳能热水应用技术。

（3）空气能热水技术。

4. 工具式定型化临时设施技术

工具式定型化临时设施包括标准化箱式房、定型化临边洞口防护、定型化加工棚、构件化PVC绿色围墙、预制装配式马道、可重复使用临时道路板等。

二、建筑信息模型（BIM）技术

1. 模型元素信息

（1）几何信息：尺寸、定位、空间拓扑关系等。（可空间展示）

（2）非几何信息：名称、规格型号、材料和材质、生产厂商、功能与性能技术参数，以及系统类型、施工段、施工方式、工程逻辑关系等。

2. 施工BIM模型

施工BIM模型包括深化设计模型、施工过程模型和竣工验收模型。

三、智慧工地信息技术

1. 劳务工人信息管理技术

建立现场劳务工人信息化系统，实现实名制管理、考勤管理、安全教育管理、视频监控管理、工资监管、后勤管理以及基于业务的各类统计分析等。

2. 建筑垃圾监管技术

高度集成射频识别（RFID）、车牌识别（VLPR）、卫星定位系统、地理信息系统（GIS）、移动通信等技术，建立施工现场建筑垃圾综合监管信息平台，对施工现场建筑垃圾的申报、识别、计量、运输、处置、结算、统计分析等环节进行信息化管理。

【经典案例回顾】

例题1（背景资料节选）： 某8度抗震设防地区一框架–剪力墙结构建筑物，项目采用多项绿色施工技术，对现场散落的砂浆和混凝土、钢筋余料等建筑垃圾进行回收再利用。

问题： 可回收利用的建筑垃圾还有哪些？

答案：

（1）剔凿产生的砖石和混凝土碎块。

（2）打桩截下的钢筋混凝土桩头。

（3）砌块碎块。

（4）废旧木材。

（5）塑料。

例题2（背景资料节选）： 某建设工程项目，为响应住房和城乡建设部创建智慧工地的要求，施工单位高度集成射频识别、车牌识别等技术，建立施工现场建筑垃圾综合监管信息平台，对建筑垃圾申报、识别等环节进行信息化管理。

问题： 施工现场建筑垃圾综合监管信息平台需集成的技术还有哪些？该平台还可对建筑垃圾哪些环节进行信息化管理？

答案：

（1）需集成的技术还有：卫星定位系统、地理信息系统、移动通信等。

（2）还可对建筑垃圾以下环节进行信息化管理：计量、运输、处置、结算、统计分析等。

> 笔 记 区
>
> _____
> _____
> _____
> _____

考点二十五：季节性施工技术

历年考情分析

年份	2014	2015	2016	2017	2018	2019	2020	2021	2022	2023	2024
案例						√					√

一、冬期施工（室外日平均气温连续5d稳定低于5℃）

1. 土方回填

（1）土方回填时，每层铺土厚度应比常温施工时减少20%～25%，预留沉陷量应比常温施工时增加。

（2）大面积回填土：可采用含有冻土块的土回填，但冻土块的粒径不得大于150mm，其含量不得超过30%。

（3）室外的基槽（坑）或管沟：可采用含有冻土块的土回填，冻土块粒径不得大于150mm，含量不得超过15%。

（4）铺填时冻土块应分散开，并应逐层夯实。

2. 混凝土工程

（1）配制混凝土宜选用硅酸盐水泥或普通水泥，采用蒸汽养护时选用矿渣水泥。

（2）混凝土拌合物出机温度≥10℃，入模温度≥5℃。

（3）浇筑后，裸露表面应采取防风、保湿、保温措施。

（4）拆模时混凝土表面与环境温差＞20℃时，表面及时覆盖，缓慢冷却。

（5）混凝土同条件养护试件≥2组，在解冻后进行试验。

（6）混凝土受冻临界强度：

① 采用硅酸盐水泥或普通硅酸盐水泥时，其受冻临界强度大于等于设计混凝土强度等级的30%；采用其他水泥时，大于等于设计混凝土强度等级的40%。

② 对有抗渗要求的混凝土，大于等于设计混凝土强度等级的50%。

（7）防水混凝土养护宜采用蓄热法、综合蓄热法、暖棚法、掺化学外加剂法。

二、雨期施工

（1）原材料：水泥和掺合料采取防水和防潮措施，粗、细骨料实时监测含水率，及时调整混凝土配合比。

（2）小雨、中雨天气不宜露天浇筑混凝土；大雨、暴雨天气不应露天浇筑混凝土。

（3）雨天钢结构构件不能进行涂刷作业，涂装后4h内不得雨淋。

三、高温施工（日平均气温达到30℃及以上）

（1）露天堆放的粗、细骨料应采取遮阳防晒等措施，必要时可对粗骨料进行喷雾降温。

（2）宜采用低水泥用量原则，可用粉煤灰取代部分水泥。宜选用水化热较低的水泥。

（3）坍落度≥70mm。

（4）混凝土拌合物出机温度不宜大于30℃。

（5）采用白色涂装的搅拌运输车；对混凝土输送管应进行遮阳覆盖，并洒水降温。

（6）宜在早间或晚间连续浇筑，入模温度≤35℃。

【经典案例回顾】

例题1（2024年·背景资料节选）：冬期施工方案中规定：基础底板采用C40P6抗渗混凝土，养护期间按规定进行温度测量，底板混凝土在达到受冻临界强度后方可停止测温。

问题：指出基础底板抗渗混凝土的最小受冻临界强度值。

答案：

基础底板抗渗混凝土的最小受冻临界强度值为20MPa。

例题2（背景资料节选）：工程开始施工正值冬季，A施工单位项目部编制了冬期施工专项方案，根据当地资源和气候情况，对底板混凝土的养护采用综合蓄热法，对底板混凝土的测温频次和里表温差、降温速率及最高温升提出了控制指标要求。

问题：冬期施工混凝土养护方法还有哪些？对底板混凝土养护中里表温差、降温速率及最高温升应提出的控制指标是什么？底板混凝土的测温频次规定是什么？

答案：

1. 冬期施工混凝土养护方法还有：

（1）蓄热法。

（2）暖棚法。

（3）掺化学外加剂法。

2. 底板混凝土养护中应提出的控制指标如下：

（1）里表温差：不宜大于25℃。

（2）降温速率：不宜大于2℃/d。

（3）最高温升：在入模温度基础上不宜大于50℃。

3. 底板混凝土的测温频次规定：

（1）对里表温差、降温速率及环境温度的测试，在混凝土浇筑后，每昼夜不应少于4次。

（2）入模温度测试，每台班不应少于2次。

笔记区

第二章

质量管理

考点目录

考点一　项目质量计划及质量策划　069
考点二　项目施工质量检查与检验　071
考点三　地基与基础工程质量通病　073
考点四　主体结构工程质量通病　074
考点五　屋面与防水工程质量通病　077

考点一：项目质量计划及质量策划

历年考情分析

年份	2014	2015	2016	2017	2018	2019	2020	2021	2022	2023	2024
案例				√		√				√	

一、项目质量计划编制依据

（1）合同中有关产品质量要求。

（2）项目管理规划大纲。

（3）项目设计文件。

（4）相关法律法规和标准规范。

（5）质量管理其他要求。

二、项目质量计划编制要求

（1）在项目管理策划过程中编制。

（2）由组织管理制度规定的责任人负责编制、审批。

三、项目质量计划内容

（1）质量目标和质量要求。

（2）质量管理体系和管理职责。

（3）质量管理与协调的程序。

（4）法律法规和标准规范。

（5）质量控制点的设置与管理。

（6）项目生产要素的质量控制。

（7）实施质量目标和质量要求所采取的措施。

（8）项目质量文件管理。

四、工程质量策划

（1）开工前应进行质量策划，并应根据工程进展实施动态管理。

（2）工程质量策划应明确的内容：

① 质量目标和要求。

② 质量管理组织体系及管理职责。

③ 质量管理与协调的程序。

④ 质量控制点。

⑤ 质量风险。

⑥ 实施质量目标的控制措施。

（3）应在下列部位和环节设置质量控制点：

①影响施工质量的关键部位、关键环节。

②影响结构安全和使用功能的关键部位、关键环节。

③采用新技术、新工艺、新材料、新设备的部位和环节。

④隐蔽工程验收。

五、施工质量管理记录

（1）施工日记和专项施工记录。

（2）交底记录。

（3）上岗培训记录和岗位资格证明。

（4）使用机具和检验、测量及试验设备的管理记录。

（5）图纸、变更设计接收和发放的有关记录。

（6）监督检查和整改、复查记录。

【经典案例回顾】

例题1（2023年·背景资料节选）：某施工企业项目部在开工后进行了工程质量策划，明确了质量目标和要求、管理组织体系及管理职责、质量控制点等，并根据工程进展实施静态管理。其中，设置质量控制点的关键部位和环节包括：影响施工质量的关键部位和环节；影响使用功能的关键部位和环节；采用新材料、新设备的部位和环节等。

问题：指出工程质量策划的不妥之处，并写出正确做法。工程质量策划中应设置质量控制点的关键部位和环节还有哪些？

答案：

1. 不妥之处和正确做法：

不妥1：在开工后进行工程质量策划。

正确做法：应在开工前进行。

不妥2：根据工程进展实施静态管理。

正确做法：根据工程进展实施动态管理。

2. 应设置质量控制点的关键部位和环节还有：

（1）影响结构安全的关键部位、关键环节。

（2）采用新技术、新工艺的部位和环节。

（3）隐蔽工程验收。

例题2（背景资料节选）：施工单位项目部在施工前，由相关人员编制了项目质量计划。质量计划要求项目部施工过程中建立包括使用机具和检验、测量及试验设备的管理记录，图纸、设计变更、设计接收和发放的有关记录，监督检查和整改、复查记录等施工质量管理记录。

问题：质量计划应用中，施工单位应建立的施工质量管理记录还有哪些？

答案：

（1）施工日记和专项施工记录。

（2）交底记录。

（3）上岗培训记录和岗位资格证明。

考点二：项目施工质量检查与检验

历年考情分析

年份	2014	2015	2016	2017	2018	2019	2020	2021	2022	2023	2024
案例								√	√		√

一、现场质量检查内容

（1）开工前检查。

（2）工序交接检查。

对于重要工序或对工程质量有重大影响的工序，应严格执行"三检"制度，即自检、互检、专检。

（3）隐蔽工程检查。

（4）停工后复工检查。

（5）分项、分部工程完工后检查。

二、现场质量检查方法

（1）目测法：也称观感质量检验，概括为看、摸、敲、照。

（2）实测法：概括为靠、量、吊、套。

（3）试验法：包括理化试验和无损检测。

三、地基与基础工程质量检查与检验

1. 土方开挖

（1）施工前检查：支护结构质量、定位放线、排水和地下水控制系统、对周边影响范围内地下管线和建（构）筑物保护措施。

（2）施工中检查：平面位置、水平标高、边坡坡率、压实度、排水系统、地下水控制系统、预留土墩、分层开挖厚度、支护结构的变形、周围环境变化。

（3）施工结束后检查：平面几何尺寸、水平标高、边坡坡率、表面平整度和基底土性。

2. 土方回填

（1）施工前检查：基底的垃圾、树根等杂物清除情况，测量基底标高、边坡坡率，检查验收基础外墙防水层和保护层。

（2）施工中检查：排水系统、每层填筑厚度、辗迹重叠程度、含水量控制、回填土有机质含量、压实系数。

（3）施工结束后检查：标高、压实系数。

3．灰土地基、砂和砂石地基

（1）施工中检查：分层铺设的厚度、分段施工时上下两层的搭接长度、夯实时加水量、夯实遍数、压实系数。

（2）施工结束后检查：承载力。

4．强夯地基

（1）施工前检查：夯锤质量、尺寸、落距控制手段、排水设施及被夯地基土质。

（2）施工中检查：落距、夯击遍数、夯点位置、夯击范围、最后两击的平均夯沉量、总夯沉量。

（3）施工结束后检查：地基承载力、地基土的强度、变形指标。

四、屋面工程施工过程检查与检验

（1）执行各道工序自检、交接检和专职人员检查的"三检"制度。

（2）防水层完成后，应进行观感质量检查和在雨后或持续淋水2h后（蓄水检验的时间不应少于24h），检查屋面有无渗漏、积水和排水系统是否畅通，施工质量符合要求后方可进行防水层验收。

五、装饰装修工程施工阶段的质量管理

（1）施工人员应做好质量自检、互检及工序交接检查。

（2）做好设计交底工作：施工主管向施工工长做详细的图纸工艺要求、质量要求交底；工序开始前工长向班组长做详尽的图纸、施工方法、质量标准交底；作业开始前班组长向班组成员做具体的操作方法、工具使用、质量要求的详细交底。

【经典案例回顾】

例题1（2024年·背景资料节选）：项目部建立了质量保证体系并制定了质量管理制度，要求施工重要工序和关键节点工序交接检查时严格执行"三检"制度，采用目测法、实测法及试验法对现场工程质量进行检查。

问题：现场质量检查的"三检"制度是哪三检？现场试验法检查的两种方法是什么？

答案：

（1）"三检"制度：自检、互检、专检。

（2）现场试验法检查的两种方法：理化试验和无损检测。

例题2（2022年·背景资料节选）：装饰工程施工前，项目部按照图纸"三交底"的施工准备工作要求，安排工长向班组长进行图纸、施工方法和质量标准交底；施工中，认真执行包括工序交接检查等内容的"三检制"，做好质量管理工作。

问题：装饰工程图纸"三交底"是什么（如：工长向班组长交底）？工程施工质量管理中的"三检制"指什么？

答案：

（1）三交底指：

① 施工主管向施工工长交底。

② 工长向班组长交底。

③ 班组长向班组成员交底。

（2）三检制指：自检、互检、工序交接检查。

例题3（2021年·背景资料节选）：项目经理部编制的屋面工程施工方案中规定：

（1）……

（2）……

（3）防水层施工完成后进行雨后观察或淋水、蓄水试验，持续时间应符合规范要求。

问题：屋面防水层淋水、蓄水试验持续时间各是多少小时？

答案：

（1）淋水试验持续时间：2h

（2）蓄水试验持续时间：24h

笔 记 区

考点三：地基与基础工程质量通病

历年考情分析

年份	2014	2015	2016	2017	2018	2019	2020	2021	2022	2023	2024
案例											

一、干作业成孔灌注桩的孔底虚土多

1. 通病现象

成孔后孔底虚土过多，超过标准中不大于100mm的规定。

2. 通病治理

（1）在孔内做二次或多次投钻。

（2）用勺钻清理孔底虚土。

（3）采用孔底压力灌浆法、压力灌混凝土法及孔底夯实法解决。

二、泥浆护壁灌注桩坍孔

1. 原因

（1）泥浆比重不够。

（2）孔内水头高度不够或出现承压水，降低了静水压力。

（3）护筒埋置太浅。

（4）进尺速度太快或空转时间太长，转速太快。

（5）冲击锥（抓）或掏渣筒倾倒，撞击孔壁。

（6）爆破处理孔内孤石、探头石时，炸药量过大。

2．防治

（1）在松散砂土或流沙中钻进时，应控制进尺，选用较大相对密度、黏度、胶体率的优质砂浆。

（2）如地下水位变化过大时，应采取升高护筒、增大水头或用虹吸管连接等措施。

（3）严格控制冲程高度和炸药用量。

（4）孔口坍塌时，应先探明位置，将砂和黏土（或砂砾和黄土）混合物回填到坍孔位置以上 1 ~ 2m；如坍孔严重，应全部回填，等回填物沉积密实后再进行钻孔。

【经典案例回顾】

例题（背景资料节选）：某写字楼工程，工程桩为泥浆护壁钻孔灌注桩基础。施工过程中有一根灌注桩出现了孔壁坍塌，经分析是该桩护筒埋置未达到设计深度所导致，施工方在项目技术负责人的领导下制定整改方案报监理机构批准后采取了相应措施。

问题：分析造成泥浆护壁灌注桩坍孔的原因还有哪些？（至少写出3条）

答案：

（1）泥浆比重不够。

（2）孔内水头高度不够或出现承压水。

（3）进尺速度太快或空转时间太长，转速太快。

（4）冲击锥（抓）或掏渣筒倾倒，撞击孔壁。

（5）爆破处理孔内孤石、探头石时，炸药量过大。

笔 记 区

考点四：主体结构工程质量通病

历年考情分析

年份	2014	2015	2016	2017	2018	2019	2020	2021	2022	2023	2024
案例						√		√	√		√

一、混凝土强度等级达不到设计要求

1．原因

（1）原材料材质不符合规定。

（2）未能严格按照混凝土配合比进行规范操作。

（3）投料计量有误。

（4）混凝土搅拌、运输、浇筑、养护不符合规范要求。

　　2. 防治措施

（1）拌制混凝土所用水泥、粗（细）骨料和外加剂等必须符合规定。

（2）必须按法定检测单位的混凝土配合比试验报告进行配制。

（3）必须按质量比计量投料且计量要准确。

（4）必须采用机械搅拌，加料顺序为"粗骨料→水泥→细骨料→水"，严格控制搅拌时间。

（5）运输和浇捣必须在混凝土初凝前。

（6）控制好混凝土的浇筑和振捣质量。

（7）控制好混凝土的养护。

二、混凝土表面缺陷

　　1. 现象

拆模后混凝土表面出现麻面、露筋、蜂窝、孔洞等。

　　2. 原因

（1）模板表面不光滑、安装质量差，接缝不严、漏浆，模板表面污染未清除。

（2）木模板在混凝土入模之前没有充分湿润，钢模板隔离剂涂刷不均匀。

（3）局部配筋、铁件过密，阻碍混凝土下料或无法正常振捣。

（4）混凝土坍落度、和易性不好。

（5）混凝土浇筑方法不当、不分层或分层过厚，布料顺序不合理等。

（6）混凝土浇筑高度超过规定要求，且未采取措施，导致混凝土离析。

（7）漏振或振捣不实。

三、混凝土收缩裂缝

　　1. 现象

　　裂缝多出现在新浇筑并暴露于空气中的结构构件表面，有塑态收缩、沉陷收缩、干燥收缩、碳化收缩、凝结收缩等收缩裂缝。

　　2. 原因

（1）原材料质量不合格，如骨料含泥量大。

（2）水泥或掺合料用量超过规范规定。

（3）混凝土水胶比、坍落度偏大，和易性差。

（4）混凝土表面抹压收面不规范，养护不及时或养护差。

　　3. 防治措施

（1）选用合格原材料。

（2）配制合适的混凝土配合比，并确保搅拌质量。

（3）确保混凝土浇筑振捣密实，并在初凝前进行二次抹压。

（4）确保混凝土及时养护，并保证养护质量满足要求。

四、钢结构地脚螺栓位移

（1）现象：地脚螺栓与轴线相对位置超过允许值。

（2）防治措施：

① 先浇筑混凝土，预留孔洞，后埋螺栓。在埋螺栓时，采用型钢两次校正的方法，检查无误后，浇筑预留孔洞。

② 将每根柱的地脚螺栓用预埋钢架固定，一次浇筑混凝土。

③ 将柱底座板螺栓孔扩大，安装时，另加厚钢垫板。

④ 如螺栓孔相对偏移较大，经设计人员同意可将螺栓割除，将根部螺栓焊于预埋钢板上，附上一块与预埋钢板等厚的钢板，再采取铆钉塞焊法焊在预埋钢板上，然后根据设计要求焊上新螺栓。

五、填充墙砌筑不当，与主体结构交接处裂缝

1. 现象

框架梁或板底、柱或墙边出现裂缝。

2. 防治措施

（1）柱或墙边应设置间距不大于500mm的2Φ6钢筋。

（2）填充墙与承重主体结构间的空（缝）隙部位施工，应在填充墙砌筑14d后进行。

（3）如为空心砖外墙，里口用半砖斜砌墙。

（4）外窗下为空心砖墙时，若设计无要求，将窗台改为细石混凝土并加配钢筋。

（5）柱与填充墙接触处应设钢丝网片。

【经典案例回顾】

例题1（2024年·背景资料节选）：项目部在自检中发现空心混凝土砌块填充墙与主体结构交接处出现裂缝，技术人员制定了包括柱边设置间距500mm的2Φ6钢筋、里口用半砖斜砌墙等专项防治措施，要求现场严格执行。

问题：填充墙与主体结构交接处的裂缝一般出现在哪些部位？其防治措施还有哪些？

答案：

（1）出现部位有：框架梁或板底、柱或墙边。

（2）防治措施还有：

① 填充墙与承重主体结构间的空（缝）隙部位施工，应在填充墙砌筑14d后进行。

② 将窗台改为细石混凝土并加配钢筋。

③ 柱与填充墙接触处应设钢丝网片。

例题2（2022年·背景资料节选）：施工作业班组在一层梁、板混凝土强度未达到拆模标准情况下，进行了部分模板拆除；拆模后，发现梁底表面出现了夹渣、麻面等质量缺陷。

问题：混凝土容易出现哪些表面缺陷？

答案：

混凝土容易出现的表面缺陷包括：麻面、露筋、蜂窝、孔洞等。

例题3（2021年·背景资料节选）：某施工单位承建一高档住宅楼工程，钢筋混凝土剪力墙结构，地下2层，地上26层。首层楼板混凝土出现明显的塑态收缩现象，造成混凝土结构表面产生收缩裂缝。项目部质量专题会议分析其主要原因是骨料含泥量过大和水泥及掺合料的用量超出规范要求等，要求及时采取防治措施。

问题：除塑态收缩外，还有哪些收缩现象易引起混凝土表面收缩裂缝？收缩裂缝产生

的原因还有哪些？

答案：

（1）引起混凝土表面收缩裂缝的收缩现象还有：沉陷收缩、干燥收缩、碳化收缩、凝结收缩。

（2）收缩裂缝产生的原因还有：

① 混凝土水胶比、坍落度偏大，和易性差。

② 混凝土表面抹压收面不规范，养护不及时或养护差。

例题4（2019年·背景资料节选）： 240mm厚灰砂砖填充墙与主体结构连接施工的要求有：填充墙与柱连接钢筋为2ϕ6@600；填充墙与结构梁下最后三皮砖空隙部位，在墙体砌筑7d后，采取两边对称斜砌填实；化学植筋连接筋ϕ6做拉拔试验时，将轴向受拉非破坏承载力检验值设为5.0kN，持荷时间为2min，期间各检测结果符合相关要求，即判定该试样合格。

问题： 指出填充墙与主体结构连接施工要求中的不妥之处，并写出正确做法。

答案：

不妥1：连接钢筋垂直方向间距为600mm。

正确做法：间距应为500mm。

不妥2：梁下最后三皮砖间隔7d后填实。

正确做法：应间隔14d后填实。

不妥3：轴向受拉非破坏承载力检验值设为5.0kN。

正确做法：轴向受拉非破坏承载力检验值设为6.0kN。（来自《砌体结构工程施工质量验收规范》GB 50203—2011）

```
笔 记 区


```

考点五：屋面与防水工程质量通病

历年考情分析

年份	2014	2015	2016	2017	2018	2019	2020	2021	2022	2023	2024
案例				√						√	

一、地下防水混凝土施工缝渗漏水

1. 现象

施工缝处混凝土松散，骨料集中，接槎明显，沿缝隙处渗漏水。

2. 原因

（1）施工缝没有及时清除干净。

（2）在浇筑上层混凝土时，未按规定处理施工缝。

（3）钢筋过密，内外模板距离狭窄，混凝土浇捣困难。

（4）混凝土离析或下料方法不当，骨料集中于施工缝处。

（5）接槎部位产生收缩裂缝。

3．通病防治

（1）施工缝接缝处清理干净并冲洗干净。

（2）浇灌混凝土前先浇同配比减石子砂浆，并加强接缝处混凝土的振捣。

（3）施工缝设置止水带，并保证施工质量。

（4）根据渗漏、水压大小情况，采用促凝胶浆或氰凝灌浆堵漏。

二、地下防水混凝土裂缝渗漏水

1．现象

混凝土表面有不规则的收缩裂缝且贯通于混凝土结构，有渗漏水现象。

2．原因

（1）混凝土养护不佳，产生收缩裂缝。

（2）地下室外墙防水质量不佳。

（3）设计或施工等原因产生局部断裂或环形裂缝。

3．治理

（1）加强混凝土振捣，保证密实。

（2）混凝土浇筑后，及时进行保湿养护以降低开裂的可能性。

（3）保证防水层质量，遵循多道设防、刚柔相济的原则，做好防水层和保护层。

三、卷材屋面流淌

1．原因分析

（1）胶结料耐热度偏低。

（2）胶结料粘结层过厚。

（3）屋面坡度过陡，而采用平行屋脊铺贴卷材；或采用垂直屋脊铺贴卷材，在半坡进行短边搭接。

2．通病治理

（1）严重流淌的卷材防水层可考虑拆除重铺。

（2）轻微流淌如不发生渗漏，一般可不予治理。

（3）中等流淌可采用下列方法治理：切割法、局部切除重铺、钉钉子法。

（4）钉钉子法：在卷材的上部离屋脊300～450mm范围内钉三排50mm长圆钉，钉眼上灌胶结料。

四、屋面卷材起鼓

1．原因分析

卷材防水层中粘结不实的部位，窝有水分和气体，当其受到太阳照射或人工热源影响后，体积膨胀，造成鼓泡。

2. 治理

（1）直径小于100mm的鼓泡：用抽气灌胶法治理，并压上几块砖。

（2）直径为100～300mm的鼓泡，处理步骤如下：

① 铲除保护层。

② 割开鼓泡，放出气体，擦干水分，清除旧胶结料，用喷灯将卷材内部吹干。

③ 按顺序把旧卷材分片重新粘贴好，再新贴一块方形卷材（边长比开刀范围大100mm），压入卷材下。

④ 粘贴覆盖好卷材，重做保护层。

（3）直径大于300mm的鼓泡用割补法治理，步骤如下：

① 割除鼓泡卷材，清理基层。

② 用喷灯烘烤旧卷材槎口，并分层剥开，除去旧胶结料。

③ 依次粘贴好旧卷材，上面铺贴一层新卷材。

④ 再依次粘贴旧卷材，上面覆盖铺贴第二层新卷材，周边压实刮平。

⑤ 重做保护层。

【经典案例回顾】

例题1（2023年·背景资料节选）：项目部质量员在现场发现屋面卷材有流淌现象，经质量分析讨论，对产生屋面卷材流淌现象的原因分析如下：

（1）胶结料耐热度偏低。

（2）找平层的分格缝设置不当。

（3）胶结料粘结层过厚。

（4）屋面板因温度变化产生胀缩。

（5）卷材搭接长度太小。

针对原因分析，整改方案采用钉钉子法：在卷材的上部离屋脊200～350mm范围内钉一排20mm长圆钉，钉眼涂防锈漆。监理工程师认为屋面卷材流淌现象的原因分析和钉钉子法的做法存在不妥，要求修改。

问题：写出屋面卷材流淌原因分析中的不妥项。写出钉钉子法的正确做法。

答案：

（1）不妥项：

不妥项1：找平层的分格缝设置不当。

不妥项2：屋面板因温度变化产生胀缩。

不妥项3：卷材搭接长度太小。

（2）钉钉子法的正确做法：在卷材的上部离屋脊300～450mm范围内钉三排50mm长圆钉，钉眼上灌胶结料。

例题2（2017年·背景资料节选）：项目部针对屋面卷材防水层出现的起鼓（直径>300mm）问题，制定了割补法处理方案。方案规定了修补工序，并要求按铲除保护层、把鼓泡卷材割除、对基层清理干净等修补工序依次进行处理整改。

问题：卷材鼓泡采用割补法治理的工序依次还有哪些？

答案：

（1）用喷灯烘烤旧卷材槎口，并分层剥开，去掉旧胶结料。

（2）依次粘贴好旧卷材，上面铺贴一层新卷材。

（3）再依次粘贴旧卷材，上面覆盖铺贴第二层新卷材，周边压实刮平。

（4）重做保护层。

例题3（背景资料节选）： 某框架结构工程，地下2层，地上24层，筏板基础。基础施工期间，施工单位按照设计抗渗等级试配混凝土，并选用矿渣硅酸盐水泥配制混凝土。地下室外墙施工时在基础底板顶面留置水平施工缝，监理工程师检查时发现不合理，要求施工单位整改，并发现部分施工缝处有渗漏水现象。

问题： 地下防水工程施工做法中有哪些不妥？说明理由。分析施工缝隙渗漏水的原因还有哪些。

答案：

（1）不妥之处及理由：

不妥1：按照设计抗渗等级试配混凝土。

理由：防水混凝土试配抗渗等级应比设计要求提高0.2MPa。

不妥2：选用矿渣硅酸盐水泥配制混凝土。

理由：宜采用硅酸盐水泥或普通水泥配制防水混凝土。

不妥3：地下室外墙水平施工缝留置在基础底板顶面。

理由：地下室外墙水平施工缝应留在高出底板表面不小于300mm的墙体上。

（2）施工缝隙渗漏水的原因还有：

① 施工缝没有及时清除干净。

② 在浇筑上层混凝土时，未按规定处理施工缝。

③ 钢筋过密，内外模板距离狭窄，混凝土浇捣困难。

④ 下料方法不当，骨料集中于施工缝处。

⑤ 接槎部位产生收缩裂缝。

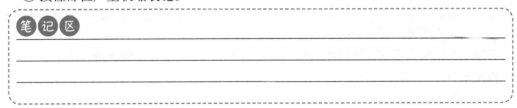

第三章

验收

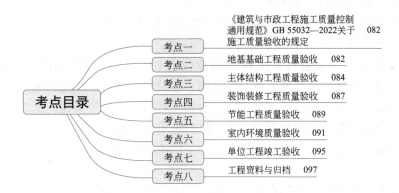

考点一 《建筑与市政工程施工质量控制通用规范》GB 55032—2022关于施工质量验收的规定 082

考点二 地基基础工程质量验收 082

考点三 主体结构工程质量验收 084

考点四 装饰装修工程质量验收 087

考点目录 考点五 节能工程质量验收 089

考点六 室内环境质量验收 091

考点七 单位工程竣工验收 095

考点八 工程资料与归档 097

考点一：《建筑与市政工程施工质量控制通用规范》GB 55032—2022 关于施工质量验收的规定

历年考情分析

年份	2014	2015	2016	2017	2018	2019	2020	2021	2022	2023	2024
案例				√							

施工质量验收应包括单位工程、分部工程、分项工程和检验批施工质量验收。

（1）检验批按工程量、楼层、施工段划分。

（2）分项工程根据工种、材料、施工工艺、设备类别划分。

（3）分部工程应根据专业性质、工程部位划分。

（4）单位工程应为具备独立使用功能的建筑物或构筑物。

【经典案例回顾】

例题（2017年·背景资料节选）：某新建住宅工程项目，建筑面积为23000m²，地下2层，地上18层，现浇钢筋混凝土剪力墙结构，项目实行项目总承包管理。施工前，项目部根据本工程施工管理和质量控制要求，对分项工程按照工种等条件、检验批按照楼层等条件，制定了分项工程和检验批划分方案，报监理单位审核。

问题：分别指出分项工程和检验批划分的条件还有哪些？

答案：

（1）分项工程划分的条件还有材料、施工工艺、设备类别等。

（2）检验批划分的条件还有工程量、施工段等。

笔记区
_____
_____
_____
_____

考点二：地基基础工程质量验收

历年考情分析

年份	2014	2015	2016	2017	2018	2019	2020	2021	2022	2023	2024
案例											

1. 子分部工程：

地基与基础工程
- (1) 地基
- (2) 基础
- (3) 基坑支护
- (4) 地下水控制
- (5) 土方
- (6) 边坡
- (7) 地下防水

地下防水子分部工程包括5个分项工程：主体结构防水、细部构造防水、特殊施工法结构防水、排水、注浆。

2. 地基与基础工程验收时，工程实体所需条件：

（1）基础墙面上的施工孔洞镶堵密实，回填土分项工程未施工。

（2）模板已拆除并清理干净，结构缺陷已整改完毕。

（3）楼层标高控制线和竖向结构主控轴线均已弹出，并做醒目标志。

（4）工程技术资料整理、整改完成。

（5）地基与基础分部工程施工内容完成。

（6）管道预埋结束，测试已完成。

（7）各类整改通知已完成，并形成整改报告。

3. 地基与基础工程验收程序：

（1）施工企业自评。

（2）设计认可。

（3）监理核定。

（4）业主验收。

（5）政府监督（提前3个工作日通知质监站）。

4. 地基与基础工程验收组织及验收人员：

组织者	总监理工程师（建设单位项目负责人）
参加者	（1）建设、监理、勘察、设计方：项目负责人。 （2）施工方：项目经理；项目技术、质量负责人；单位技术、质量部门负责人

5. 地基与基础工程验收资料包括：

（1）岩土工程勘察报告。

（2）设计文件。

（3）图纸会审记录和技术交底资料。

（4）工程测量、定位放线记录。

（5）施工组织设计及专项施工方案。

（6）施工记录及施工单位自查评定报告。

（7）隐蔽工程验收资料。

（8）检测与检验报告。

（9）监测资料。

（10）竣工图。

【经典案例回顾】

例题（背景资料节选）： 地下室结构施工完毕，施工单位自检合格后，项目负责人立即组织总监理工程师及建设单位、勘察单位、设计单位项目负责人进行地基基础分部验收。

问题： 本工程地基基础分部工程的验收程序有哪些不妥之处？并说明理由。

答案：

不妥1：施工单位自检合格后立即组织基础工程验收。

理由：施工单位自检合格后，应向监理单位申请基础工程验收。

不妥2：施工单位项目负责人组织基础工程验收。

理由：应由总监理工程师组织基础工程验收。

不妥3：施工方参加基础工程验收人员不齐。

理由：施工单位项目技术、质量负责人，施工单位技术、质量部门负责人也应参加基础工程验收。

> 笔 记 区
>
> _____
>
> _____
>
> _____
>
> _____

考点三：主体结构工程质量验收

历年考情分析

年份	2014	2015	2016	2017	2018	2019	2020	2021	2022	2023	2024
案例				√			√	√		√	

1．子分部工程及分项工程：

$$
\left.
\begin{array}{l}
\text{(1) 混凝土结构} \\
\text{(2) 砌体结构} \\
\text{(3) 钢结构} \\
\text{(4) 钢管混凝土结构} \\
\text{(5) 型钢混凝土结构} \\
\text{(6) 铝合金结构} \\
\text{(7) 木结构}
\end{array}
\right\}
\begin{array}{l}
\text{主体结构七子部} \\
\text{四钢木砌铝合金}
\end{array}
$$

混凝土结构子分部工程包括6个分项工程：模板、钢筋、混凝土、预应力、现浇结构、装配式结构。

砌体结构子分部工程包括5个分项工程：砖砌体、混凝土小型空心砌块砌体、石砌体、配筋砌体、填充墙砌体。

2. 主体结构验收工程实体所需条件：

（1）施工孔洞镶堵密实，并做了隐蔽验收记录。

（2）模板已拆除并清理干净，结构缺陷已整改完毕。

（3）弹出楼层标高线，并标志。

（4）工程技术资料整理、整改完成。

（5）完成合同、图纸和洽商所有内容。

（6）各类管道预埋完成，位置尺寸准确，相应测试完成。

（7）可完成样板间的室内粉刷。

（8）各类整改通知已完成，并形成整改报告。

3. 主体结构验收所需具备的工程资料：

（1）主体结构施工质量自评报告（施工单位出具）。

（2）主体工程质量评估报告（监理单位出具）。

（3）勘察、设计单位的认可文件。

（4）完整的主体结构工程档案资料、见证试验档案、监理资料；施工质量保证资料；管理资料和评定资料。

（5）主体工程验收通知书。

（6）规划许可证、中标通知书和施工许可证复印件（需加盖建设单位公章）。

（7）混凝土结构子分部工程结构实体混凝土强度、钢筋保护层厚度验收记录。

4. 结构实体检验组织：

（1）实体检验内容 $\begin{cases} \text{混凝土强度} \\ \text{钢筋保护层厚度} \\ \text{合同约定的项目} \end{cases}$ 具有资质的检测机构

$\begin{cases} \text{结构位置} \\ \text{尺寸偏差} \end{cases}$ 监理组织施工单位实施

（2）混凝土强度检验方法：同条件养护试件方法（宜采用）、回弹-取芯法。

（3）结构实体混凝土强度采用回弹-取芯法时，对同一强度等级的混凝土，当符合下列规定时，结构实体混凝土强度可判为合格：

①三个芯样的抗压强度算术平均值不小于设计要求的混凝土强度等级值的88%。

②三个芯样抗压强度的最小值不小于设计要求的混凝土强度等级值的80%。

5. 主体结构工程验收组织：

组织者	总监理工程师（建设单位项目负责人）
参加者	（1）设计方：项目负责人。 （2）施工方：项目经理；项目技术负责人；单位技术、质量部门负责人

【经典案例回顾】

例题1（2023年·背景资料节选）：项目主体结构完成后，总监理工程师组织施工单位项目经理等对主体结构分部工程进行验收。验收时发现部分同条件养护试件强度不符合要求。经协商，采用回弹-取芯法对该批次对应的混凝土进行实体强度检验。

问题：主体结构工程的分部工程验收还应有哪些人员参加？结构实体检验除混凝土强

度外还有哪些项目？

答案：

（1）主体结构工程的分部工程验收人员还应有：

① 施工单位项目技术负责人。

② 施工单位技术部门负责人。

③ 施工单位质量部门负责人。

④ 设计单位项目负责人。

（2）结构实体检验项目还有：

① 钢筋保护层厚度。

② 结构位置。

③ 尺寸偏差。

④ 合同约定的项目。

例题2（2021年·背景资料节选）： 主体结构完成后，项目部为结构验收做了以下准备工作：

（1）将所有模板拆除并清理干净；

（2）工程技术资料整理、整改完成；

（3）完成了合同、图纸和洽商所有内容；

（4）各类管道预埋完成，位置尺寸准确，相应测试完成；

（5）各类整改通知已完成，并形成整改报告。

项目部认为达到了验收条件，向监理单位申请组织结构验收，并决定由项目技术负责人、相关部门经理和工长参加。监理工程师认为存在验收条件不具备、参与验收人员不全等问题，要求完善验收条件。

问题： 主体结构验收工程实体还应具备哪些条件？施工单位应参与结构验收的人员还有哪些？

答案：

（1）工程实体还应具备的条件：

① 施工孔洞镶堵密实，并做了隐蔽验收记录。

② 弹出楼层标高线，并标志。

（2）施工单位应参与结构验收的人员还有：项目经理，单位技术、质量部门负责人。

例题3（2020年·背景资料节选）： 某新建住宅群体工程，包含10栋装配式高层住宅、5栋现浇框架小高层公寓、1栋社区活动中心及地下车库，总建筑面积为31.5万 m^2。本工程完成全部结构施工内容后，在主体结构验收前，项目部制定了结构实体检验专项方案，委托具有相应资质的检测单位在监理单位见证下对涉及混凝土结构安全的有代表性的部位进行钢筋保护层厚度等检测，检测项目全部合格。

问题： 主体结构混凝土子分部包括哪些分项工程？结构实体检验还应包括哪些检测项目？

答案：

（1）分项工程包括：模板、钢筋、混凝土、现浇结构、装配式结构。

（2）结构实体检验还应包括：混凝土强度、结构位置、尺寸偏差及合同约定的项目。

解析：

为了保证答案的严谨，分项工程包括的内容中不能加"预应力"，因为根据题目背景无法判断是否使用了预应力。

例题4（2017年·背景资料节选）：地下室结构实体采用回弹法进行强度检验中，出现个别部位C35混凝土强度不足，项目部质量经理随即安排公司试验室检测人员采用钻芯法对该部位实体混凝土进行检测，并将检验报告上报监理工程师。监理工程师认为其做法不妥，要求整改。整改后钻芯检测的试样强度分别为28.5MPa、31MPa、32MPa。

问题：说明混凝土结构实体检验管理的正确做法。该钻芯检验部位C35混凝土实体检验结论是什么？并说明理由。

答案：

（1）混凝土结构实体检验管理的正确做法：①监理单位见证取样；②施工单位组织实施；③具有资质的检测机构承担检验。

（2）该钻芯检验部位C35混凝土实体检验结论：不合格。

（3）理由：

平均值：（28.5+31+32）/3=30.5MPa＜30.8MPa（35×88%）

最小值：28.5MPa≥28MPa（35×80%）

两个条件没有同时满足，所以混凝土强度实体检验结果不合格。

笔记区
_____
_____
_____
_____

考点四：装饰装修工程质量验收

历年考情分析

年份	2014	2015	2016	2017	2018	2019	2020	2021	2022	2023	2024
案例		√				√					√

一、建筑装饰装修工程的子分部工程及其分项工程的划分（部分）

子分部工程名称	分项工程
门窗工程	木门窗安装、金属门窗安装、塑料门窗安装、特种门安装、门窗玻璃安装
轻质隔墙工程	板材隔墙、骨架隔墙、活动隔墙、玻璃隔墙
饰面板工程	石板安装、陶瓷板安装、木板安装、金属板安装、塑料板安装
幕墙工程	玻璃幕墙安装、金属幕墙安装、石材幕墙安装、人造板材幕墙安装

二、装饰装修工程各子分部工程有关安全和功能的检测项目表

子分部工程	检测项目
门窗工程	外窗的气密性能、水密性能和抗风压性能
饰面板、饰面砖工程	饰面板后置埋件的现场拉拔力。 饰面砖粘结强度
幕墙工程	硅酮结构胶的相容性和剥离粘结性。 幕墙后置埋件和槽式预埋件的现场拉拔力。 幕墙的气密性、水密性、抗风压性能及层间变形性能

【经典案例回顾】

例题1（2024年·背景资料节选）：公司在装饰抹灰检查中发现有抹灰层脱层、空鼓、面层爆灰、裂缝、表面不平整、接槎和抹纹明显等与一般抹灰相同的质量通病；在检查幕墙安全和功能检验资料时发现，只有硅酮结构胶相容性和剥离粘结性、幕墙的气密性和水密性等检验项目报告。

问题：除一般抹灰常见质量问题外，装饰抹灰常见质量问题还有哪些？幕墙安全和功能检验项目还有哪些？

答案：

（1）装饰抹灰常见质量问题还有：色差、掉角、脱皮。

（2）幕墙安全和功能检验项目还有：

① 幕墙后置埋件和槽式预埋件的现场拉拔力。

② 幕墙的抗风压性能及层间变形性能。

例题2（2019年·背景资料节选）：项目部对装饰装修工程门窗子分部进行过程验收中，检查了塑料门窗安装等各分项工程，并验收合格；检查了外窗气密性能等有关安全和功能检测项目合格报告，观感质量符合要求。

问题：门窗子分部工程中还包括哪些分项工程？门窗工程有关安全和功能检测的项目还有哪些？

答案：

（1）门窗子分部工程中还包括的分项工程有：①木门窗安装；②金属门窗安装；③特种门安装；④门窗玻璃安装。

（2）门窗工程有关安全和功能检测的项目还有：①建筑外窗的水密性能；②建筑外窗的抗风压性能。

笔记区

考点五：节能工程质量验收

历年考情分析

年份	2014	2015	2016	2017	2018	2019	2020	2021	2022	2023	2024
案例				√				√			√

一、基本规定

（1）建筑节能工程是分部工程，验收资料单独组卷。

（2）建筑节能分部工程包括以下5个子分部工程：围护结构节能工程、供暖空调节能工程、配电照明节能工程、监测控制节能工程、可再生能源节能工程。

（3）围护结构节能子分部工程包括以下分项工程：墙体节能工程，幕墙节能工程，门窗节能工程，屋面节能工程，地面节能工程。

（4）供暖空调节能子分部工程包括以下分项工程：供暖节能工程，通风与空调节能工程，冷热源及管网节能工程。

（5）建筑节能分部工程质量验收合格应符合下列规定：

① 建筑节能各分项工程应全部合格。

② 质量控制资料应完整。

③ 外墙节能构造现场实体检验结果应对照图纸进行核查，并符合要求。

④ 建筑外窗气密性能现场实体检测结果应对照图纸进行核查，并符合要求。

⑤ 建筑设备工程系统节能性能检测结果应合格。

⑥ 太阳能系统性能检测结果应合格。

二、围护结构节能工程

（1）墙体、屋面和地面节能工程采用的材料、构件和设备施工进场复验应包括下列内容：

① 保温隔热材料的导热系数或热阻、密度、压缩强度或抗压强度、吸水率、燃烧性能（不燃材料除外）及垂直于板面方向的抗拉强度（仅限墙体）。

② 复合保温板的传热系数或热阻、单位面积质量、拉伸粘结强度及燃烧性能（不燃材料除外）。

③ 保温砌块的传热系数或热阻、抗压强度及吸水率。

④ 墙体及屋面反射隔热材料的太阳光反射比及半球发射率。

⑤ 墙体粘结材料的拉伸粘结强度。

⑥ 墙体抹面材料的拉伸粘结强度及压折比。

⑦ 墙体增强网的力学性能及抗腐蚀性能。

（2）屋面节能工程应对下列部位进行隐蔽工程验收：

① 基层及其表面处理。

② 保温材料的种类、厚度、保温层的敷设方法；板材缝隙填充质量。

③ 屋面热桥部位处理。

④ 隔汽层。

（3）地面节能工程应对下列部位进行隐蔽工程验收：

① 基层及其表面处理。

② 保温材料种类和厚度。

③ 保温材料粘结。

④ 地面热桥部位处理。

三、建筑节能工程围护结构现场实体检验

（1）对象：外墙节能构造、外窗气密性能。

（2）实施：

① 外墙节能构造实体检验应按单位工程进行，每种节能构造的外墙检验不得少于3处，每处检查一个点。

② 外窗气密性能现场实体检验应按单位工程进行，每种材质、开启方式、型材系列的外窗检验不得少于3樘。

③ 同工程项目、同施工单位且同期施工的多个单位工程，可合并计算建筑面积；每30000m² 可视为一个单位工程进行抽样，不足30000m² 也视为一个单位工程。

四、节能工程验收（补充）

依据《建筑节能工程施工质量验收标准》GB 50411—2019中的第18.0.2条。

参加建筑节能工程验收的各方人员应具备相应的资格，其程序和组织应符合下列规定：

（1）节能工程检验批验收和隐蔽工程验收应由专业监理工程师组织并主持，施工单位相关专业的质量检查员与施工员参加验收。

（2）节能分项工程验收应由专业监理工程师组织并主持，施工单位项目技术负责人和相关专业的质量检查员、施工员参加验收；必要时可邀请主要设备、材料供应商及分包单位、设计单位相关专业的人员参加。

（3）节能分部工程验收应由总监理工程师组织并主持，施工单位项目负责人、项目技术负责人和相关专业的负责人、质量检查员、施工员参加；施工单位的质量、技术负责人应参加验收；设计单位项目负责人及相关专业负责人应参加验收；主要设备、材料供应商及分包单位负责人应参加验收。

【经典案例回顾】

例题1（2024年·背景资料节选）：施工完成后，项目部对建筑节能工程的所有分部分项工程进行了验收，符合要求后提交了竣工预验收申请。

问题：除墙体节能工程外，建筑围护结构节能子分部的分项工程还有哪些？

答案：

分项工程还有：幕墙节能工程，门窗节能工程，屋面节能工程，地面节能工程。

例题2（2021年·背景资料节选）：某住宅工程对建筑节能工程围护结构子分部工程检查时，抽查了墙体节能分项工程中保温隔热材料复验报告。复验报告表明该批次酚醛泡

沫塑料板的导热系数（热阻）等各项性能指标合格。

问题：建筑节能工程中的围护结构子分部工程包含哪些分项工程？墙体保温隔热材料进场时需要复验的性能指标有哪些？

答案：

（1）分项工程包括：

① 墙体节能工程。

② 幕墙节能工程。

③ 门窗节能工程。

④ 屋面节能工程。

⑤ 地面节能工程。

（2）复验的性能指标有：

① 导热系数或热阻。

② 密度。

③ 压缩强度或抗压强度。

④ 垂直于板面方向的抗拉强度。

⑤ 吸水率。

⑥ 燃烧性能。

例题3（背景资料节选）：建筑节能分部工程验收时，由施工单位项目经理主持、施工单位质量负责人以及相关专业的质量检查员参加，总监理工程师认为该验收主持及参加人员均不满足规定，要求重新组织验收。

问题：建筑节能分部工程验收应由谁主持？施工单位还应有哪些人员参加？

答案：

（1）建筑节能分部工程验收应由总监理工程师主持。

（2）还应参加的人员：项目技术负责人、项目节能专业负责人、施工员、施工单位技术负责人。

笔记区
_____
_____
_____
_____

考点六：室内环境质量验收

历年考情分析

年份	2014	2015	2016	2017	2018	2019	2020	2021	2022	2023	2024
案例				√					√		

一、民用建筑根据室内环境污染的不同要求分类

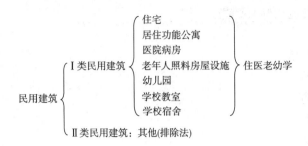

民用建筑
- Ⅰ类民用建筑：
  - 住宅
  - 居住功能公寓
  - 医院病房
  - 老年人照料房屋设施
  - 幼儿园
  - 学校教室
  - 学校宿舍

  住医老幼学
- Ⅱ类民用建筑：其他(排除法)

二、材料

1. 人造木板及饰面人造木板

测量游离甲醛含量或释放量。

2. 涂料

水性涂料和水性腻子：测定游离甲醛含量。

溶剂型涂料和溶剂型腻子：测定 VOC、苯、甲苯＋二甲苯＋乙苯限量。

3. 胶粘剂

水性胶粘剂：VOC、游离甲醛含量。

溶剂型胶粘剂：VOC、苯、甲苯＋二甲苯含量。

三、民用建筑工程室内环境污染物浓度限量

污染物	单位	Ⅰ类民用建筑	Ⅱ类民用建筑
氡	Bq/m³	≤ 150	
甲醛	mg/m³	≤ 0.07	≤ 0.08
氨		≤ 0.15	≤ 0.20
苯		≤ 0.06	≤ 0.09
甲苯		≤ 0.15	≤ 0.20
二甲苯		≤ 0.20	
TVOC		≤ 0.45	≤ 0.50

四、验收要求

验收时间	完工7d以后，工程交付使用前
抽检数量	（1）房间抽检总数≥5%，单体≥3间。房间总数少于3间时，全数检查。 （2）样板间测检合格，抽检数量减半，≥3间。 （3）幼儿园、学校教室、学生宿舍、老年人照料房屋设施室内装饰装修验收时，抽检量不得少于房间总数的50%，且不得少于20间。当房间总数不大于20间时，应全数检测。（此条为强制性条款，必须严格执行）

检测点数量	
检测点位置	（1）距内墙面不小于0.5m，距楼地面高度0.8～1.5m。 （2）房间检测点数≥2个时，按对角线、斜线、梅花状均衡布点
检测时间	（1）集中通风：通风系统正常运行下。 （2）自然通风：氡——门窗关闭24h后；其他污染物——门窗关闭1h后
检测值	（1）当房间有2个及以上检测点时，取各点检测结果的平均值作为该房间的检测值。 注：房间按要求只布设1个检测点时，该检测点数值就是检测值。 （2）房间所有污染物检测值合格，判定室内环境合格
再次检测	抽检数量增加一倍，包括同类型房间和原不合格房间

【经典案例回顾】

例题1（2022年·背景资料节选）： 某酒店工程，建筑面积为2.5万 m^2，地下1层，地上12层。其中标准层10层，每层标准客房18间，35 m^2/间。竣工交付前，项目部按照每层抽一间，每间取一点，共抽取10个点，占总数5.6%的抽样方案，对标准客房室内环境污染物浓度进行了检测。检测部分结果见下表。

标准客房室内环境污染物浓度检测表（部分）

污染物	民用建筑	
	平均值	最大值
TVOC（mg/m³）	0.46	0.52
苯（mg/m³）	0.07	0.08

问题1： 写出建筑工程室内环境污染物浓度检测抽检量要求。标准客房抽样数量是否符合要求？

答案：

（1）抽检量要求：抽检时要求同类型房间数量不少于5%；样板间检测合格抽取比例减半；每个建筑单体不少于3间；房间总数少于3间时，全数抽检。

（2）符合要求。

问题2： 上表的污染物浓度是否符合要求？应检测的污染物还有哪些？

答案：

（1）污染物TVOC不符合要求，污染物苯符合要求。

（2）应检测的污染物还有：氡、甲醛、氨、甲苯、二甲苯。

解析：

当房间内有2个及以上检测点时，取各点检测结果的平均值作为该房间的检测值。但本题背景是每间房只抽取一个检测点，而且检测点数量抽取是符合规范要求的，故检测值不存在平均值这一说法，每间房的检测值就是这一个点的数值。显然这里的平均值是取10

间房10个点的数值平均，这是一个严重的干扰信息。规范要求当抽检的所有房间室内环境污染物浓度检测结果全部合格，方可判定为该工程室内环境质量合格。表格中的最大值肯定就是其中某一个房间的检测值。如果某类污染物最大值超过浓度限值，意味着其中某一间房的此类污染物浓度检测不合格，此污染物即可判定为检测不合格。

例题2（背景资料节选）：工程验收前，相关单位对一间240m²的学校教室选取4个检测点，进行了室内环境污染物浓度的测试，其中两个主要指标的检测数据如下：

点位	1	2	3	4
甲醛（mg/m³）	0.08	0.06	0.05	0.05
氨（mg/m³）	0.20	0.15	0.15	0.14

问题：该房间检测点的选取数量是否合理？说明理由。该房间两个主要指标的报告检测值为多少？分别判断该两项检测指标是否合格？

答案：

（1）合理。

理由：房间使用面积大于等于100m²、小于500m²时，检测点不应少于3个。背景资料设置4个检测点，满足不应少于3个的规定。

（2）检测值：

甲醛：（0.08+0.06+0.05+0.05）/4=0.06mg/m³

氨：（0.20+0.15+0.15+0.14）/4=0.16mg/m³

（3）判断：

①甲醛检测值指标：合格。

理由：Ⅰ类民用建筑工程甲醛浓度限量≤0.07mg/m³。

②氨检测值指标：不合格。

理由：Ⅰ类民用建筑工程氨浓度限量≤0.15mg/m³。

例题3（2024年二建·背景资料节选）：某学校教学楼工程，地上5层，结构类型为钢筋混凝土框架结构。一层设8个普通教室，2～5层每层设10个普通教室，普通教室的使用面积均为90m²。室内装饰装修验收时，根据《民用建筑工程室内环境污染控制标准》GB 50325—2020，对普通教室的室内环境污染物浓度进行检测。先进行普通教室样板间检测，结果合格后，确定了普通教室的抽检量和检测点。

问题：普通教室间数的抽检量和每间应设置的检测点数量分别是多少？若每层只抽检3间，是否满足标准规定？

答案：

（1）普通教室间数的抽检量：不得少于24间。（理由：抽检量不得少于房间总数的50%，且不得少于20间。）

（2）每间应设置的检测点数量：2个检测点。

（3）若每层只抽检3间，教室抽检量不满足标准规定。

例题4（2019年二建·背景资料节选）：施工过程中，建设单位要求施工单位在3层进行了样板间施工，并对样板间室内环境污染物浓度进行检测，检测结果合格。工程交付使用前对室内环境污染物浓度检测时，施工单位以样板间已检测合格为由将抽检房间数量减半，共抽检7间，经检测甲醛浓度超标。施工单位查找原因并采取措施后对原检测的7间房间再次进行检测，检测结果合格，施工单位认为达标，监理单位提出不同意见，要求调整抽检的房间并增加抽检房间数量。

问题：施工单位对室内环境污染物抽检房间数量减半的理由是否成立？并说明理由。请说明再次检测时对抽检房间的要求和数量。

答案：

（1）抽检房间数量减半理由：成立。

理由：民用建筑工程验收中，凡进行样板间室内环境污染物浓度检测且检测结果合格的，抽检数量减半，并不得少于3间。

（2）再次检测时对抽检房间要求：同类型房间及原不合格房间。

抽检数量：应增加1倍，共需检测14间房间。

解析：

本问的第二小问答案，很多考生认为需检测28间房间。理由是：减半之后抽检数量是7间，说明正常抽检是14间房，抽检不合格的话，需在原检测数量的基础上翻倍，即需抽检28间。

这个答题思路存在两个漏洞，一是否定样板间检测合格这样一个事实，二是减半之后抽检数量是7间，正常检测一定是14间房吗？正常检测13间房减半后难道不是7间吗？所以，笔者认为要在样板间检测合格这一事实的前提下来判断。

┌───┐
│ 笔 记 区   │
│   │
│   │
│   │
│   │
└───┘

考点七：单位工程竣工验收

历年考情分析

年份	2014	2015	2016	2017	2018	2019	2020	2021	2022	2023	2024
案例				√					√		

一、程序

（1）自检：施工单位组织。

（2）预验收：总监理工程师组织，专业监理工程师、项目经理和项目技术负责人参加。

（3）竣工验收：

① 施工单位向建设单位提交工程竣工报告，申请竣工验收。

② 建设单位项目负责人组织竣工验收。

参加人员 {
 五方主体项目负责人+施工单位技术、质量负责人
 单位工程中有分包工程时，分包单位负责人也应参加
}

二、单位工程质量验收合格标准

（1）所含分部工程的质量均应验收合格。

（2）质量控制资料应完整。

注：质量控制资料若缺失，应委托有资质的检测机构进行实体检验或抽样试验。

（3）所含分部工程中有关安全、节能、环境保护和主要使用功能的检验资料应完整。

（4）主要使用功能的抽查结果应符合相关专业验收规范的规定。

（5）观感质量应符合要求。

【经典案例回顾】

例题1（2022年·背景资料节选）：工程完工后，总承包单位自检后认为：所含分部工程中有关安全、节能、环境保护和主要使用功能的检验资料完整，符合单位工程质量验收合格标准，报送监理单位进行预验收。监理工程师因在检查后发现部分楼层C30混凝土同条件试件缺失，不符合实体混凝土强度评定要求等问题，退回整改。

问题：单位工程质量验收合格的标准有哪些？工程质量控制资料部分缺失时的处理方式是什么？

答案：

1.单位工程质量验收合格的标准：

（1）所含分部工程的质量均应验收合格。

（2）质量控制资料应完整。

（3）所含分部工程中有关安全、节能、环境保护和主要使用功能的检验资料应完整。

（4）主要使用功能的抽查结果应符合相关专业验收规范的规定。

（5）观感质量应符合要求。

2. 工程质量控制资料部分缺失时的处理方式：委托有资质的检测机构进行实体检验或抽样试验。

例题2（2019年二建·背景资料节选）：工程完工后，施工总承包单位自检合格，再由专业监理工程师组织了竣工预验收。根据预验收所提出的问题，施工单位整改完毕，总监理工程师及时向建设单位申请工程竣工验收，建设单位认为程序不妥拒绝验收。

问题：指出竣工验收程序有哪些不妥之处？并写出相应正确做法。

答案：

不妥1：专业监理工程师组织竣工预验收。

正确做法：应由总监理工程师组织竣工预验收。

不妥2：总监理工程师向建设单位申请工程竣工验收。

正确做法：应由施工单位向建设单位申请工程竣工验收。

例题3（背景资料节选）：某高校新建教学及科研楼工程，其中科研楼电梯安装工程

为建设单位指定分包，电梯安装工程早于装饰装修工程完工，提前由总监理工程师组织验收，总承包单位未参加，验收后电梯安装单位将电梯工程相关资料移交建设单位。整体工程完成时，电梯安装单位已撤场，由建设单位组织，监理、设计、总承包单位参与进行了单位工程质量验收。

问题： 背景资料中存在哪些错误，正确的做法是什么？

答案：

错误1：总承包单位未参加电梯安装工程验收。

正确做法：总承包单位必须参加电梯安装工程验收。（总承包单位必须参加所有分部工程验收）

错误2：电梯安装单位将电梯工程相关资料移交建设单位。

正确做法：电梯安装单位应将电梯工程相关资料移交总承包单位。

错误3：参加单位工程质量验收的单位不齐。

正确做法：勘察单位和电梯安装单位也应参加单位工程质量验收。

笔 记 区

考点八：工程资料与归档

历年考情分析

年份	2014	2015	2016	2017	2018	2019	2020	2021	2023	2024
案例							√			√

一、基本规定

（1）工程文件应随工程建设进度同步形成，不得事后补编。

（2）不得随意修改；当需修改时，应划改，并由划改人签署。

（3）每项建设工程应编制一套电子档案，随纸质档案一并移交城建档案管理机构。电子档案签署了具有法律效力的电子印章或电子签名的，可不移交相应纸质档案（竣工图除外）。

二、工程资料分类

（1）工程资料可分为工程准备阶段文件、监理资料、施工资料、竣工图和工程竣工文件5类。

（2）施工资料可分为施工管理资料、施工技术资料、施工进度及造价资料、施工物资资料、施工记录、施工试验记录及检测报告、施工质量验收记录、竣工验收资料8类。

三、工程资料责任部门

（1）施工检测试验计划、分项工程和检验批的划分方案、检测设备检定证书登记台账：责任部门（岗位）为技术部门。

（2）企业资质证书及相关专业人员岗位证书、特种作业人员证书复印件、分包单位资质报审表、分包资质证书及相关专业人员岗位证书：责任部门（岗位）为商务部门。

（3）施工日志、工程开工报审表、监理工程师通知回复单：责任部门（岗位）为工程部门。

（4）施工现场质量管理检查记录、建设工程质量事故报告/勘察记录、建设工程质量事故报告书：责任部门（岗位）为质量部门。

（5）施工物资资料：责任部门（岗位）为物资部门。

（6）单位工程质量控制资料核查记录、单位工程安全和功能检验资料核查及主要功能抽查记录、单位工程观感质量检查记录：责任部门（岗位）为质量部门。

四、施工资料组卷要求

（1）按单位工程组卷。

（2）专业承包单位施工资料由专业承包单位负责，单独组卷。

（3）电梯按不同型号每台电梯单独组卷。

（4）室外工程按室外建筑环境、室外安装工程单独组卷。

（5）施工资料目录应与其对应的施工资料一起组卷。

（6）竣工图应按专业分类组卷。

五、归档文件质量要求

（1）归档的纸质文件应为原件，内容必须真实、准确，应与工程实际相符合。

（2）工程文件签字盖章手续应完备。

（3）文字材料宜为 A4 幅面，图纸宜采用国家标准图幅。

（4）竣工图均应加盖竣工图章，图章尺寸为 50mm×80mm。

（5）电子文件应采用电子签名，内容必须与其纸质档案一致。

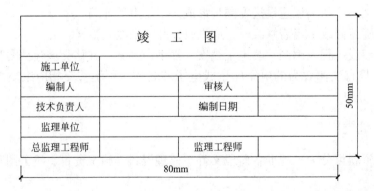

六、工程资料的移交与归档

（1）移交：

```
勘察单位 ┐ 任务完成后 ┐
设计单位 ┘            ├ 建设单位 ──→ 城建档案馆
施工单位 ┐ 竣工验收前 ┘
监理单位 ┘
```

（2）工程档案至少2套，一套建设单位保管，一套（原件）移交城建档案馆。

（3）补充：依据《建设工程文件归档规范》GB/T 50328—2014（2019年版），档案保管期限分为永久、长期和短期三种。永久是指工程档案无限期地、尽可能长远地保存下去；长期是指工程档案保存到该工程被彻底拆除；短期是指工程档案保存10年以下。

【经典案例回顾】

例题1（2024年·背景资料节选）：项目技术负责人组织编制了项目工程资料管理方案，明确项目部工程、技术、质量、物资、商务等部门在工程资料形成过程中的职责分工。专业资料管理人员整理的部分工程资料统计见下表。

项目工程资料统计表（部分）

资料名称	责任部门（岗位）
分项工程和检验批的划分方案	A
分包单位资质报审表	B
施工日志	C
施工物资资料	物资
建设工程质量事故报告书	D
单位工程观感质量检查记录	E

问题：指出表中A、B、C、D、E处对应的责任部门（岗位）。

答案：

A：技术部门；B：商务部门；C：工程部门；D：质量部门；E：质量部门。

例题2（2020年·背景资料节选）：工程竣工验收后，参建各方按照合同约定及时整理了工程归档资料。幕墙分包单位在整理了工程资料后，移交了建设单位。施工总承包单位、监理单位、建设单位也分别将归档后的工程资料按照国家现行有关法规和标准进行了移交。

问题：幕墙分包单位的工程资料移交程序是否正确？各相关单位的工程资料移交程序有哪些？

答案：

（1）幕墙分包单位的工程资料移交程序：不正确。

（2）各相关单位的工程资料移交程序是：

① 专业承包（幕墙）单位向施工总承包单位移交。

② 施工总承包单位向建设单位移交。

③ 监理单位向建设单位移交。

④ 建设单位向城建档案管理部门（档案馆）移交。

解析：

一定要看清楚问题中的几个关键字"各相关单位的工程资料移交程序"，根据题目背景中所涉及的单位，仅有"幕墙分包单位、施工总承包单位、监理单位、建设单位"，所以答案中不能出现设计单位、勘察单位的资料移交程序。

例题3（2020年二建·背景资料节选）： 根据合同要求，需归档的施工资料由施工方项目部负责整理后提交建设单位，项目部在整理归档文件时，使用了部分复印件，同时对纸质档案中没有记录的内容在提交的电子文件中给予补充，在档案预验收时，验收单位提出了整改意见。

问题： 指出项目部在整理归档文件时的不妥之处，并说明正确做法。

答案：

不妥1：归档文件使用部分复印件。

正确做法：归档的工程文件应为原件。

不妥2：纸质档案中没有记录的内容在提交的电子文件中补充。

正确做法：纸质文件和电子文件的内容必须一致。

例题4（背景资料节选）： 总承包人开展了施工项目的信息管理并进行资料归档整理，节能工程资料与电梯工程资料混合组卷，电梯工程分包人完工后将电梯资料移交给建设单位。

问题： 背景中资料组卷与移交有何不妥？写出正确做法。

答案：

不妥1：节能工程资料与电梯工程资料混合组卷。

正确做法：节能工程资料单独组卷，电梯工程资料按不同型号每台电梯单独组卷。

不妥2：电梯工程分包人将电梯资料移交给建设单位。

正确做法：分包单位应将工程资料移交给总承包单位。

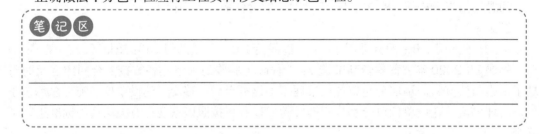

2025 年版全国一级建造师建筑工程管理与实务案例专题聚焦

第四章

施工组织

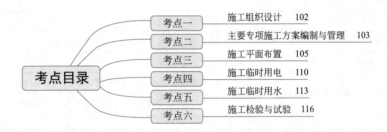

考点目录

考点一　　施工组织设计　102
考点二　　主要专项施工方案编制与管理　103
考点三　　施工平面布置　105
考点四　　施工临时用电　110
考点五　　施工临时用水　113
考点六　　施工检验与试验　116

考点一：施工组织设计

年份	2014	2015	2016	2017	2018	2019	2020	2021	2022	2023	2024
案例			√								

一、基本规定

1.编制与审批

分类	施工组织总设计、单位工程施工组织设计、施工方案	
编制	项目负责人主持编制	
审批	施工组织总设计	总承包单位技术负责人
	单位工程施工组织设计	施工单位技术负责人或授权技术人员
	施工方案	项目技术负责人
	重难点分部分项工程和专项工程施工方案	施工单位技术部门组织专家评审，施工单位技术负责人批准
		分包单位编制时，分包单位技术负责人批准，总承包单位项目技术负责人核准备案

2.施工组织设计的修改或补充

项目施工过程中，出现以下情况之一时，施工组织设计应及时进行修改或补充：

（1）工程设计有重大修改。

（2）有关法律、法规、规范和标准实施、修订和废止。

（3）主要施工方法有重大调整。

（4）主要施工资源配置有重大调整。

（5）施工环境有重大改变。

总结：四重大（设资法环）+法律法规变化。

二、施工组织设计的内容

类别	施工组织总设计	单位工程施工组织设计	施工方案
内容	（1）工程概况。 （2）总体施工部署。 （3）主要施工方法。 （4）施工总进度计划。 （5）总体施工准备与主要资源配置计划。 （6）施工总平面布置	（1）工程概况。 （2）施工部署。 （3）主要施工方案。 （4）施工进度计划。 （5）施工准备与资源配置计划。 （6）施工现场平面布置	（1）工程概况。 （2）施工安排。 （3）施工方法及工艺要求。 （4）施工进度计划。 （5）施工准备与资源配置计划

【经典案例回顾】

例题1（背景资料节选）：某单位工程开工前，施工单位的项目技术负责人主持编制了施工组织设计，经项目负责人审核、施工单位技术负责人审批后，报项目监理机构审查。监理工程师认为该施工组织设计的编制、审核（批）手续不妥，要求改正；同时，要求补充建筑节能工程施工的内容。施工单位认为，在建筑节能工程施工前还要编制、报审建筑节能施工技术专项方案，施工组织设计中没有建筑节能工程施工内容并无不妥，不必补充。

问题：分别指出施工组织设计编制、审批程序的不妥之处，并写出正确做法。施工单位关于建筑节能工程施工的说法是否正确？说明理由。

答案：

（1）不妥之处及正确做法：

不妥1：施工单位的项目技术负责人主持编制施工组织设计。

正确做法：施工组织设计应由项目负责人主持编制。

不妥2：施工组织设计由项目负责人审核。

正确做法：单位工程施工组织设计应由施工单位主管部门审核。

（2）施工单位关于建筑节能工程施工的说法：不正确。

理由：建筑节能工程作为单位工程中的一个分部工程，编制单位工程施工组织设计时，应包括建筑节能工程的施工内容。

例题2（背景资料节选）：某建筑施工单位在新建办公楼工程项目开工前，按《建筑施工组织设计规范》GB/T 50502—2009规定的单位工程施工组织设计应包含的各项基本内容，编制了本工程的施工组织设计，经相应人员审批后报监理机构，在总监理工程师审批签字后按此组织施工。

问题：本工程的施工组织设计中应包含哪些基本内容？

答案：

（1）工程概况。

（2）施工部署。

（3）主要施工方案。

（4）施工进度计划。

（5）施工准备与资源配置计划。

（6）施工现场平面布置。

笔记区

考点二：主要专项施工方案编制与管理

历年考情分析

年份	2014	2015	2016	2017	2018	2019	2020	2021	2022	2023	2024
案例	教材无此内容										√

一、基坑工程专项施工方案

（1）验收内容：基坑开挖至基底且变形相对稳定后支护结构顶部水平位移及沉降、建（构）筑物沉降、周边道路及管线沉降、锚杆（支撑）轴力控制值、坡顶（底）排水措施和基坑侧壁完整性。

（2）相关施工图纸：施工总平面布置图、基坑周边环境平面图、监测点平面图、基坑土方开挖示意图、基坑施工顺序示意图、基坑马道收尾示意图等。

二、模板支撑体系工程专项施工方案

（1）计算书：支撑架构配件的力学特性及几何参数，荷载组合包括永久荷载、施工荷载、风荷载，模板支撑体系的强度、刚度及稳定性的计算，支撑体系基础承载力、变形计算等。

（2）相关图纸：支撑体系平面布置、立（剖）面图（含剪刀撑布置），梁模板支撑节点详图与结构拉结节点图，支撑体系监测平面布置图等。

三、脚手架工程专项施工方案

（1）落地脚手架计算书：受弯构件的强度和连接扣件的抗滑移、立杆稳定性、连墙件的强度、稳定性和连接强度；落地架立杆地基承载力；悬挑架钢梁挠度。

（2）附着式脚手架计算书：架体结构的稳定计算（厂家提供）、支撑结构穿墙螺栓及螺栓孔混凝土局部承压计算、连接节点计算。

（3）吊篮计算书：吊篮基础支撑结构承载力核算、抗倾覆验算、加高支架稳定性验算。

（4）脚手架相关设计图纸：平面布置、立（剖）面图（含剪刀撑布置），脚手架基础节点图，连墙件布置图及节点详图，塔机、施工升降机及其他特殊部位布置及构造图等。

四、危大工程现场管理

专项施工方案实施前，编制人员或者项目技术负责人应当向施工现场管理人员进行方案交底。施工现场管理人员应当向作业人员进行安全技术交底，并由双方和项目专职安全生产管理人员共同签字确认。

对于需要第三方监测的危大工程，建设单位应当委托具有相应勘察资质的单位进行监测。

对于需要验收的危大工程，施工单位、监理单位应当组织相关人员进行验收。验收合格的，经施工单位项目技术负责人及总监理工程师签字确认后，方可进入下一道工序。危大工程验收合格后，施工单位应当在施工现场明显位置设置验收标识牌，公示验收时间及责任人员。

【经典案例回顾】

例题（2024年·背景资料节选）：结构施工采用扣件式钢管落地外脚手架方案，一定高度时采用悬挑钢梁卸载。脚手架工程专项施工方案中规定：脚手架计算书包括受弯构件强度，连墙件的强度、稳定性和连接强度，立杆地基承载力等计算内容；绘制设计图纸包括脚手架平面、立（剖）面图（含剪刀撑布置），垂直施工机械及其他特殊部位布置及构造图等。

问题：脚手架计算书还应有哪些计算内容？还应绘制哪些设计图纸？

答案：

（1）还应包括的计算内容有：连接扣件的抗滑移、立杆稳定性、悬挑架钢梁挠度。

（2）还应绘制的设计图纸有：脚手架基础节点图、连墙件布置图及节点详图。

> **笔 记 区**
>
>
>
>
>

考点三：施工平面布置

历年考情分析

年份	2014	2015	2016	2017	2018	2019	2020	2021	2022	2023	2024
案例		√			√			√		√	

一、施工总平面图的设计内容

（1）项目施工用地范围内的地形状况。

（2）全部拟建的建筑物和其他基础设施的位置。

（3）项目施工用地范围内的加工、运输、存储、供电、供水供热、排水排污设施以及临时施工道路和办公、生活用房等。

（4）施工现场必备的安全、消防、保卫和环保设施。

（5）相邻的地上、地下既有建筑物及相关环境。

二、施工总平面图设计要点

1. 设置大门，引入场外道路

宜考虑设置两个以上大门。大门位置应考虑周边路网情况、转弯半径和坡度限制。

2. 布置大型机械设备

机械名称	布置需考虑的因素
塔式起重机	基础设置、周边环境、覆盖范围、可吊构件的重量及运输和堆放、附墙杆件位置和距离及使用后的拆除和运输
混凝土泵	泵管的输送距离、混凝土罐车行走与停靠
施工升降机	地基承载力、地基平整度、周边排水、导轨架的附墙位置和距离、楼层平台通道、出入口防护门、升降机周边的防护围栏

3．布置仓库、堆场

（1）接近使用地点，纵向与现场临时道路平行。

（2）货物装卸需要时间长的仓库应远离道路边。

（3）存放危险品的仓库应远离现场单独设置，离在建工程距离不小于15m。

4．布置加工厂

工作有关联的加工厂适当集中。

5．布置场内临时运输道路

主干道宽度单行道≥4m，双行道≥6m。木材场两侧6m宽通道，端头处12m×12m回车场，消防车道宽度≥4m，载重车转弯半径不宜小于15m。

6．布置临时房屋

（1）宿舍床铺不得超过2层，室内净高不得小于2.5m，通道宽度不得小于0.9m，每间宿舍人均面积不应小于2.5m²，且不得超过16人。

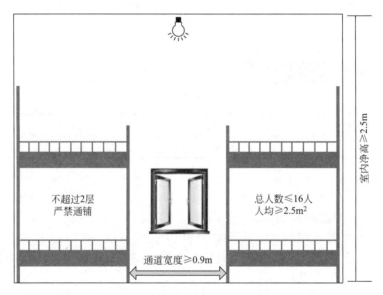

（2）办公用房设在工地入口处。

（3）宿舍设在现场附近，有条件时可设在场内。

（4）食堂宜布置在生活区。

7．布置临时水、电管网和其他动力设施

（1）临时总变电站设在高压线进入工地最近处，避免高压线穿过工地。

（2）管网一般沿道路布置，供电线路应避免与其他管道设在同一侧。

8．施工总平面图需标明的内容

施工总平面图需标明图名、图例、比例尺、方向标记、必要的文字说明等。

三、施工平面图现场管理

1．总体要求：满足施工需求、现场文明、安全有序、整洁卫生、不扰民、不损坏公众利益、绿色环保。

2．场地围护：

（1）实行封闭管理，采用硬质围挡。

（2）市区主要路段的施工现场围挡高度不应低于2.5m，一般路段围挡高度不应低于1.8m。

（3）距离交通路口20m范围内占据道路施工设置的围挡，其0.8m以上部分应采用通透性围挡，并应采取交通疏导和警示措施。

3．出入口管理：

（1）现场大门应设置门卫岗亭，安排门卫人员值班。

（2）主要出入口明显处应设置"五牌一图"：工程概况牌、消防保卫牌、安全生产牌、文明施工牌、管理人员名单及监督电话牌和施工现场总平面图。

（3）车辆出入口设置车辆冲洗设施。

4．规范场容：

（1）主要道路及材料加工场地应做硬化处理，如铺设混凝土、钢板、碎石。

（2）裸露的场地和集中堆放的土方应采取覆盖、固化或绿化措施。

【经典案例回顾】

例题1（2023年·背景资料节选）：施工单位进场后，按照施工平面管理总体要求，包括满足施工要求、不损坏公众利益等内容，绘制了施工平面布置图，满足了施工需求。

问题：建筑工程施工平面管理的总体要求还有哪些？

答案：

现场文明、安全有序、整洁卫生、不扰民、绿色环保。

例题2（2021年·背景资料节选）：某工程项目，钢筋混凝土剪力墙结构，总建筑面积为57000m²。施工单位项目经理部上报了施工组织设计，其中：施工总平面图设计要点包括了设置大门，布置塔式起重机、施工升降机，布置临时房屋、水、电和其他动力设施等。布置施工升降机时，考虑了导轨架的附墙位置和距离等现场条件和因素。公司技术部门在审核时指出施工总平面图设计要点不全，施工升降机布置条件和因素考虑不足，要求补充完善。

问题1：施工总平面布置图设计要点还有哪些？

答案：

（1）布置仓库、堆场。

（2）布置加工厂。

（3）布置场内临时运输道路。

问题2：布置施工升降机时，应考虑的条件和因素还有哪些？

答案：

（1）地基承载力。

（2）地基平整度。

（3）周边排水。

（4）楼层平台通道。

（5）出入口防护门。

（6）升降机周边的防护围栏。

例题3（2018年·背景资料节选）：一建筑施工场地，东西长110m，南北宽70m。拟建建筑物首层平面尺寸为80m×40m，地下2层，地上6/20层，檐口高26/68m，建筑面积约48000m²。施工场地部分临时设施平面布置示意图见下图。图中布置施工临时设施有：现场办公室，木材加工及堆场，钢筋加工及堆场，油漆库房，塔式起重机，施工电梯，物料提升机，混凝土地泵，大门及围墙，车辆冲洗池（图中未显示的设施均视为符合要求）。

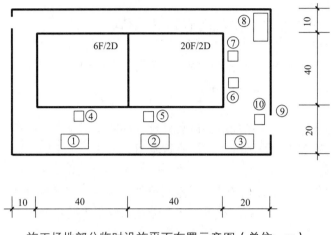

施工场地部分临时设施平面布置示意图（单位：m）

问题1：写出图中临时设施编号所处位置最宜布置的临时设施名称。（如⑨大门与围墙）
答案：
① 木材加工及堆场。
② 钢筋加工及堆场。
③ 现场办公室。
④ 物料提升机。
⑤ 塔式起重机。
⑥ 混凝土地泵。
⑦ 施工电梯。
⑧ 油漆库房。
⑨ 大门及围墙。
⑩ 车辆冲洗池。
问题2：简单说明布置理由。
答案：
布置理由如下：

位置	临时设施	理由
①	木材加工及堆场	尽量利用现场设施起吊和运输，且必须与塔式起重机同侧并尽量靠近塔式起重机。考虑到钢筋的重量及用量远大于木材，为减少二次搬运工作量，故②布置钢筋加工及堆场，①布置木材加工及堆场
②	钢筋加工及堆场	
③	现场办公室	办公用房宜设在工地入口处

续表

位置	临时设施	理由
④	物料提升机	适用于楼层较低（6F）的垂直运输
⑤	塔式起重机	适用于楼层较高（20F）的垂直运输，同时考虑到单体建筑的覆盖范围，宜布置在建筑物长向的中间位置
⑥	混凝土地泵	考虑出入方便及混凝土浇筑时泵车占用交通及掉头空间需要，故将混凝土地泵布置于⑥，将施工电梯布置于⑦
⑦	施工电梯	
⑧	油漆库房	油漆属于危险品类，库房应远离现场单独布置，与在建工程距离不小于15m
⑨	大门及围墙	大门位置应考虑车辆的转弯半径，与加工场地、仓库位置的有效衔接
⑩	车辆冲洗池	设在工地出入口大门处

例题4（2015年·背景资料节选）： 施工现场总平面布置设计中包含如下主要内容：①材料加工场地布置在场外；②现场设置一个出入口，出入口处设置办公用房；③场地周边设置3.8m宽环形载重单行车道作为主干道（兼消防车道），并进行硬化，转弯半径为10m；④在主干道外侧开挖400mm×600mm管沟，将临时供电线缆、临时用水管线埋置于管沟内。监理工程师认为总平面布置存在多处不妥，责令整改后再验收，并要求补充主干道具体硬化方式和裸露场地文明施工防护措施。

问题： 指出施工总平面布置设计的不妥之处，分别写出正确做法，施工现场主干道常用的硬化方式有哪些？裸露场地的文明施工防护通常有哪些措施？

答案：

（1）不妥之处及正确做法：

不妥1：单行主干道3.8m宽。

正确做法：主干道宽度单行道不小于4m。

不妥2：载重车转弯半径为10m。

正确做法：载重车的转弯半径不宜小于15m。

不妥3：将临时供电线缆、临时用水管线埋置于管沟内。

正确做法：临时供电线缆应避免与其他管道设在同一侧。

（2）主干道硬化方式：铺设混凝土、钢板、碎石等。

（3）裸露场地的文明施工防护措施：覆盖、固化、绿化。

例题5（背景资料节选）： 某房屋建筑工程，建筑面积为6000m²，现场项目部为控制成本，对现场围墙实行分段设计、全封闭式管理，即东、南两面紧邻市区主要路段设计为1.8m高砖围墙，并按市容管理要求进行美化，西、北两面紧邻居民小区一般路段，设计为1.8m高普通钢围挡，部分围挡占据了交通路口。

问题： 分别说明现场砖围墙和普通钢围挡设计高度是否妥当，说明理由。交通路口占据道路的围挡还要采取哪些措施？

答案：

（1）围挡高度：

①砖围墙1.8m高，不妥。

理由：市区主要路段的施工现场围挡高度不应低于2.5m。

②普通钢围挡1.8m高，妥当。

理由：一般路段围挡高度不应低于1.8m。

（2）距离交通路口20m范围内占据道路施工设置的围挡，其0.8m以上部分应采用通透性围挡，并应采取交通疏导和警示措施。

考点四：施工临时用电

历年考情分析

年份	2014	2015	2016	2017	2018	2019	2020	2021	2022	2023	2024
案例		√		√				√		√	

一、临时用电管理

临时用电组织设计：

编制条件	（1）用电设备≥5台或设备总容量≥50kW，应编制用电组织设计；否则应制定安全用电和电气防火措施。 （2）装饰装修工程补充编制单项施工用电方案
编制人员	电气工程技术人员
审核审批	相关部门审核，企业技术负责人或授权的技术人员审批，现场监理签认

二、电缆线路

（1）电缆必须为五芯电缆。

（2）五芯电缆必须包括淡蓝、绿/黄两种颜色绝缘芯线。淡蓝色芯线必须用作N线，绿/黄双色芯线必须用作PE线，严禁混用。

（3）电缆线路应采用埋地或架空敷设，严禁沿地面明设。

（4）直接埋地敷设的电缆过墙、过道、过临建设施时，应套钢管保护。

（5）电缆线路必须有短路保护和过载保护。

（6）室内非埋地明敷主干线距地面高度不得小于2.5m。

三、配电箱与开关箱的设置

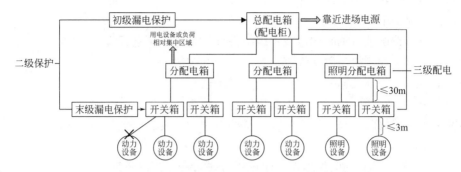

配电箱、开关箱中心点离地距离：固定式为1.4 ~ 1.6m；移动式为0.8 ~ 1.6m。

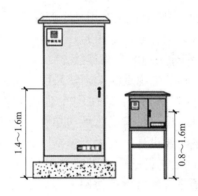

四、临时用电人员

（1）电工必须经考核合格后，持证上岗。

（2）安装、巡检、维修或拆除临时用电设备和线路，必须由电工完成，并应有人监护。

（3）临时用电工程必须经编制、审核、批准部门和使用单位共同验收，合格后方可投入使用。

（4）临时用电工程定期检查应按分部、分项工程进行，对安全隐患必须及时处理，并应履行复查验收手续。

五、临时用电安全技术

1. 配电箱、开关箱的电源进线端严禁采用插头和插座做活动连接。

2. 下列特殊场所使用安全特低电压照明器：

电压	适用场所
36V	隧道、人防工程、高温、有导电灰尘、比较潮湿或灯具离地高度<2.5m等场所
24V	潮湿和易触及带电体的场所
12V	特别潮湿的场所，导电良好地面、锅炉或金属容器内
口诀：特湿导电好（12V），潮湿易触电（24V），较湿电灰尘（36V）	

【经典案例回顾】

例题1（2023年·背景资料节选）：施工单位管理部门在装修阶段对现场施工用电进行专项检查情况如下：

（1）项目仅按照项目临时用电施工组织设计进行施工用电管理。

（2）现场瓷砖切割机与砂浆搅拌机共用一个开关箱。

（3）主教学楼一开关箱使用插座和插头与配电箱连接。

（4）专业电工在断电后对木工加工机械进行检查和清理。

问题：指出装修阶段施工用电专项安全检查中的不妥之处，并指出正确做法。

答案：

不妥1：仅按照项目临时用电施工组织设计进行施工用电管理。

正确做法：应补充编制单项施工用电方案。

不妥2：现场瓷砖切割机与砂浆搅拌机共用一个开关箱。

正确做法：每台用电设备必须有各自专用的开关箱。

不妥3：开关箱使用插座和插头与配电箱连接。

正确做法：配电箱、开关箱的电源进线端严禁采用插头和插座做活动连接。

例题2（2021年·背景资料节选）：某住宅工程由7栋单体组成，地下2层，地上10～13层，总建筑面积为11.5万 m²。施工总承包单位中标后成立项目经理部组织施工。项目总工程师编制了临时用电组织设计，其内容包括：总配电箱设在用电设备相对集中的区域；电缆直接埋地敷设穿过临建设施时应设置警示标识进行保护；临时用电施工完成后，由编制和使用单位共同验收合格后方可使用；各类用电人员经考试合格后持证上岗工作；发现用电安全隐患，经电工排除后继续使用；维修临时用电设备由电工独立完成；临时用电定期检查按分部、分项工程进行。临时用电组织设计报企业技术部门批准后，上报监理单位。监理工程师认为临时用电组织设计存在不妥之处，要求修改完善后再报。

问题：写出临时用电组织设计内容与管理中不妥之处的正确做法。

答案：

（1）分配电箱设在用电设备相对集中的区域（或总配电箱设在进场电源相近处）。

（2）电缆穿过临建设施时应套钢管保护。

（3）由编制、审核、批准部门和使用单位共同验收，合格后方可投入使用。

（4）用电安全隐患经电工排除后，经复查验收方可继续使用。

（5）维修临时用电设备由电工完成，并应有人监护。

（6）项目电气工程技术人员编制临时用电组织设计。

（7）报企业技术负责人批准。

例题3（2015年·背景资料节选）：项目经理安排土建技术人员编制了现场施工用电组织设计，经相关部门审核、项目技术负责人批准、总监理工程师签认后实施。临时用电工程施工完毕，在相关部门和单位共同验收后投入使用。

问题：指出背景资料中的不妥之处，分别写出正确做法。临时用电工程投入使用前，哪些部门和单位应参加验收？

答案：

（1）不妥之处及正确做法：

不妥1：土建技术人员编制现场施工用电组织设计。

正确做法：应由电气工程技术人员编制。

不妥2：项目技术负责人批准现场施工用电组织设计。

正确做法：应由企业技术负责人批准。

（2）应参加验收的部门和单位：施工单位的编制、审核、批准部门和使用单位。

例题4（背景资料节选）： 根据施工组织设计的安排，施工高峰期现场同时使用机械设备达到8台。项目土建施工员仅编制了安全用电和电气防火措施，并报送监理工程师。监理工程师认为存在多处不妥，要求整改。

问题： 背景资料存在哪些不妥之处？分别说明理由。

答案：

不妥1：项目土建施工员编制。

理由：应由电气工程技术人员编制。

不妥2：仅编制安全用电和电气防火措施。

理由：用电设备超过5台时，应编制用电组织设计。

不妥3：编制后报送监理工程师。

理由：用电组织设计经施工单位技术负责人审批后，方可报送监理工程师。

> 笔 记 区
> _____
> _____
> _____
> _____

考点五：施工临时用水

历年考情分析

年份	2014	2015	2016	2017	2018	2019	2020	2021	2022	2023	2024
案例			√								√

一、临时用水

（1）临时用水量：

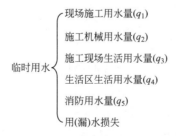

临时用水
- 现场施工用水量(q_1)
- 施工机械用水量(q_2)
- 施工现场生活用水量(q_3)
- 生活区生活用水量(q_4)
- 消防用水量(q_5)
- 用(漏)水损失

（2）供水系统包括：取水位置、取水设施、净水设施、贮水装置、输水管、配水管网和末端配置。

二、供水设施

（1）在保证不间断供水的情况下，供水管道铺设越短越好；主要供水管线采用环状布置，孤立点可设支线；尽量利用已有的或提前修建的永久管道。

（2）管线穿路处均要套以铁管，并埋入地下0.6m处。

（3）排水沟沿道路两侧布置，纵向坡度不小于0.2%，过路处须设涵管。

（4）临时室外消防给水干管的直径不应小于DN100，消火栓间距不应大于120m；距拟建房屋不应小于5m且不宜大于25m，距路边不宜大于2m。

（5）室外消火栓沿消防车道或堆料场内交通道路的边缘布置。

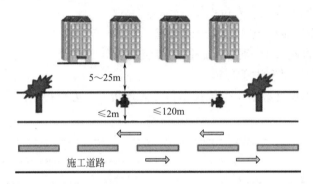

三、总用水量计算

1. 净用水量

（1）当 $(q_1+q_2+q_3+q_4) \leqslant q_5$ 时，$Q=q_5+(q_1+q_2+q_3+q_4)/2$

（2）当 $(q_1+q_2+q_3+q_4) > q_5$ 时，则 $Q=q_1+q_2+q_3+q_4$

（3）当工地面积 $< 5hm^2$，且 $(q_1+q_2+q_3+q_4) < q_5$ 时，$Q=q_5$

注：q_5 根据临时用房建筑面积之和，或在建单体工程体积的不同，最小分别为10L/s、15L/s、20L/s，根据工程实际选用，并满足《建设工程施工现场消防安全技术规范》GB 50720—2011的要求。

2. 总用水量（耗水量）

总用水量=净用水量×（1+10%）

注：10%为漏水损失。

四、临时用水管径计算

$$d=\sqrt{\frac{4Q}{\pi \cdot v \cdot 1000}}$$

式中：d——配水管直径（m）；

　　　Q——耗水量（L/s）；

　　　v——管网中水流速度（1.5 ～ 2m/s）。

五、特别注意

（1）消防用水量（q_5）最小到底取多少，一定要查看《建设工程施工现场消防安全技术规范》GB 50720—2011 的要求，不一定是 10L/s。

（2）计算施工现场临时用水管径，耗水量 Q 要考虑漏水损失 10%（百分比如果题目另有约定按约定）。

（3）计算消防干管或者临时消防竖管管径，耗水量 Q 指的就是消防用水量（q_5），不再考虑任何漏水损失，查看规范《建设工程施工现场消防安全技术规范》GB 50720—2011 中的第 5.3.5～5.3.10 条。

【经典案例回顾】

例题1（2016年·背景资料节选）：某住宅楼工程，场地占地面积约为 10000m²，建筑面积约为 14000m²，地下 2 层，地上 16 层，层高 2.8m，檐口高 47m。在施工现场消防技术方案中，临时施工道路（宽 4m）与施工（消防）用水主管沿在建住宅楼环状布置，消火栓设在施工道路两侧，距路中线 5m，在建住宅楼外边线距道路中线 9m，施工用水管计算中，现场施工用水量（$q_1+q_2+q_3+q_4$）为 8.5L/s，管网水流速度为 1.6m/s，漏水损失为 10%，消防用水量按最小用水量计算。

问题：（1）指出施工消防技术方案的不妥之处，并说明理由。

（2）施工现场总用水量是多少？（单位：L/s）

（3）施工用水主管的计算管径是多少？（单位：mm，保留两位小数）

（4）应选择的管径规格是多少？

答案：

（1）不妥之处及理由：

不妥 1：消火栓距路边 3m。

理由：按规定，消火栓距路边不宜大于 2m。

不妥 2：消火栓距在建住宅 4m。

理由：按规定，消火栓距拟建房屋不应小于 5m。

（2）施工现场总用水量：

① 建筑面积约为 14000m²，层高 2.8m，该住宅楼体积 14000×2.8=39200m³，消防用水量最小为 20L/s。

注：依据《建设工程施工现场消防安全技术规范》GB 50720—2011 中的第 5.3.6 条。一定要看清楚题目背景，讨论的是室外消防用水量，不涉及室内消防用水量。

② 工地面积 1hm² < 5hm²，且 $q_1+q_2+q_3+q_4 < q_5$，净用水量 $Q=q_5=20$L/s。

③ 漏水损失为 10%，施工现场总用水量（耗水量）为 $Q=20×（1+10\%）=22$L/s。

（3）施工用水主管计算管径：

$$d=\sqrt{\frac{4Q}{\pi \cdot v \cdot 1000}}=\sqrt{\frac{4 \times 22}{3.14 \times 1.6 \times 1000}}=0.13235\text{m}=132.35\text{mm}$$

（4）应选择的管径规格：DN150。

例题2（2013年·背景资料节选）：根据现场条件，场内设置了办公区、木工加工区等生产辅助设施，工人宿舍统一设置在场外。施工组织设计中对临时用水进行了设计与计算。

问题：某教学楼施工组织设计在计算临时用水的总用水量时，根据现场实际情况应考虑哪些方面的用水量？

答案：

（1）现场施工用水量。

（2）施工机械用水量。

（3）施工现场生活用水量。

（4）消防用水量。

（5）用（漏）水损失。

解析：

背景信息"工人宿舍统一设置在场外"，传递的意思是施工现场不设生活区，即不需考虑生活区生活用水量。

笔 记 区

考点六：施工检验与试验

历年考情分析

年份	2014	2015	2016	2017	2018	2019	2020	2021	2022	2023	2024
案例	教材无此内容				√			√		√	√

一、施工检测试验计划

（1）施工前由施工项目技术负责人组织编制，报送监理单位审查和监督实施。

（2）按检测试验项目分别编制，内容包括：

① 检测试验项目名称。

② 检测试验参数。

③ 试样规格。

④ 代表批量。

⑤ 施工部位。

⑥ 计划检测试验时间。

（3）应调整施工检测试验计划的情况有：

① 设计变更。

② 施工工艺改变。

③ 施工进度调整。

④ 材料和设备的规格、型号或数量变化。

二、施工过程质量检测试验主要内容

类别	检测试验项目	主要检测试验参数
地基与基础	桩基	承载力、桩身完整性
钢筋连接	机械连接现场检验	抗拉强度
混凝土	配合比设计	工作性、强度等级
	混凝土性能	标准养护试件强度
		同条件试件强度
		同条件转标准养护强度
		抗渗性能
砌筑砂浆	配合比设计	强度等级、稠度
	砂浆力学性能	标准养护试件强度
		同条件试件强度
装饰装修	饰面板粘贴	粘结强度
建筑节能	围护结构现场实体检验	外墙节能构造
		外窗气密性能
	设备系统节能性能检验	—

施工过程质量检测试验依据施工流水段划分、工程量、施工环境及质量控制的需要确定抽检频次。

三、施工检测试验管理

（1）建设单位应委托具备相应资质的第三方检测机构进行工程质量检测，非建设单位委托的检测机构出具的检测报告不得作为工程质量验收依据。

（2）检测机构与所检测建设工程相关的建设、施工、监理单位，以及建筑材料、建筑构配件和设备供应单位不得有隶属关系或者其他利害关系。

（3）检测试验管理制度包括：岗位职责、现场试样制取及养护管理制度、仪器设备管理制度、现场检测试验安全管理制度、检测试验报告管理制度。

（4）施工现场检测试验技术管理程序：

① 制订检测试验计划。

② 制取试样。

③ 登记台账。

④ 送检。

⑤ 检测试验。

⑥ 检测试验报告管理。

（5）现场试验站基本条件：

① 现场试验人员：宜为1至3人。

② 仪器设备：一般应配备天平、台（案）秤、温度计、湿度计、混凝土振动台、试

模、坍落度筒、砂浆稠度仪、钢直（卷）尺、环刀、烘箱等。

③ 设施：工作间（操作间）面积不宜小于15m²。对混凝土结构工程，宜设标准养护室，不具备条件时可采用养护箱或养护池。

四、见证与送样

（1）建设单位或者监理单位应当对建设工程质量检测活动实施见证。见证人员应当制作见证记录，记录取样、制样、标识、封志、送检以及现场检测等情况，并签字确认。

（2）提供检测试样的单位和个人，应当对检测试样的符合性、真实性及代表性负责。

（3）现场检测或者检测试样送检时，应当由检测内容提供单位、送检单位等填写委托单。委托单应当由送检人员、见证人员等签字确认。

【经典案例回顾】

例题1（2024年·背景资料节选）：项目部编制了施工现场混凝土检测试验计划，内容主要包括：检测试验项目名称、检测试验参数等。现场试验站面积较小，不具备设置标准养护室条件，混凝土试件标准养护采用其他设施代替。

问题：混凝土检测试验计划内容还有哪些？混凝土标准养护设施还有哪些？

答案：

（1）混凝土检测试验计划内容还有：① 试样规格，② 代表批量，③ 施工部位，④ 计划检测试验时间。

（2）混凝土标准养护设施还有：养护箱、养护池。

例题2（2023年·背景资料节选）：项目部编制了施工检测试验计划，部分检测试验主要内容见下表。由于工期缩短，施工进度计划调整，监理工程师要求对检测试验计划进行调整。

施工过程质量检测试验主要内容（部分）

类别	检测试验项目	主要检测试验参数
地基与基础	桩基	A
		桩身完整性
钢筋连接	机械连接现场检验	B
砌筑砂浆	C	强度等级、稠度
装饰装修	饰面砖粘贴	D

问题：写出表中A、B、C、D的内容。除了施工进度调整外，还有哪些情况需要调整施工检测试验计划？

答案：

（1）表中内容：A—承载力；B—抗拉强度；C—配合比设计；D—粘结强度。

（2）需要调整施工检测试验计划的情况还有：设计变更，施工工艺改变，材料和设备的规格、型号或数量变化。

例题3（2023年·背景资料节选）：某新建住宅小区，各参建单位为贯彻落实《建设工程质量检测管理办法》要求，在工程施工质量检测管理中做了以下工作：

（1）建设单位委托具有相应资质的检测机构负责本工程质量检测工作。

（2）监理工程师对混凝土试件制作与送样进行了见证。试验员如实记录了其取样、现场检测等情况，制作了见证记录。

（3）混凝土试样送检时，试验员向检测机构填报了检测委托单。

（4）总承包项目部按照建设单位要求，每月向检测机构支付当期检测费用。

问题：指出工程施工质量检测管理工作中的不妥之处，并写出正确做法。混凝土试件制作与取样见证记录内容还有哪些？

答案：

（1）不妥之处及正确做法：

不妥1：试验员制作见证记录。

正确做法：见证人员（监理工程师）制作见证记录。

不妥2：总承包单位支付检测费用。

正确做法：应由建设单位支付。

（2）见证记录还有：制样、标识、封志、送检。

例题4（2021年·背景资料节选）：项目部在工程质量策划中，制订了分项工程过程质量检测试验计划，部分内容见下表。施工过程质量检测试验抽检频次依据质量控制需要等条件确定。

施工过程质量检测试验主要内容（部分）

类别	检测试验项目	主要检测试验参数
地基与基础	桩基	
钢筋连接	机械连接现场检验	
混凝土	混凝土性能	
		同条件转标准养护强度
建筑节能	围护结构现场实体检验	
		外窗气密性能

问题：写出表中相关检测试验项目对应主要检测试验参数的名称（如混凝土性能、同条件转标准养护强度）。确定抽检频次条件还有哪些？

答案：

（1）检查项目所对应主要检测试验参数的名称：

① 桩基：承载力、桩身完整性。

② 机械连接现场检验：抗拉强度。

③ 混凝土性能：标准养护试件强度、同条件试件强度、抗渗性能。

④ 围护结构现场实体检验：外墙节能构造。

（2）确定抽检频次的条件还有：施工流水段划分、工程量、施工环境。

例题5（2018年·背景资料节选）：施工中，项目部技术负责人组织编制了施工检测试验计划，内容包括检测试验项目名称、计划检测试验时间等，报项目经理审批同意后实施。

问题：指出施工检测试验计划管理中的不妥之处，并说明理由。施工检测试验计划内容还有哪些?

答案：

（1）不妥之处及理由：

不妥1：施工中编制施工检测试验计划。

理由：应在施工前编制。

不妥2：施工检测试验计划报项目经理审批同意后实施。

理由：应报送监理单位审查同意后实施。

（2）施工检测试验计划内容还有：检测试验参数，试样规格，代表批量，施工部位。

笔记区

_____

_____

_____

第五章

工程招标投标与合同管理

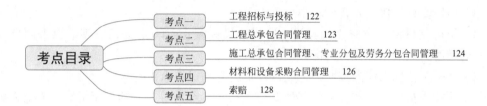

考点目录

考点一 工程招标与投标 122

考点二 工程总承包合同管理 123

考点三 施工总承包合同管理、专业分包及劳务分包合同管理 124

考点四 材料和设备采购合同管理 126

考点五 索赔 128

考点一：工程招标与投标

年份	2014	2015	2016	2017	2018	2019	2020	2021	2022	2023	2024
案例									√		√

一、招标方式与程序

（1）招标投标活动应当遵循公开、公平、公正和诚实信用的原则。

（2）资格预审：适用于潜在投标人数量较多或者大型、技术复杂的招标项目。资格预审的方法分为合格制和有限数量制。

（3）招标文件发售：发售期不得少于5日。

（4）招标文件澄清、修改和异议：应当在投标截止时间至少15日前，以书面形式或者网站通知所有获取招标文件的潜在投标人。

（5）开标：招标人应当按照招标文件规定的时间、地点主持开标。

（6）评标委员会：由招标人的代表和有关技术、经济等方面的专家组成，成员人数为五人以上单数，其中技术、经济等方面的专家不得少于成员总数的2/3。

（7）公示中标候选人：收到评标报告之日起3日内将中标候选人在规定的媒介进行公示，公示期不得少于3日。

（8）中标：招标人应当在投标有效期截止时限30日前确定中标人。招标人向中标人发出中标通知书，并将中标结果通知所有未中标的投标人。招标人和中标人应当自中标通知书发出之日起30日内，订立书面合同。

二、投标文件编写要求

（1）对招标文件要求的招标范围、质量、工期、技术标准、安全标准、法律法规、权利义务、报价编制、投标有效期等做出实质性响应。

（2）综合单价依据计价程序、清单子目项目特征、市场价格或企业定额、企业资源和招标人规定的风险内容、范围及费用等进行组价。

（3）投标人的让利条件应体现在清单的综合单价或相关的费用中，不得以总价下浮方式进行报价。

【经典案例回顾】

例题（2022年·背景资料节选）：建设单位发布某新建工程招标文件，部分条款有：发包范围为土建、水电、通风、空调、消防、装饰等工程，实行施工总承包模式；投标限额为65000.00万元，暂列金额为1500.00万元；工程款按月度完成工作量的80%支付；质量保修金为5%，履约保证金为15%；钢材指定采购本市钢厂的产品；消防及通风空调专项工程合同金额为1200.00万元，由建设单位指定发包，总承包服务费为3.00%。投标单位对部分条款提出了异议。

问题：指出招标文件中的不妥之处，分别说明理由。

答案：

不妥1：质量保修金为5%。

理由：发包人累计扣留的质量保修金不得超过工程价款结算总额的3%。

不妥2：履约保证金为15%。

理由：履约保证金不得超过中标合同金额的10%。

不妥3：同时收取质量保修金和履约保证金。

理由：不得同时收取。

不妥4：钢材指定采购本市钢厂的产品。

理由：不得限定或指定特定的专利、商标、品牌、原产地或者供应商。

笔 记 区

考点二：工程总承包合同管理

历年考情分析

年份	2014	2015	2016	2017	2018	2019	2020	2021	2022	2023	2024
案例											

1．由合同协议书、通用合同条件和专用合同条件三部分组成。

2．编写专用合同条件时，应注意以下事项：

（1）编号应与通用合同条件编号一致。

（2）在专用合同条件中有横道线的地方，合同当事人可针对相应的通用合同条件进行细化、完善、补充、修改或另行约定。

（3）对于在专用合同条件中未列出的通用合同条件中的条款，合同当事人需要进行细化、完善、补充、修改或另行约定的，可在专用合同条件中，以同一条款号增加相应内容。

3．工程总承包合同管理包括勘察设计合同、施工总承包合同、专业分包合同、劳务合同、采购合同、租赁合同、借款合同、担保合同、咨询合同、保险合同等。

4．合同管理工作包括合同订立、合同备案、合同交底、合同履行、合同变更、争议与诉讼、合同分析与总结。

5．合同管理原则：

（1）依法履约原则。

（2）诚实信用原则。

（3）全面履行原则。

（4）协调合作原则。

（5）维护权益原则。

（6）动态管理原则。

笔记区

考点三：施工总承包合同管理、专业分包及劳务分包合同管理

历年考情分析

年份	2014	2015	2016	2017	2018	2019	2020	2021	2022	2023	2024
案例						√					√

1.《建设工程施工合同（示范文本）》GF—2017—0201由合同协议书、通用合同条款和专用合同条款三部分组成。使用时应注意以下事项：

（1）通用合同条款应不加修改引用。

（2）专用合同条款编号应与相应的通用合同条款编号一致。

（3）合同当事人可修改专用合同条款，满足具体建设工程的特殊要求。

2．合同文件优先解释顺序如下：

（1）合同协议书。

（2）中标通知书。

（3）投标函及其附录。

（4）专用合同条款及其附件。

（5）通用合同条款。

（6）技术标准和要求。

（7）图纸。

（8）已标价工程量清单或预算书。

（9）其他合同文件。

3．合同变更管理程序：

（1）提出合同变更申请。

（2）报项目经理审查、批准。

（3）经业主签认，形成书面文件。

（4）组织实施。

4．承包单位存在下列情形之一的，属于违法分包：

（1）承包单位将其承包的工程分包给个人的。

（2）施工总承包单位或专业承包单位将工程分包给不具备相应资质单位的。

（3）施工总承包单位将施工总承包合同范围内工程主体结构的施工分包给其他单位

的，钢结构工程除外。

（4）专业分包单位将其承包的专业工程中非劳务作业部分再分包的。

（5）专业作业承包人将其承包的劳务再分包的。

（6）专业作业承包人除计取劳务作业费用外，还计取主要建筑材料款和大中型施工机械设备、主要周转材料费用的。

【经典案例回顾】

例题1（2024年·背景资料节选）：建设单位投资兴建某工程的招标文件部分要求有：承包模式为施工总承包，报价采用工程量清单计价；投标单位承担项目的进度、质量、安全等管理责任，应对招标文件中要求的技术标准、质量、投标有效期等作出实质性响应；中标单位不得违法分包，如将工程分包给个人等；工程竣工验收后6个月内完成结算，工程结算据实调整。

问题1：投标单位对招标文件要求作出实质性响应的内容还有哪些？

答案：

对招标文件要求作出实质性响应的内容还有：招标范围、工期、安全标准、法律法规、权利义务、报价编制等。

问题2：中标单位还应避免哪些违法分包行为？

答案：

（1）将工程分包给不具备相应资质单位的。

（2）将施工总承包合同范围内工程主体结构的施工分包给其他单位的，钢结构工程除外。

解析：

本问的主题是"中标单位"，而不是"施工单位"。题目背景明确实行施工总承包模式，中标单位即为施工总承包单位，针对专业分包单位和作业分包单位的违法分包行为，不应作为答案。

例题2（2019年·背景资料节选）：某施工单位通过竞标承建一工程项目，甲乙双方通过协商，对工程合同协议书（编号：HT-XY-201909001），以及专用合同条款（编号：HT-ZY-201909001）和通用合同条款（编号：HT-TY-201909001）修改意见达成一致，签订了施工合同。确认包括投标函、中标通知书等合同文件按照《建设工程施工合同（示范文本）》GF—2017—0201规定的优先顺序进行解释。

问题：指出合同签订中的不妥之处，写出背景资料中5个合同文件解释的优先顺序。

答案：

（1）合同签订中的不妥之处：

不妥1：专用合同条款与通用合同条款编号不一致。

不妥2：修改通用合同条款。

（2）5个合同文件解释的优先顺序：

①合同协议书。

②中标通知书。

③投标函。

④ 专用合同条款。

⑤ 通用合同条款。

考点四：材料和设备采购合同管理

历年考情分析

年份	2014	2015	2016	2017	2018	2019	2020	2021	2022	2023	2024
案例						√			√		

一、物资采购合同

应对以下条款加强重点管理：

（1）标的：主要包括购销物资的名称（注明牌号、商标）、品种、型号、规格、等级、花色、技术标准或质量要求等。

（2）数量。

（3）包装：包括包装的标准和包装物的供应和回收。

（4）运输方式。

（5）价格。

（6）结算：我国现行结算方式分为现金结算和转账结算两种。

（7）违约责任。

（8）特殊条款。

二、设备供应合同

（1）合同签订时需注意以下问题：设备价格、设备数量、技术标准、现场服务、验收和保修。

（2）设备数量条目需明确：成套设备名称、套数、随主机的辅机、附件、易损耗备用品、配件和安装修理工具等。

【经典案例回顾】

例题1（2022年·背景资料节选）：建设单位针对建设项目进行招标，某施工总承包单位中标，签订了施工总承包合同。施工总承包单位与地砖供应商签订物资采购合同，购买尺寸800mm×800mm的地砖3900块，合同标的规定了地砖的名称、等级、技术标准等内容。地砖由A、B、C三地供应，相关信息见下表：

地砖采购信息表

序号	货源地	数量（块）	出厂价（元/块）	其他
1	A	936	36	
2	B	1014	33	
3	C	1950	35	
合计		3900		

问题1：施工企业除施工总承包合同外，还可能签订哪些与工程相关的合同？

答案：

还可能签订的合同有：分包合同、劳务合同、物资采购合同、保险合同、担保合同、租赁合同、借款合同、咨询合同。

问题2：分别计算地砖的每平方米用量、各地采购比重和材料原价各是多少？（原价单位：元/m²）物资采购合同中的标的内容还有哪些？

答案：

（1）地砖每平方米用量：1÷（0.8×0.8）=1.5625块

（2）各地采购比重和材料原价：

A地采购比重：936÷3900=24%

B地采购比重：1014÷3900=26%

C地采购比重：1950÷3900=50%

材料原价=（36×24%+33×26%+35×50%）×1.5625=54.25元/m²

（3）物资采购合同中的标的内容还有：牌号、商标、品种、规格、型号、花色、质量要求。

例题2（2019年·背景资料节选）：项目部材料管理制度要求对物资采购合同的标的、价格、结算、特殊条款等加强重点管理。其中，对合同标的的管理要包括购销物资的名称（注明牌号、商标）、花色、技术标准、质量要求等内容。

问题：物资采购合同重点管理的条款还有哪些？物资采购合同标的包括的主要内容还有哪些？

答案：

（1）重点管理的条款还有：数量、包装、运输方式、违约责任。

（2）标的包括的主要内容还有：品种、型号、规格、等级。

例题3（背景资料节选）：施工总承包单位项目部在签订设备供应合同时，尤其注意设备价格、设备数量等问题，并在设备供应合同后对设备数量附详细清单，列明成套设备名称、套数等内容。

问题：设备供应合同签订时，还需注意哪些问题？设备数量的详细清单中还应列明哪些内容？

答案：

（1）还需注意的问题：技术标准、现场服务、验收和保修。

（2）设备数量的详细清单中还应列明：随主机的辅机、附件、易损耗备用品、配件和安装修理工具。

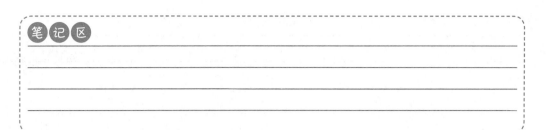

考点五：索赔

历年考情分析

年份	2014	2015	2016	2017	2018	2019	2020	2021	2022	2023	2024
案例	√	√	√	√	√	√	√	√			

1. 业主方或施工方原因：责任方承担风险。

（1）业主方原因：全赔。

（2）施工方原因：全不赔。

2. 不可抗力造成的损失按以下原则承担：（自己损失自己承担）

（1）工程本身的损害、因工程损害导致第三人人员伤亡和财产损失以及运至施工场地用于施工的材料和待安装设备的损害由发包人承担。

（2）人员伤亡由其所在单位负责。

（3）承包人机械设备损坏及停工损失，由承包人承担。

（4）停工期间，承包人应工程师要求留在施工场地的必要的管理人员及保卫人员的费用，由发包人承担。

（5）工程所需清理、修复费用，由发包人承担。

（6）延误的工期顺延。

3. 人工费和机械费索赔的标准：

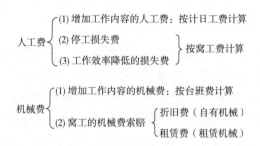

4. 总费用法（费用索赔方法）

总费用法又称总成本法，计算出某单项工程的总费用，减去单项工程的合同费用，剩余费用为索赔的费用。

例：某工程原合同报价为：现场施工成本（不含公司管理费）380万元，公司管理费38万元（现场施工成本×10%），利润29.26万元［（现场施工成本+公司管理费）×7%］，不含税的合同价447.26万元。在实际工程中，由于完全非承包商原因造成实际工地总成本增加至420万元，成本增加产生的利息约定为0。

问题：用总费用法计算索赔值。

解析：

（1）现场施工成本增加：420-380=40万元

（2）公司管理费增加：40×10%=4万元

（3）利润增加：（40+4）×7%=3.08万元

（4）利息支付：0万元

（5）索赔费用：40+4+3.08=47.08万元

【经典案例回顾】

例题1（2021年·背景资料节选）：某新建住宅楼工程，施工总承包单位工地总成本9200万元，公司管理费按10%计，利润按5%计。施工单位按照建设单位要求采用一种新型预制钢筋混凝土剪力墙结构体系，致使实际工地总成本增加到9500万元。施工单位在工程结算时，对增加费用进行了索赔。

问题：施工单位工地总成本增加，用总费用法分步计算索赔值是多少万元？（精确到小数点后两位）

答案：

（1）总成本增加：9500-9200=300.00万元

（2）公司管理费增加：300.00×10%=30.00万元

（3）利润增加：（300.00+30.00）×5%=16.50万元

（4）索赔费用：300.00+30.00+16.50=346.50万元

例题2（2020年·背景资料节选）：某酒店工程由某施工总承包单位承担，部分合同条款如下：土方挖运综合单价为25.00元/m³，增值税及附加费为11.50%。因建设单位责任引起的签证变更费用予以据实调整。工程量清单附表中约定，拆除工程为520.00元/m³。基坑开挖时，承包人发现地下位于基底标高以上部位，埋有一条尺寸为25m×4m×4m（外围长×宽×高）、厚度均为400mm的废弃混凝土泄洪沟。建设单位、承包人、监理单位共同确认并进行了签证。

问题：承包人在基坑开挖过程中的签证费用是多少元？（保留小数点后两位）

答案：

（1）因存在废弃泄洪沟，减少土方挖运体积为：25×4×4=400.00m³

（2）废弃泄洪沟混凝土拆除量为：泄洪沟外围体积−空洞体积=400.00-3.2×3.2×25 =144.00m³

（3）工程签证金额为：拆除混凝土总价−土方体积总价=144.00×520.00×（1+11.50%）− 400.00×25×（1+11.50%）=72341.20元

解析：

本题难点在于废弃混凝土泄洪沟的工程量到底是多少？即需判断出来泄洪沟是带顶盖还是不带顶盖？抓住关键信息"基坑开挖时，承包人发现地下位于基底标高以上部位，埋有一条尺寸为25m×4m×4m（外围长×宽×高）、厚度均为400mm的废弃混凝土泄洪沟。"如果不带顶盖，而又被埋入土中，那么泄洪沟内部将全被土掩埋，又怎么能达到泄洪的目的呢？据此推断，埋入土中的混凝土泄洪沟是带顶盖的，如下图所示。

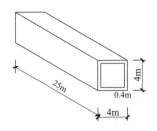

例题3（2014年·背景资料节选）：

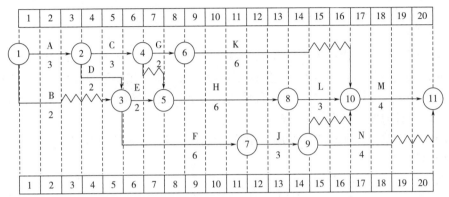

工作B（特种混凝土工程）进行1个月后，因建设单位原因修改设计导致停工2个月。设计变更后，施工总承包单位及时向监理提出了费用索赔申请（如下表所示），索赔内容和数量经监理工程师审查符合实际情况。

序号	内容	数量	计算式	备注
1	新增特种混凝土工程费	500m³	500×1050=525000元	新增特种混凝土工程综合单价1050元/m³
2	机械设备闲置费补偿	60台班	60×210=12600元	台班费210元/台班
3	人工窝工费补偿	1600工日	1600×85=136000元	人工工日单价85元/工日

问题： 费用索赔申请一览表中有哪些不妥之处？分别说明理由。

答案：

不妥1：机械设备闲置费补偿按台班费计算。

理由：机械设备闲置费补偿，自有机械应按台班折旧费计算，租赁机械应按台班租赁费计算。

不妥2：人工窝工费补偿按人工工日单价计算。

理由：人工窝工费补偿应按人工窝工单价计算。

例题4（背景资料节选）： 建设单位采购的材料进场复检结果不合格，监理工程师要求清退出场；因停工待料导致窝工，施工单位提出8万元费用索赔。材料重新进场并施工完毕后，监理验收通过。由于该部位的特殊性，建设单位要求进行剥离检验，检验结果符合要求；剥离检验及恢复共发生费用4万元，施工单位提出4万元费用索赔。上述索赔均在要求时限内提出，数据经监理工程师核实无误。

问题： 分别判断施工单位提出的两项费用索赔是否成立，并写出相应的理由。

答案：

（1）因停工待料导致窝工，施工单位提出8万元费用索赔：成立。

理由：建设单位采购材料时，停工待料是建设单位应承担的责任事件。

（2）剥离检验及恢复费用4万元索赔：成立。

理由：监理验收通过，建设单位要求进行剥离检验，属于重新检验。检验结果符合要求时，由此发生的费用和延误的工期均由建设单位承担，并应支付承包人合理利润。

笔记区

第六章

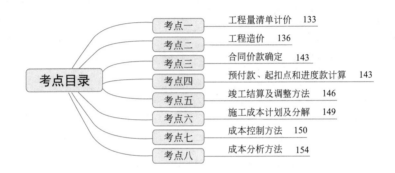

工程造价及成本

考点目录

考点一 —— 工程量清单计价 133

考点二 —— 工程造价 136

考点三 —— 合同价款确定 143

考点四 —— 预付款、起扣点和进度款计算 143

考点五 —— 竣工结算及调整方法 146

考点六 —— 施工成本计划及分解 149

考点七 —— 成本控制方法 150

考点八 —— 成本分析方法 154

考点一：工程量清单计价

年份	2014	2015	2016	2017	2018	2019	2020	2021	2022	2023	2024
案例			√		√						√

一、工程量清单计价特点

特点	相关说明
强制性	对工程量清单的使用范围、计价方式、竞争费用、风险处理、工程量清单编制方法、工程量计算规则均做出强制性规定，不得违反
统一性	采用综合单价形式
完整性	包括工程项目招标、投标、过程计价以及结算的全过程管理
规范性	对计价方式、计价风险、清单编制、分部分项工程量清单编制、招标控制价的编制与复核、投标价的编制与复核、合同价款调整、工程计价表格式均做出统一规定和标准
竞争性	—
法定性	—

二、工程量清单计价方式

1. 采用工程量清单计价形成的工程造价：

工程造价=（分部分项工程费+措施项目费+其他项目费）×（1+规费费率）×（1+税率）

2. 措施项目包括一般措施项目、脚手架工程、混凝土模板及支撑架、垂直运输、超高施工增加。

一般措施项目表

序号	项目名称
1	安全文明施工费（含环境保护、文明施工、安全施工、临时设施）
2	夜间施工
3	二次搬运费
4	冬雨期施工
5	大型机械设备进出场及安拆
6	施工排水
7	施工降水
8	地上、地下设施，建筑物的临时保护设施
9	已完工程及设备保护

3．招标人工程量清单：

（1）作为招标文件组成部分，准确性和完整性由招标人负责。

（2）招标人应编制招标控制价，不得浮动并在招标文件中予以公布。

（3）采用工程量清单计价的工程，应在招标文件或合同中明确计价中的风险内容及其范围，不得采用无限风险、所有风险或类似语句规定计价中的风险内容及其范围。

4．投标人工程量清单：

（1）投标人应按招标人提供的工程量清单填报价格。填写的项目编码、项目名称、项目特征、计量单位、工程量必须与招标人提供的一致。

（2）投标总价应当与分部分项工程费、措施项目费、其他项目费、规费和税金的合计金额一致。

（3）投标报价时，措施费自主确定，但安全文明施工费应按照不低于国家或省级、行业建设主管部门规定标准的90%计价。

（4）投标时不得做竞争性费用：安全文明施工费、规费和税金。

（5）暂列金额应按招标人在其他项目清单中列出的金额填写。

（6）材料暂估价应按招标人在其他项目清单中列出的单价计入综合单价，专业工程暂估价应按招标人在其他项目清单中列出的金额填写。

【经典案例回顾】

例题1（2018年·背景资料节选）：中标后，双方依据《建设工程工程量清单计价规范》GB 50500—2013，对工程量清单编制方法等强制性规定进行了确认，对工程造价进行了全面审核。最终确定有关费用如下：分部分项工程费82000.00万元，措施项目费20500.00万元，其他项目费12800.00万元，暂列金额8200.00万元，规费2470.00万元，税金3750.00万元。双方依据《建设工程施工合同（示范文本）》GF—2017—0201签订了工程施工总承包合同。

问题：计算本工程签约合同价（单位：万元，保留两位小数）。双方在工程量清单计价管理中应遵守的强制性规定还有哪些？

答案：

（1）签约合同价＝分部分项工程费＋措施项目费＋其他项目费＋规费＋税金

＝82000.00+20500.00+12800.00+2470.00+3750.00=121520.00万元

（2）双方在工程量清单计价管理中还应遵守的强制性规定有：

① 使用范围。

② 计价方式。

③ 竞争费用。

④ 风险处理。

⑤ 工程量计算规则。

例题2（2020年二建·背景资料节选）：建设单位投资兴建写字楼工程，地下1层，地上5层，建筑面积为6000m^2，总投资额为4200.00万元。经公开招标投标，在7家施工单位里选定A施工单位中标，B施工单位因为在填报工程量清单价格（投标文件组成部分）时，所填报的工程量与建设单位提供的工程量不一致以及其他原因导致未中标。

问题：B施工单位在填报工程量清单价格时，除工程量外还有哪些内容必须与建设单位提供的内容一致？

答案：

还有以下内容必须与建设单位提供的内容一致：

（1）项目编码；

（2）项目名称；

（3）项目特征；

（4）计量单位。

例题3（2019年二建·背景资料节选·有改动）： 沿海地区某群体住宅工程，包含整体地下室、8栋住宅楼、1栋物业配套楼以及小区公共区域园林绿化等，业态丰富、体量较大，工期暂定为3.5年。招标文件约定：采用工程量清单计价模式，要求投标单位充分考虑风险，特别是一般措施项目费均应以有竞争力的报价投标，最终按固定总价签订施工合同。

问题1： 指出本工程招标文件中的不妥之处，并写出相应正确做法。

答案：

不妥1：要求投标单位充分考虑风险。

正确做法：采用工程量清单计价的工程，招标人应在招标文件中明确计价中的风险内容及其范围。

不妥2：一般措施项目费均应以有竞争力的报价投标。

正确做法：一般措施项目费中的安全文明施工费不得作为竞争性费用。

不妥3：按固定总价合同签订施工合同。

正确做法：本工程工期较长（3.5年），不适用于固定总价合同，应采用可调总价合同。

问题2： 根据工程量清单计价原则，一般措施项目有哪些？（至少列出6项）

答案：

（1）安全文明施工费。

（2）夜间施工。

（3）二次搬运费。

（4）冬雨期施工。

（5）大型机械设备进出场及安拆。

（6）施工排水。

（7）施工降水。

（8）地上、地下设施，建筑物的临时保护设施。

（9）已完工程及设备保护。

笔 记 区

考点二：工程造价

年份	2014	2015	2016	2017	2018	2019	2020	2021	2022	2023	2024
案例	√			√	√			√		√	√

一、建设工程造价的特点

（1）大额性。

（2）个别性和差异性。

（3）动态性。

（4）层次性。

二、建设工程造价的分类

（1）投资估算。

（2）概算造价。

（3）预算造价。

（4）合同价。

（5）结算价。

（6）决算价。

三、工程造价按费用构成要素划分

$$\text{工程造价}\begin{cases}\text{(1) 人工费}\\\text{(2) 材料费}\\\text{(3) 施工机具使用费}\\\text{(4) 企业管理费}\\\text{(5) 利润}\\\text{(6) 规费}\\\text{(7) 税金(增值税)}\end{cases}$$

材料费包括材料原价、运杂费、运输损耗费、采购及保管费。

检验试验费属于企业管理费，是工程造价的一部分。

包括：

（1）对建筑以及材料、构件和建筑安装物进行一般鉴定、检查所发生的费用。

（2）施工单位自设试验室进行试验所耗用的材料等费用。

不包括：

（1）新结构、新材料的试验费。

（2）对构件做破坏性试验及其他特殊要求检验试验的费用。

（3）建设单位委托检测机构进行检测的费用。

四、按造价形成划分

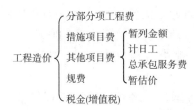

（1）暂列金额：招标人在工程量清单中暂定并包括在合同价款中的一笔款项，并不直接属于承包人所有，而是由发包人暂定并掌握使用的一笔款项，用于施工合同签订时尚未确定或者不可预见的所需材料、设备、服务的采购，施工中可能发生的工程变更、合同约定调整因素出现时的工程价款调整以及发生的索赔、现场签证确认等的费用。

（2）暂估价：招标人在工程量清单中提供的用于支付必然发生但暂时不能确定价格的专业服务、材料、设备以及专业工程的金额。

（3）总承包服务费是指总承包人为配合、协调专业工程发包，对建设单位自行采购的材料、工程设备等进行保管以及施工现场管理等服务所需的费用。（即针对业主指定分包、甲供材）

五、工程造价计算

1.分部分项工程综合单价计算

序号	费用项目	计算方法
1	人工费	人工工日数量×人工工日单价
2	材料费	材料数量×材料单价＋工程设备费
3	施工机具使用费	机械台班数量×机械台班单价
4	人、材、机费用小计	1＋2＋3
5	管理费	4×管理费费率
6	利润	（4＋5）×利润率
7	风险费	自主报价
8	综合单价	4+5+6+7

2.工程造价计算

费用	计价
（1）分部分项工程费	Σ（分部分项工程量×综合单价）
（2）措施项目费	按规定计算
（3）其他项目费	暂列金额+计日工+总承包服务费+暂估价
（4）规费	[（1）+（2）+（3）]×规费费率
（5）税金	[（1）+（2）+（3）+（4）]×税金费率
造价（合同价、中标价）＝（1）+（2）+（3）+（4）+（5）	
税率取9%（一般）或3%（简易）	

例题1（2024年·背景资料节选）：某施工单位工程中标造价为7782.60万元。其中：分部分项工程费为6000.00万元；措施项目费为600.00万元（按分部分项工程费的10%计取）；其他项目费为400.00万元，暂列金额为297.00万元，专业分包暂估价为100.00万元，总承包服务费费率为3%；规费为140.00万元（费率为2%）；税金为642.60万元（费率为9%）。

经建设单位和施工单位确认：增补某缺项工程量清单费用，其工程量为2000.00m³，综合单价为500.00元/m³；签订施工总承包合同时未确定的设备实际采购价为268.00万元；工程价款调整及设计变更为119.00万元；专业分包为90.00万元。

问题：按照综合单价法，分步骤列式计算施工单位的结算造价是多少万元？（四舍五入取整数）

答案：

（1）分部分项工程费=6000+2000×500÷10000=6100万元

（2）措施项目费=6100×10%=610万元

（3）其他项目费=268+119+90+90×3%=480万元

（4）规费=（6100+610+480）×2%=144万元

（5）税金=（6100+610+480+144）×9%=660万元

（6）结算造价=6100+610+480+144+660=7994万元

解析：

本题存在三处难点，逐一解析。

（1）增补某缺项工程，此项费用属于分部分项工程费。

（2）专业工程暂估价中的专业工程，要能分析出来属于建设单位指定分包的专业工程。中标造价中其他项目费为400.00万元，其中暂列金额是297.00万元，专业分包暂估价为100.00万元，还差3.00万元。同时题目背景中告知总承包服务费费率为3%，那么差的3万元就是100.00×3%=3.00万元。据此可确定此专业工程属于建设单位指定分包，结算价中的此专业分包90.00万元需要计取3%的总承包服务费。

（3）合同签订时未确定采购的设备，最终实际采购的费用268.00万元由暂列金额支出；设计变更119.00万元由暂列金额支出。

例题2（2023年·背景资料节选）：某施工单位承接一工程，双方按《建设项目工程总承包合同（示范文本）》GF—2020—0216签订了工程总承包合同，总价包干。分部分项工程费见下表。

分部分项工程费

名称	工程量（m³）	综合单价（元/m³）	费用（万元）
A	9000	2000	1800
B	12000	2500	3000
C	15000	2200	3300
D	4000	3000	1200

措施项目费为分部分项工程费的16%，安全文明施工费为分部分项工程费的6%。其

他项目费用包括：暂列金额100万元；分包专业工程暂估价200万元，另计总承包服务费5%。规费费率为2.05%，增值税税率为9%。

问题：分别计算签约合同价中的措施项目费、安全文明施工费、签约合同价各是多少万元？（计算结果四舍五入取整数）

答案：

（1）措施项目费：（1800+3000+3300+1200）×16%=1488万元

（2）安全文明施工费：（1800+3000+3300+1200）×6%=558万元

（3）签约合同价：[（1800+3000+3300+1200）+1488+100+200×（1+5%）]×（1+2.05%）×（1+9%）=12345万元

例题3（2022年·背景资料节选）：某项目招标文件部分条款如下：暂列金额为1500.00万元，消防及通风空调专项工程合同金额为1200.00万元，由建设单位指定发包，总承包服务费3%。某施工单位中标后签订了施工总承包合同，合同部分条款如下：分部分项工程费48000.00万元，措施项目费为分部分项工程费的15%，规费费率为2.20%，增值税税率为9%。

问题：分别计算各项构成费用（分部分项工程费、措施项目费等5项）及施工总承包合同价格各是多少？（单位：万元，保留小数点后两位）

答案：

分部分项工程费：48000.00万元

措施项目费：48000.00×15%=7200.00万元

其他项目费：1500.00+1200.00×3%=1536.00万元

规费：（48000.00+7200.00+1536.00）×2.20%=1248.19万元

税金：（48000.00+7200.00+1536.00+1248.19）×9%=5218.58万元

合同价：48000.00+7200.00+1536.00+1248.19+5218.58=63202.77万元

例题4（2021年·背景资料节选）：项目检验试验由建设单位委托具有资质的检测机构负责，施工单位支付了相关费用，并向建设单位提出以下索赔事项：

（1）现场自建试验室费用超出预算费用3.5万元。

（2）新型钢筋混凝土预制剪力墙结构验证试验费用25万元。

（3）新型钢筋混凝土剪力墙预制构件抽样检测费用12万元。

（4）预制钢筋混凝土剪力墙板破坏性试验费用8万元。

（5）施工企业采购的钢筋连接套筒抽检不合格而增加的检测费用1.5万元。

问题：分别判断检测试验索赔事项的各项费用是否成立？（如1万元成立）

答案：

（1）3.5万元不成立。

（2）25万元成立。

（3）12万元不成立。

（4）8万元成立。

（5）1.5万元不成立。

解析：

此问很难，一是难在答案格式没看清；二是难在考点理解不透彻。

难点一：答案格式没看清。问题后括号内已经明确答案的格式是"××万元成立"或"××万元不成立"，结果很多考生长篇大论地写，生怕命题人误解他的想法和思路。试问一句，命题人会误解你的思路和答案吗？

难点二：没有深刻理解工程造价（合同价）中包括的检验试验费的含义。

检验试验费是指施工企业按照有关标准规定，对建筑以及材料、构件和建筑安装物进行一般鉴定、检查所发生的费用，包括自设试验室进行试验所耗用的材料等费用。不包括新结构、新材料的试验费，对构件做破坏性试验及其他特殊要求检验试验的费用和建设单位委托检测机构进行检测的费用，对此类检测发生的费用，由建设单位另行承担。

索赔事项一：现场自建试验室费用超出预算费用3.5万元，属于自设试验室进行试验所耗用的材料等费用，包括在检验试验费内，索赔不成立。

索赔事项二：新型钢筋混凝土预制剪力墙结构验证试验费用25万元，属于新结构试验费，不包括在检验试验费里，索赔成立。

索赔事项三：新型钢筋混凝土剪力墙预制构件抽样检测费用12万元，注意看清楚是"构件"，不是"结构"，属于对构件进行一般鉴定、检查所发生的费用，包括在检验试验费内，索赔不成立。

索赔事项四：预制钢筋混凝土剪力墙板破坏性试验费用8万元，属于对构件做破坏性试验，不包括在检验试验费里，索赔成立。

索赔事项五：施工企业采购的钢筋连接套筒抽检不合格而增加的检测费用1.5万元，属于施工单位责任导致的费用增加，索赔不成立。

例题5（2020年·背景资料节选）：施工招标时，工程量清单中强度等级C25混凝土中钢筋综合单价为4443.84元/t，钢筋材料单价暂定为2500.00元/t，数量为260.00t。结算时经双方核实，实际用量为250.00t，经业主签字认可采购价格为3500.00元/t，钢筋损耗率为2%。承包人将钢筋综合单价的明细分别按照钢筋上涨幅度进行调整，调整后的钢筋综合单价为6221.38元/t，增值税税率及附加费费率为11.50%。

问题：承包人调整工程量清单中强度等级C25混凝土中钢筋综合单价是否正确？说明理由。并计算该清单结算综合单价和结算价款各是多少元？（保留小数点后两位）

答案：

（1）承包人调整工程量清单中强度等级C25混凝土中钢筋综合单价不正确。

理由：钢材的差价应直接在该综合单价上增减材料价差调整，不应当调整综合单价中的人工费、机械费、管理费和利润。

（2）钢筋价差调整：（3500.00–2500.00）×（1+2%）=1020.00元/t

钢筋工程结算综合单价：4443.84+1020.00=5463.84元/t

（3）结算价款为：250.00×5463.84×（1+11.50%）=1523045.40元

解析：

本问有两处难点，在此逐一解答。

（1）为何不考虑施工方重新提交的综合单价6221.38元/t？

理由：施工方重新提交的综合单价不仅对材料差价进行了调整，同时对综合单价组成中的人工费、机械费、管理费和利润也按照材料差价的相应比例进行了调整，而材料单价的调整并不会导致其他组成部分的变化，故施工方重新提交的综合单价不准确，故不予考虑。

（2）钢筋材料单价暂定为2500.00元/t，业主签字确认的钢筋材料单价是3500.00元/t，在钢筋分项的综合单价上加上1000元/t的综合单价即可，为何又要考虑损耗了呢？

理由：工程量清单计价时，双方确认的材料实际用量是指净量，不包括材料损耗的净量。故损耗的费用只能通过调高材料价差的形式予以弥补。

例题6（背景资料节选）：某施工单位投标报价书情况是：土石方清单工程量为650m³，根据施工方案确认实际工程量为800m³，定额单价中人工费为8.40元/m³、材料费为12.00元/m³、机械费为1.60元/m³。分部分项工程量清单合价为8200万元，措施项目清单合价为360万元，暂列金额为50万元，其他项目清单合价为120万元，企业管理费费率为15%，利润率为5%，规费为225.68万元，增值税按简易项目计算。

问题：施工单位填报土石方分项工程的综合单价是多少元/m³？中标造价是多少万元？

答案：

（1）填报综合单价

施工方案对应综合单价=（8.40+12.00+1.60）×（1+15%）×（1+5%）=26.57元/m³

填报综合单价=26.57×800÷650=32.70元/m³

（2）中标造价=（8200+360+120+225.68）×（1+3%）=9172.85万元

例题7（背景资料节选）：某项目部购买尺寸为800mm×800mm×5mm的地砖3900块，由A、B、C三地采购，相关信息见下表。材料运输损耗率2.0%，采购及保管费率为3.0%，检验试验费率为0.8%。

地砖采购信息表

序号	货源地	数量（块）	购买价（元/块）	运输单价[元/（m²·km）]	运输距离（km）	装卸费（元/m²）
1	A	936	36	0.04	90	1.25
2	B	1014	33	0.04	80	1.25
3	C	1950	35	0.05	86	1.25
	合计	3900				

问题：计算材料价格是每平方米多少元？

答案：

（1）各地材料购买的比重：

A地比重=936÷3900=24%

B地比重=1014÷3900=26%

C地比重=1950÷3900=50%

（2）每平方米地砖的块数：1÷（0.80×0.80）=1.5625块/m²

（3）材料原价：（36×24%+33×26%+35×50%）×1.5625=54.25元/m²

（4）运输费：0.04×90×24%+0.04×80×26%+0.05×86×50%=3.85元/m²

（5）运杂费：3.85+1.25=5.10元/m²

（6）运输损耗费：（54.25+5.10）×2.0%=1.19元/m²

（7）采购及保管费：（54.25+5.10+1.19）×3.0%=1.82元/m²

（8）材料单价：54.25+5.10+1.19+1.82=62.36元/m²

例题8（背景资料节选）： 某土方工程量清单信息见下表。该清单中有两项工程量清单子目，分别是平整场地和挖运基础土方。场地平整按照机械平整场地为例，其人工费、材料费、机械费预算单价之和为1.2元/m²，管理费为预算单价的7.0%，利润率为5%。

土方工程量清单

序号	项目编码	项目名称	计量单位	工程数量	综合单价	合价
1	10101001001	平整场地	m²	2987		
2	10101003001	挖运基础土方	m³	5100		

问题： 计算机械平整场地的综合单价和合价。

答案：

1. 机械平整场地子目的综合单价：

（1）人、材、机费用小计：1.2元/m²

（2）管理费：$1.2 \times 7.0\% = 0.084$元/m²

（3）利润：$[（1）+（2）] \times 5\% = 0.0642$元/m²

（4）综合单价：（1）+（2）+（3）= 1.3482元/m²

2. 机械平整场地的合价：$1.3482 \times 2987 = 4027.07$元

例题9（背景资料节选）： 某分部工程人、材、机费用合计为300.00万元，管理费费率为8%，利润率为10%，措施费为人、材、机费用的5%，其他项目费为3.50万元，规费费率为2.20%，增值税税率为9%。

问题： 按综合单价法列式计算该分部工程建安工程造价是多少万元？（保留小数点后两位）

答案：

（1）分部分项工程费计算：

① 人、材、机费用：300.00万元

② 管理费：$300.00 \times 8\% = 24.00$万元

③ 利润：$（300.00+24.00）\times 10\% = 32.40$万元

④ 分部分项工程费：300.00+24.00+32.40 = 356.40万元

（2）措施费：$300.00 \times 5\% = 15.00$万元

（3）其他项目费：3.50万元

（4）规费：$（356.40+15.00+3.50）\times 2.20\% = 8.25$万元

（5）增值税：$（356.40+15.00+3.50+8.25）\times 9\% = 34.48$万元

该分部工程建安工程造价：（356.40+15.00+3.50+8.25+34.48）= 417.63万元

笔记区

考点三：合同价款确定

历年考情分析

年份	2014	2015	2016	2017	2018	2019	2020	2021	2022	2023	2024
案例											

单价合同	固定单价合同适用于技术难度小、图纸完备的工程项目
	可调单价合同适用于施工图不完整、不可预见因素较多、需根据现场实际情况重新组价议价的工程项目
总价合同	固定总价合同适用于规模小、技术难度小、工期短（一年以内）的工程项目
	可调总价合同适用于规模大、技术难度大、图纸设计不完整、设计变更多、工期较长（一年以上）的工程项目
成本加酬金合同	适用于灾后重建、紧急抢修、新型项目或对施工内容、经济指标不确定的工程项目

笔 记 区

_____

_____

_____

_____

考点四：预付款、起扣点和进度款计算

历年考情分析

年份	2014	2015	2016	2017	2018	2019	2020	2021	2022	2023	2024
案例		√		√		√		√			

一、预付款

（1）百分比法：合同造价（常见）或年度完成工作量的一定比例。

$$预付款 = 合同造价 \times 预付款比例$$

注：合同价需扣除不属于承包商费用，如暂列金额。

（2）数学计算法：

$$预付款 = \frac{合同造价 \times 材料比重（\%）}{年度施工天数（365）} \times 材料储备天数$$

二、起扣点

$$起扣点 = 合同造价 - \frac{预付款}{主材比重（\%）}$$

（1）此处的合同造价与预付款公式一致，需扣除不属于承包商费用，如暂列金额。

（2）在承包人已完成产值（扣除质保金后）累计达到起扣点后，在其后完成产值中需扣除相应的材料费，即扣回预付款。

三、进度款

（1）常见工程进度款的支付方式为月度支付、分段支付。

（2）进度款的计算：

① 月度支付

月度进度款=当月有效工作量×合同单价×月度支付比例－保修金－回扣预付款－罚款

② 分段支付

分段进度款=阶段有效工作量×合同单价×阶段支付比例－保修金－回扣预付款－罚款

【经典案例回顾】

例题1（2021年·背景资料节选）：建设单位编制了某新建住宅楼工程招标工程量清单等招标文件，其中部分条款内容为：本工程实行施工总承包模式，开工前业主向承包商支付合同工程造价的25%作为预付备料款。经公开招标投标，某施工总承包单位以12500万元中标。其中：工地总成本为9200万元；公司管理费按10%计；利润按5%计；暂列金额为1000万元。主要材料及构配件金额占合同额的70%。双方签订了工程施工总承包合同。

问题：该工程预付款和起扣点分别是多少万元？（精确到小数点后两位）

答案：

工程预付款：（12500－1000）×25%=2875.00万元

起扣点：（12500－1000）－2875.00/70%=7392.86万元

例题2（背景资料节选）：某建筑维修工程的合同价为660万元，主要材料及构件占合同价的60%，工程预付款为合同价的20%，工程进度款每月按实际完成产值支付。工程5月完工，按照工程结算款支付。每月完成产值见下表。

每月完成产值

月份	1月	2月	3月	4月	5月
月产值（万元）	55	110	165	220	110

工程预付款从未施工工程尚需的主要材料及构件的价值相当于工程预付款时起扣，从每次工程结算款中按材料和构件占施工产值的比重抵扣工程预付款，竣工前全部扣清。保修金为工程造价的3%，竣工结算支付时一次扣除。

因施工中材料及构件涨价，双方约定在5月统一按照10%进行调差。在保修期间发生地砖起鼓、开裂质量问题，建设单位多次催促维修，施工单位一再拖延。建设单位安排其他单位修理，发生维修费用2.50万元。

问题：

（1）工程预付款是多少万元？

（2）工程预付款起扣点是多少万元？

（3）1~4月每月支付进度款和累计支付款各是多少万元？

（4）工程竣工结算总价是多少万元？建设单位应付工程结算款是多少万元？

（5）该工程保修金是多少万元？

（6）发生的维修费用如何处理？

答案：

（1）工程预付款：660×20%=132.00万元

（2）工程预付款起扣点：660–132.00/60%=440.00万元

（3）1～4月每月支付进度款、累计支付款分别是：

①1月进度款55万元，累计支付55万元。

②2月进度款110万元，累计支付165万元。

③3月进度款165万元，累计支付330万元。

④4月完成产值220万元，但进度款达到预付款起扣点时，开始扣回预付款。因此4月进度款是：220–（220+330–440）×60%=154.00万元，累计484万元。

（4）工程竣工结算总价：660+660×60%×10%=699.60万元

应付工程结算款=结算总价–累计支付款–保修金–预付款

                 =699.60–484–（699.60×3%）–132=62.612万元

（5）工程保修金：699.60×3%=20.988万元

（6）2.50万元的维修费用从施工单位保修金中扣除。

例题3（2019年·背景资料节选）：施工合同中包含以下工程价款主要内容：

（1）工程中标价为5800万元，暂列金额为580万元，主要材料所占比重为60%。

（2）工程预付款为工程造价的20%。

（3）工程进度款逐月计算。

（4）工程质量保修金3%，在每月工程进度款中扣除，质保期满后返还。

工程1～5月份完成产值如下表所示：

月份	1	2	3	4	5
完整产值（万元）	180	500	750	1000	1400

问题：计算工程的预付款、起扣点是多少？分别计算3、4、5月份应付进度款、累计支付进度款。

答案：

（1）预付款：（5800–580）×20%=1044万元

（2）起扣点：（5800–580）–1044/60%=3480万元

（3）3、4、5月份应付进度款、累计支付进度款：

①3月份

应付进度款：750×（1–3%）=727.5万元

累计支付进度款：（180+500）×（1–3%）+727.5=1387.1万元

②4月份

应付进度款：1000×（1–3%）=970万元

累计支付进度款：1387.1+970=2357.1万元

③5月份

完成产值1400万元，扣除质保金后1400×（1–3%）=1358万元

2357.1+1358=3715.1＞3480，应从5月份开始扣回预付款。

则5月份应付进度款：1358-（3715.1-3480）×60%=1216.94万元

累计支付进度款：2357.1+1216.94=3574.04万元

笔记区

考点五：竣工结算及调整方法

历年考情分析

年份	2014	2015	2016	2017	2018	2019	2020	2021	2022	2023	2024
案例											

一、竣工结算款的计算

1. 竣工结算款支付申请的内容包括：

（1）竣工结算总额。

（2）已支付的合同价款。

（3）应扣留的质量保证金。

（4）应支付的竣工付款金额。

2. 拖欠款应付利息：

利息应付之日	合同有约定时，从应付工程价款之日计付
	合同没有约定或约定不明的： （1）已实际交付的，为交付之日； （2）没有交付的，为提交竣工结算文件之日； （3）未交付也未结算的，为当事人起诉之日
应付利息利率	合同有约定时，按照合同约定执行。（高于中国人民银行同期同类贷款利率4倍除外）
	合同未约定时，按照中国人民银行同期同类贷款利率执行

二、竣工结算款的调整

1. 工程造价调整方法

（1）工程造价指数调整法。

（2）实际价格法。

（3）调价系数法。

（4）调值公式法。

2. 调值公式法

$$P=P_0\left(a_0+a_1\frac{A}{A_0}+a_2\frac{B}{B_0}+a_3\frac{C}{C_0}+a_4\frac{D}{D_0}\right)$$

式中：　　　　P——调值后的工程实际结算价款；

P_0——调值前工程合同款；

a_0——固定费用或不调值部分占合同总造价的比重；

a_1、a_2、a_3、a_4——代表有关费用在合同总价中所占的比例；

$$a_0+a_1+a_2+a_3+a_4=1$$

A_0、B_0、C_0、D_0——基期（过去）价格指数或价格；

A、B、C、D——现行价格指数或价格。

基准日期：招标发包的工程以投标截止前28天的日期为基准日期，非招标工程以合同签订日前28天的日期为基准日期。

【经典案例回顾】

例题1（背景资料节选）：合同价格信息如下所示，求调值后结算价款。

合同总价 1000万元
- 固定部分：400万元
- 可调部分 600万元
  - 人工费120万元　2024年基期 150元/工日　2025年现行 180元/工日
  - 材料费400万元　2024年基期 2000元/m³　2025年现行 2200元/m³
  - 机械费80万元　2024年基期 1300元/台班　2025年现行 1500元/台班

答案：

$$a_0=0.4,\ a_1=0.12,\ a_2=0.4,\ a_3=0.08$$

$$P=1000\times\left(0.4+0.12\times\frac{180}{150}+0.4\times\frac{2200}{2000}+0.08\times\frac{1500}{1300}\right)=1076.3万元$$

例题2（背景资料节选）：合同中约定，根据人工费和四项材料的价格指数对总造价按调值公式法进行调整。各项目因素的比重、基准和现行价格指数见下表，其中合同总价为14250万元。

项目	人工费	材料一	材料二	材料三	材料四	机械费
因素比重	0.15	0.30	0.12	0.15	0.08	0.10
基期价格指数	0.99	1.01	0.99	0.96	0.78	1.30
现行价格指数	1.12	1.16	0.85	0.80	1.05	1.35

问题：列式计算经调整后的实际结算款应为多少万元？（精确到小数点后两位）

答案：

（1）可调因素比重累加：0.15+0.30+0.12+0.15+0.08=0.8

（2）固定系数：1−0.8=0.2

（3）实际结算价款：

$$P=14250\times\left(0.2+0.15\times\frac{1.12}{0.99}+0.30\times\frac{1.16}{1.01}+0.12\times\frac{0.85}{0.99}+0.15\times\frac{0.80}{0.96}+0.08\times\frac{1.05}{0.78}\right)$$

=14962.13万元

例题3（背景资料节选）： 合同约定，可针对人工费、材料费价格变化对竣工结算进行调价，各部分费用占总费用的百分比、价格指数见下表。8月份完成工程量价款为1200万元（未考虑动态调整部分），投标截止时间为2018年4月2日。

费用占比及价格指数表（单位：万元）

名称	费用占比	2月份	3月份	4月份	7月份	8月份
人工费	20%	60	65	70	70	80
钢材	30%	4000	4200	4500	4500	4500
水泥	15%	400	390	410	400	380
木材	10%	2800	2850	3000	3050	3100

问题： 物价动态调整后的结算价款为多少万元？（保留两位小数）

答案：

（1）固定系数：$a_0 = 1 - (20\% + 30\% + 15\% + 10\%) = 25\%$

（2）结算价款：

$$1200 \times \left(0.25 + 0.20 \times \frac{80}{65} + 0.30 \times \frac{4500}{4200} + 0.15 \times \frac{380}{390} + 0.1 \times \frac{3100}{2850}\right) = 1287.01 \text{万元}$$

解析：

基期价格指数的确定是本题的关键，需掌握基准日期的相关知识点。招标工程基准日期为投标截止日前28天的日期，背景信息给出的投标截止时间为2018年4月2日，往前推28天是3月5日，故基期价格指数应为3月份的指数。

例题4（背景资料节选）： 某工程竣工验收通过后，施工单位于2019年6月2号提交竣工结算支付申请，建设单位在收到申请后一直未予答复。施工单位于2019年7月13日将工程交付给建设单位，之后与建设单位多次协调未果，于2019年9月18日向人民法院提请优先受偿权利。

问题： 竣工结算支付申请的内容包括哪些？根据《建设工程施工合同（示范文本）》GF—2017—0201，应从哪天开始计算利息？

答案：

（1）竣工结算支付申请的内容包括：①竣工结算总额；②已支付的合同价款；③应扣留的质量保证金；④应支付的竣工付款金额。

（2）应从2019年7月13日开始计算利息。

笔记区

考点六：施工成本计划及分解

历年考情分析

年份	2014	2015	2016	2017	2018	2019	2020	2021	2022	2023	2024
案例											√

一、施工项目成本

施工项目成本是工程施工所发生的全部生产费用的总和。

1. 施工项目的制造成本

（1）主、辅材，构配件，周转材料的摊销费或租赁费（材）。

（2）施工机械的使用费或租赁费（机）。

（3）支付给生产工人的工资、奖金（人）。

（4）施工措施费。

（5）现场施工管理费（项目层次管理费）。

2. 施工项目的产品成本

施工项目的产品成本，除包含上述费用外，还包括施工企业管理费用（俗称期间费用）。

3. 施工项目成本核算

（1）制造成本法

施工项目成本＝中标造价－期间费用－利润－税金

（2）完全成本法

施工项目成本＝中标造价－利润－税金

二、施工项目成本计划

1. 目标成本

目标成本＝工程造价（扣除税金）×［1－目标利润率（％）］

2. 成本计划编制依据

（1）项目目标责任书，包括各项管理指标。

（2）工程量（依据施工图计算得出）。

（3）企业定额，包括人工、材料、机械等价格。

（4）劳务分包合同及其他分包合同。

（5）施工设计及施工方案。

（6）项目岗位责任成本控制指标。

三、施工成本分解

1. 项目目标成本分解方法

（1）根据工程性质、类别或特点，可选择以下方法分解：

① 根据总工期生产进度网络节点计划分解。

② 按月形象进度计划分解。

③ 按施工项目直接成本和间接成本分解。

④ 按成本编制的工、料、机费用分解。

（2）按照成本内容进行分解：

① 直接费用：人工、机械、材料及其他直接费（例如二次搬运费、场地清理费等）。

② 间接费用：项目管理费等（例如临时设施摊销、管理薪酬、劳动保护费、工程保修费、办公费、差旅费等）。

2. 项目目标成本划分

项目目标成本可划分为：生产成本、质量成本、工期成本、不可预见成本（例如罚款等）。

【经典案例回顾】

例题（背景资料节选）：建设单位投资兴建酒店工程，招标控制价为1.056亿元，D施工单位以9900.00万元中标。通过分析中标价得知，期间费用为642.00万元，利润为891.00万元，增值税为990.00万元。

问题：分别按照制造成本法、完全成本法计算该工程的施工项目成本是多少万元。

答案：

（1）按照制造成本法计算该工程的施工项目成本。

9900.00−642.00−891.00−990.00=7377.00万元

（2）按照完全成本法计算该工程的施工项目成本。

9900.00−891.00−990.00=8019.00万元

笔记区

考点七：成本控制方法

历年考情分析

年份	2014	2015	2016	2017	2018	2019	2020	2021	2022	2023	2024
案例					√						

一、价值工程

$$V=\frac{F}{C} \Longrightarrow 价值=\frac{功能}{成本}$$

价值工程对象	选择价值系数低、降低成本潜力大的工程作为价值工程的对象，寻求对成本的有效降低
案例分析	问题一：选择降低成本的对象。 答案：应选择价值系数最小的对象。 问题二：多个可行方案选择。 答案：应选择价值系数最大的对象。 问题三：计算成本改进期望值。 答案：改进为价值系数等于1

二、赢得（挣）值法

1. 三个参数

（1）已完工作预算成本（BCWP）=已完成工程量 × 预算成本单价

（2）计划工作预算成本（BCWS）=计划工作量 × 预算成本单价

（3）已完工作实际成本（ACWP）=已完成工程量 × 实际成本单价

2. 四个评价指标

（1）成本偏差（CV）=BCWP–ACWP

结论：>0，成本节支；<0，成本超支。

（2）进度偏差（SV）=BCWP–BCWS

结论：>0，进度提前；<0，进度滞后。

（3）成本绩效指数（CPI）=BCWP/ACWP

结论：>1，成本节支；<1，成本超支。

（4）进度绩效指数（SPI）=BCWP/BCWS

结论：>1，进度提前；<1，进度滞后。

规律：>表示"好"；<表示"差"。

【经典案例回顾】

例题1（2018年·背景资料节选）：项目部为了完成项目目标责任书的目标成本，采用技术与商务相结合的办法，分别制定了A、B、C三种施工方案：A施工方案成本为4400万元，功能系数为0.34；B施工方案成本为4300万元，功能系数为0.32；C施工方案成本为4200万元，功能系数为0.34。项目部通过开展价值工程工作，确定最终施工方案。

问题：列式计算项目部三种施工方案的成本系数、价值系数（保留小数点后3位），并确定最终采用哪种方案。

答案：

（1）成本系数：

A方案成本系数 =4400/（4400+4300+4200）=0.341

B方案成本系数 =4300/（4400+4300+4200）=0.333

C方案成本系数 =4200/（4400+4300+4200）=0.326

（2）价值系数：

A方案价值系数 =功能系数/成本系数 =0.34/0.341=0.997

B方案价值系数 =0.32/0.333=0.961

C方案价值系数 =0.34/0.326=1.043

（3）最终采用C方案（价值最大）。

例题2（背景资料节选）： 某施工单位承接了某项工程的总承包施工任务，该工程由A、B、C、D四项工作组成，为了进行成本控制，项目经理部对各项工作进行了分析，其结果见下表：

工作	功能评分	预算成本（万元）
A	15	650
B	35	1200
C	30	1030
D	20	720
合计	100	3600

问题1： 计算下表中A、B、C、D四项工作的功能系数、成本系数和价值系数（将此表复制到答题卡上，计算结果保留小数点后两位）。

工作	功能评分	预算成本（万元）	功能系数	成本系数	价值系数
A	15	650			
B	35	1200			
C	30	1030			
D	20	720			
合计	100	3600			

答案：

工作	功能评分	预算成本（万元）	功能系数	成本系数	价值系数
A	15	650	0.15	0.18	0.83
B	35	1200	0.35	0.33	1.06
C	30	1030	0.30	0.29	1.03
D	20	720	0.20	0.20	1.00
合计	100	3600	1.00	1.00	

问题2： 在A、B、C、D四项工作中，应首选哪项工作作为降低成本的对象？说明理由。

答案：

首选A工作作为降低成本的对象。

理由：A工作价值系数最低，降低成本的空间最大。

例题3（背景资料节选）： 检查成本时发现：C工作实际完成预算成本为960万元，计划完成预算成本为910万元，实际成本为855万元。

问题： 计算并分析C工作的成本偏差和进度偏差情况。

答案：

（1）成本偏差=已完工作预算成本−已完工作实际成本=960−855=105万元

成本偏差为正，说明C工作成本节支105万元。

（2）进度偏差=已完工作预算成本–计划工作预算成本=960–910=50万元

进度偏差为正，说明C工作进度提前50万元。

例题4（背景资料节选）：合同工程量清单报价中写明：外墙面瓷砖面积为1000m²，综合单价为110元/m²。施工过程中，建设单位调换了瓷砖的规格、型号，实际综合单价为150元/m²，该分项工程施工完成后，经监理工程师实测确认瓷砖粘贴面积为1200m²，施工单位用挣值法进行了成本分析。

问题：计算墙面瓷砖粘贴分项工程的$BCWS$、$BCWP$、$ACWP$、CV，并分析成本状况。

答案：

（1）$BCWS$=计划工作量×预算成本单价=1000m²×110元/m²=11万元

（2）$BCWP$=已完成工程量×预算成本单价=1200m²×110元/m²=13.2万元

（3）$ACWP$=已完成工程量×实际成本单价=1200m²×150元/m²=18万元

（4）$CV=BCWP–ACWP$=13.2–18=–4.8万元

（5）费用偏差为负值，表示费用超支。

例题5（背景资料节选）：某项目通过调研分析，了解到外墙的功能主要是抵抗水平力（F1）、挡风防雨（F2）、隔热防寒（F3）。现有设计方案为陶粒混凝土板，成本是345万元，其中抵抗水平力的功能占成本的60%，挡风防雨的功能占成本的16%，隔热防寒的功能占造价成本的24%。这三项功能的重要程度比为F1：F2：F3=6：1：3。

问题：对该现有方案作出评价。如果限额设计目标成本为320万元，每项功能的成本改进期望值是多少？每项功能的成本控制如何进行？

答案：

（1）计算功能评价系数：

功能	重要度比值	得分	功能评价系数
F1		6	0.6
F2	F1：F2：F3=6：1：3	1	0.1
F3		3	0.3
合计		10	1

（2）计算价值系数：

功能	功能评价系数	成本系数	价值系数
F1	0.6	0.6	1.0
F2	0.1	0.16	0.625
F3	0.3	0.24	1.25

由上表计算结果可知，抵抗水平力的功能与成本匹配较好；挡风防雨的功能不太重要，应降低成本；隔热防寒的功能比较重要，应适当增加成本。

（3）每项功能的成本改进期望值：

功能	功能评价系数 ①	成本系数 ②	目前成本 ③=345×②	目标成本 ④=320×①	成本改进期望值 ⑤=③-④
F1	0.6	0.6	207	192	15
F2	0.1	0.16	55.2	32	23.2
F3	0.3	0.24	82.8	96	−13.2

注：计算目标成本时，要求各功能的价值系数越接近1越好。价值系数等于1时，根据价值工程公式 $V=F/C$，目标成本系数等于功能系数。故目标成本等于总目标成本乘以功能评价系数。

（4）每项功能的成本控制：

首先，降低F2的成本，降低23.2万元；

其次，降低F1的成本，降低15万元；

最后，增加F3的成本，增加13.2万元。

笔记区

考点八：成本分析方法

历年考情分析

年份	2014	2015	2016	2017	2018	2019	2020	2021	2022	2023	2024
案例							√				√

1．施工成本分析的方法

（1）基本分析：包括比较法、因素分析法、差额计算法、比率法。

（2）综合分析：包括分部分项成本分析、月（季）度成本分析、年度成本分析、竣工成本分析。

（3）专项施工成本分析：包括成本盈亏异常分析、工期成本分析、质量成本分析、资金成本分析、技术措施节约效果分析、其他有利因素和不利因素分析。

2．因素分析法

（1）又称连环置换法，用来分析各种因素对成本的影响程度。

（2）因素的排序规则：先实物量，后价值量；先绝对值，后相对值。

3．差额计算法

差额计算法是因素分析法的简化形式，它是利用各个因素与实际值的差额来计算各成本因素的影响程度。

【经典案例回顾】

例题1（2024年·背景资料节选）：施工单位确定项目自行施工工程造价为7222.22万元，目标利润率为10%。项目部对项目目标成本进行了专项施工成本分析，内容包括工期成本分析、技术措施节约效果分析等，以做好项目成本管理工作。

问题：施工单位自行施工工程的目标成本是多少万元（四舍五入取整数）？专项施工成本分析内容还有哪些？

答案：

（1）目标成本：7222.22×（1−10%）=6500万元。

（2）专项施工成本分析内容还有：成本盈亏异常分析、质量成本分析、资金成本分析、其他有利因素和不利因素分析。

例题2（2020年·背景资料节选）：承包人对某月砌筑工程的目标成本与实际成本进行对比，结果见下表。

砌筑工程目标成本与实际成本对比表

项目	单位	目标成本	实际成本
砌筑量	千块	970.00	985.00
单价	元/千块	310.00	332.00
损耗率	%	1.5	2
成本	元	305210.50	333560.40

问题：砌筑工程各因素对结算价款的影响各是多少元？（保留小数点后两位）

答案：

（1）以目标305210.50=970.00×310.00×（1+1.5%）为分析替代的基础。

（2）替换过程：

第一次替换砌筑量：985.00×310.00×（1+1.5%）=309930.25元

第二次替换单价：985.00×332.00×（1+1.5%）=331925.30元

第三次替换损耗率：985.00×332.00×（1+2%）=333560.40元

（3）各因素对结算价款的影响：

砌筑量对结算价款的影响：309930.25−305210.50=4719.75元，说明砌筑量增加使成本增加4719.75元。

单价对结算价款的影响：331925.30−309930.25=21995.05元，说明单价上升使成本增加21995.05元。

损耗率对结算价款的影响：333560.40−331925.30=1635.10元，说明损耗率提高使成本增加1635.10元。

例题3（背景资料节选）：某施工项目某月的实际成本降低额比目标值提高了2.4万元，成本降低的计划与实际对比见下表。

成本降低的计划与实际对比表

项目	计划	实际	差额
目标成本（万元）	300	320	+20
成本降低率（%）	4	4.5	+0.5
成本降低额（万元）	12	14.4	+2.4

问题：用差额计算法分析目标成本和成本降低率对成本降低额的影响程度。

答案：

目标成本增加的影响：（320–300）×4%=0.8万元

成本降低率提高的影响：（4.5%–4%）×320 =1.6万元

以上两项合计为：0.8+1.6=2.4万元

笔 记 区

_____

_____

_____

_____

第七章

进度

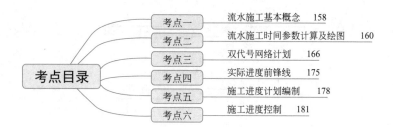

考点目录

考点一 　流水施工基本概念　158

考点二 　流水施工时间参数计算及绘图　160

考点三 　双代号网络计划　166

考点四 　实际进度前锋线　175

考点五 　施工进度计划编制　178

考点六 　施工进度控制　181

考点一：流水施工基本概念

年份	2014	2015	2016	2017	2018	2019	2020	2021	2022	2023	2024
案例								√			

工程施工组织的方式分为三种：依次施工、平行施工、流水施工。流水施工的表达方式有三种：网络图、横道图、垂直图。

一、流水施工参数

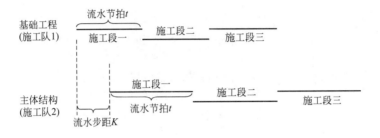

工艺参数	（1）施工过程：根据施工组织及计划安排需要划分出的计划任务子项。 （2）流水强度：流水施工的某个施工过程（专业队）在单位时间内完成的工程量
空间参数	施工段（区）：表达流水施工在空间布置上划分的个数，如施工单体数
时间参数	（1）流水节拍（t）：某个专业队在一个施工段上的施工时间。 （2）流水步距（K）：两个相邻的专业队进入流水作业的时间间隔。流水步距的计算可用"大差法"（累加错位相减取大值）。 （3）工期：流水作业的整个持续时间

二、流水施工的基本组织形式

（1）无节奏流水施工

全部或部分施工过程在各个施工段上流水节拍不相等。专业工作队数等于施工过程数。

例1：无节奏流水节拍表（周）

施工过程	施工段一	施工段二	施工段三
基础工程	2	5	3
主体结构	8	2	7
装饰装修	3	2	3

（2）等节奏流水施工

各施工过程的流水节拍都相等，且流水步距等于流水节拍，专业工作队数等于施工过程数。

例2：等节奏流水节拍表（周）

施工过程	施工段一	施工段二	施工段三
基础工程	5	5	5
主体结构	5	5	5
装饰装修	5	5	5

（3）异节奏流水施工

同一施工过程的流水节拍相等而不同施工过程之间的流水节拍不尽相等。可分为等步距异节奏流水施工和异步距异节奏流水施工。

其中：异步距异节奏流水施工的专业队组数等于施工过程数。

等步距异节奏流水施工的专业队组数大于施工过程数。

例3：异节奏流水节拍表（周）

施工过程	施工段一	施工段二	施工段三
基础工程	3	3	3
主体结构	5	5	5
装饰装修	2	2	2

【经典案例回顾】

例题（2021年·背景资料节选）：某工程项目，项目经理部计划施工组织方式采用流水施工，根据劳动力储备和工程结构特点确定流水施工的工艺参数、时间参数和空间参数，如空间参数中的施工段、施工层划分等，合理配置了组织和资源，编制项目双代号网络计划。

问题：工程施工组织方式有哪些？组织流水施工时，应考虑的工艺参数和时间参数分别包括哪些内容？

答案：

（1）工程施工组织方式有：依次施工、平行施工、流水施工。

（2）工艺参数包括：施工过程、流水强度。

（3）时间参数包括：流水节拍、流水步距、工期。

笔 记 区

考点二：流水施工时间参数计算及绘图

历年考情分析

年份	2014	2015	2016	2017	2018	2019	2020	2021	2022	2023	2024
案例			√			√		√		√	

背景资料：某工程由3个结构形式与建造规模完全一样的单体建筑组成，各单体建筑施工共由5个施工过程组成，分别为：土方开挖、基础施工、地上结构、二次砌筑、装饰装修。根据施工工艺要求，地上结构施工完毕后，需等待2周才能进行二次砌筑。

该工程采用5个专业工作队组织施工，各施工过程的流水节拍如下表所示：

施工过程编号	施工过程	流水节拍（周）
Ⅰ	土方开挖	2
Ⅱ	基础施工	2
Ⅲ	地上结构	6
Ⅳ	二次砌筑	4
Ⅴ	装饰装修	4

解析：

1. 计算流水步距（累加错位相减取大值）

（1）累加：将同一施工过程在各施工段上累加

施工过程	施工段一	施工段二	施工段三
土方开挖	2	4	6
基础施工	2	4	6
地上结构	6	12	18
二次砌筑	4	8	12
装饰装修	4	8	12

（2）错位相减取大值

施工队伍Ⅰ–Ⅱ流水步距 $K_{Ⅰ-Ⅱ}$

$$
\begin{array}{rrrr}
2 & 4 & 6 & \\
- & 2 & 4 & 6 \\
\hline
2 & 2 & 2 & -6
\end{array}
$$

$K_{Ⅰ-Ⅱ}=2$ 周

施工队伍Ⅱ–Ⅲ流水步距 $K_{Ⅱ-Ⅲ}$

$$
\begin{array}{rrrr}
2 & 4 & 6 & \\
- & 6 & 12 & 18 \\
\hline
2 & -2 & -6 & -18
\end{array}
$$

$K_{Ⅱ-Ⅲ}=2$ 周

施工队伍Ⅲ–Ⅳ流水步距 $K_{Ⅲ-Ⅳ}$

$$
\begin{array}{rrrr}
6 & 12 & 18 & \\
- & 4 & 8 & 12 \\
\hline
6 & 8 & 10 & -12
\end{array}
$$

$K_{Ⅲ-Ⅳ}=10$ 周

施工队伍Ⅳ–Ⅴ流水步距 $K_{Ⅳ-Ⅴ}$

$$
\begin{array}{rrrr}
4 & 8 & 12 & \\
- & 4 & 8 & 12 \\
\hline
4 & 4 & 4 & -12
\end{array}
$$

$K_{Ⅳ-Ⅴ}=4$ 周

2. 计算工期

$$T=\sum K+\sum t_n+\sum G$$

式中：$\sum K$——所有流水步距之和。

$\sum t_n$——最后一个施工过程在各施工段持续时间之和。

$\sum G$——表示技术组织间隔时间，若没有，则为0。

以上案例题工期计算：$T=\sum K+\sum t_n+\sum G=$（2+2+10+4）+（4+4+4）+2=32周

3. 绘制流水施工进度计划

施工过程	施工进度（周）														
	2	4	6	8	10	12	14	16	18	20	22	24	26	28	30	32
土方开挖（施工队一）	①	②	③													
K_{I-II}=2周																
基础施工（施工队二）		①	②	③												
K_{II-III}=2周																
地上结构（施工队三）				①		②				③						
K_{III-IV}=10周																
二次砌筑（施工队四）										①		②		③		
K_{IV-V}=4周																
装饰装修（施工队五）												①		②		③

4. 成倍节拍流水施工

组织成倍节拍流水施工的条件：同一施工过程的节拍全都相等，各施工过程的节拍不相等，但为某一常数的倍数。步骤如下：

（1）计算流水步距：K=各施工过程流水节拍的最大公约数。

（2）计算各施工过程需配备的队组数：$b=t/K$。

专业队总数：$N=\sum b$

（3）成倍节拍流水施工总工期：$T=(M+N-1)\times K+G$

式中：M——施工段。

N——专业队总数。

5. 本题如果组织成倍节拍流水施工，计算过程如下：

（1）$K=\min$（2、2、6、4、4）=2周

（2）b_I=2/2=1

b_{II}=2/2=1

b_{III}=6/2=3

b_{IV}=4/2=2

b_V=4/2=2

故：专业队总数N=1+1+3+2+2=9

（3）流水施工工期：$T=(M+N-1)\times K+G=$（3+9-1）×2+2=24周

施工过程	专业队	施工进度（周）											
		2	4	6	8	10	12	14	16	18	20	22	24
土方开挖	I	①	②	③									
基础施工	II		①	②	③								
地上结构	III₁				①								
	III₂					②							
	III₃						③						
二次砌筑	IV₁							①		③			
	IV₂								②				
装饰装修	V₁									①		③	
	V₂										②		

【经典案例回顾】

例题1（2023年·背景资料节选）： 某新建商品住宅项目，总承包项目部进场后，绘制了进度计划网络图如下图所示。项目部针对4个施工过程拟采用4个专业施工队组织流水施工，各施工过程的流水节拍见下表。

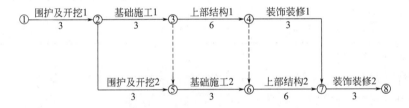

项目进度计划网络图（单位：月）

流水节拍表（部分）

施工过程编号	施工过程	流水节拍（月）
I	围护及开挖	3
II	基础施工	
III	上部结构	
IV	装饰装修	3

建设单位要求缩短工期，项目部决定增加相应的专业施工队，组织成倍节拍流水施工。

问题： 写出项目进度计划网络图的关键线路（采用节点方式表述，如①→②）和总工期。写出流水节拍表中基础施工和上部结构的流水节拍数。分别计算成倍节拍流水步距、专业施工队数和总工期。

答案：

（1）关键线路：①→②→③→④→⑥→⑦→⑧。总工期为21个月。

（2）基础施工的流水节拍数为3月，上部结构的流水节拍数为6月。

（3）成倍节拍流水步距$K=\min（3，3，6，3）=3$月

（4）各施工过程队组数：

围护及开挖：$b_1=3÷3=1$

基础施工：$b_2=3÷3=1$

上部结构：$b_3=6÷3=2$

装饰装修：$b_4=3÷3=1$

专业施工队数：$N=1+1+2+1=5$队

（5）总工期$T=（M+N-1）×K+G=（2+5-1）×3+0=18$月

例题2（2019年·背景资料节选）：

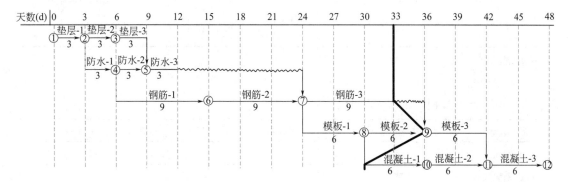

问题：指出网络图中各施工工作的流水节拍，如采用成倍节拍流水施工，计算各施工工作专业队数量。

答案：

（1）各施工工作的流水节拍如下：

① 垫层：流水节拍均为3d

② 防水：流水节拍均为3d

③ 钢筋：流水节拍均为9d

④ 模板：流水节拍均为6d

⑤ 混凝土：流水节拍均为6d

（2）若采用成倍节拍流水施工，流水步距为3d，各施工作业应配备的专业队数量如下：

① 垫层专业队数量：$3÷3=1$

② 防水专业队数量：$3÷3=1$

③ 钢筋专业队数量：$9÷3=3$

④ 模板专业队数量：$6÷3=2$

⑤ 混凝土专业队数量：$6÷3=2$

例题3（2016年·背景资料节选）： 装修施工单位将地上标准层（F6～F20）划分为3个施工段组织流水施工，各施工段上均包含3道施工工序，其流水节拍如下表所示（单位：周）。

流水节拍		施工过程		
		工序 I	工序 II	工序 III
施工段	F6 ~ F10	4	3	3
	F11 ~ F15	3	4	6
	F16 ~ F20	5	4	3

问题：参照下图图示，在答题卡上相应位置绘制标准层装修的流水施工横道图。

施工工序	施工进度（周）										
	1	2	3	4	5	6	7	8	9	10	……
I											
II											
III											

答案：

（1）计算流水步距

①同一施工过程（工序）累加：

施工工序	施工段一（F6 ~ F10）	施工段二（F11 ~ F15）	施工段三（F16 ~ F20）
I 累加	4	7	12
II 累加	3	7	11
III 累加	3	9	12

②工序 I 与工序 II 之间的流水步距：

$$
\begin{array}{r}
4 \quad 7 \quad 12 \\
- \quad\ \ 3 \quad 7 \quad 11 \\
\hline
4 \quad 4 \quad 5 \quad -11
\end{array}
$$

取 $K_{I-II}=5$ 周

③工序 II 与工序 III 之间的流水步距：

$$
\begin{array}{r}
3 \quad 7 \quad 11 \\
- \quad\ \ 3 \quad 9 \quad 12 \\
\hline
3 \quad 4 \quad 2 \quad -12
\end{array}
$$

取 $K_{II-III}=4$ 周

（2）流水施工工期

$$T=\sum K+\sum t_n+\sum G=（5+4）+12+0=21 \text{周}$$

（3）画图

施工工序	施工进度（周）																				
	1	2	3	4	5	6	7	8	9	10	11	12	13	14	15	16	17	18	19	20	21
I		F6 ~ 10			F11 ~ 15				F16 ~ 20												
II						F6 ~ 10			F11 ~ 15				F16 ~ 20								
III							F6 ~ 10				F11 ~ 15					F16 ~ 20					

例题4（背景资料节选）：某H工作包括P、R、Q三道工序，在H工作开始前，为了缩短工期，施工总承包单位将原施工方案中H工作的异节奏流水施工调整为成倍节拍流水施工。原施工方案中H工作异节奏流水施工横道图如下图所示（时间单位：月）。

施工工序	施工进度(月)										
	1	2	3	4	5	6	7	8	9	10	11
P	Ⅰ		Ⅱ		Ⅲ						
R					Ⅰ	Ⅱ	Ⅲ				
Q						Ⅰ		Ⅱ		Ⅲ	

H工作异节奏流水施工横道图

问题：流水施工调整后，H工作相邻工序的流水步距为多少个月？工期可缩短多少个月？绘制出调整后H工作的施工横道图。

答案：

（1）确认H工作异节奏流水施工的施工工序P、R、Q是否存在间隔或者搭接时间。

计算得到K_{P-R}=4月、K_{R-Q}=1月，结合上图可确认不存在间隔或搭接时间，即G=0月。

（2）流水步距计算

① 各工序流水节拍分别是：工序P为2个月，工序R为1个月，工序Q为2个月。

② 流水步距：流水节拍最大公约数，即K=1个月。

（3）工期缩短

① 各工序需安排施工队伍数量：b_P=2/1=2；b_R=1/1=1；b_Q=2/1=2。

② 施工队伍数量总和：N=2+1+2=5（队组）。

③ 成倍节拍流水施工总工期：T=（M+N-1）×K+G=（3+5-1）×1+0=7个月。

④ 工期缩短月数：11-7=4个月。

（4）绘图

施工工序	专业队	施工进度(月)						
		1	2	3	4	5	6	7
P	1	Ⅰ		Ⅲ				
	2		Ⅱ					
R	3			Ⅰ	Ⅱ	Ⅲ		
Q	4				Ⅰ		Ⅲ	
	5					Ⅱ		

例题5（2021年二建·背景资料节选）：某新建职业技术学校工程，由教学楼、实验楼、办公楼及3栋相同的公寓楼组成，均为钢筋混凝土现浇框架结构，室内填充墙体采用蒸压加气混凝土砌块，水泥砂浆砌筑。施工组织设计中，针对3栋公寓楼组织流水施工，各工序流水节拍参数见下表。

流水施工参数表

工序编号	施工过程	流水节拍（周）	与前序工序的关系（搭接/间隔）及时间
①	土方开挖与基础	3	
②	地上结构	5	A、B
③	砌筑与安装	5	C、D
④	装饰装修及收尾	4	

绘制流水施工横道图如下图所示，核定公寓楼流水施工工期满足整体工期要求。

施工过程	施工进度（单位：周）													
	2	4	6	8	10	12	14	16	18	20	22	24	26	28
土方开挖与基础														
地上结构														
砌筑与安装														
装饰装修及收尾														

流水施工横道图

问题：写出流水施工参数表中A、C对应的工序关系，B、D对应的时间。

答案：

A：搭接；B：1周；C：间隔；D：2周。

解析：

（1）根据流水施工参数表计算出"土方开挖与基础""地上结构"之间的流水步距$K_{①-②}$=3周，而从流水施工横道图上得知这两个工序开始时间是间隔2周，故得出搭接1周的结论。

（2）根据流水施工参数表计算出"地上结构""砌筑与安装"之间的流水步距$K_{②-③}$=5周，而从流水施工横道图上得知这两个工序开始时间是间隔7周，故得出间隔2周的结论。

> 笔记区
>
> _____
>
> _____
>
> _____

考点三：双代号网络计划

历年考情分析

年份	2014	2015	2016	2017	2018	2019	2020	2021	2022	2023	2024
案例	√	√		√	√		√		√	√	√

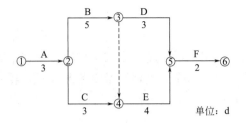

单位：d

1. 关键线路

持续时间最长的路线，可用节点编号或工作名称表示。

节点编号表示	①→②→③→④→⑤→⑥
工作名称表示	A→B→E→F

2. 工期

关键线路持续时间累加。

上述网络图的工期 $T=3+5+4+2=14d$。

3. 实际工期和业主方认可工期的计算

网络图如上图所示，A 工作由于业主原因延误 2d，C 工作由于不可抗力因素延误 3d，F 工作由于施工单位自身原因延误 1d。

（1）实际工期为多少天？

解析：任何原因造成的工期延误都是实际发生的，在实际工期计算时都必须考虑。把延误天数反映到网络图上，得到如下实际发生的网络图：

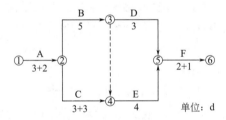

单位：d

关键线路为：①→②→④→⑤→⑥，实际工期为 18d。

（2）业主方认可的工期为多少天？

解析：只有业主原因和不可抗力因素导致的进度延误，业主方才给予认可，施工方原因造成的延误，虽然实际发生了，但业主方并不认可。把业主认可的延误天数反映到网络图上，得到如下业主方认可的网络图：

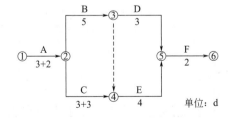

单位：d

关键线路为：①→②→④→⑤→⑥，业主方认可的工期为 17d。

4．工期优化

网络计划的优化可分为工期优化、费用优化和资源优化三种，最常见的是工期优化。

工期优化的目的是当计算工期不能满足要求工期时，通过压缩关键线路上关键工作的持续时间达到缩短工期的目的。选择优化对象需要考虑以下因素：

（1）缩短持续时间对质量和安全影响不大的工作。

（2）有备用资源的工作。

（3）缩短持续时间所需增加的资源、费用最少的工作。

【经典案例回顾】

例题1（2024年·背景资料节选）：项目部编制了网络进度计划，如下图所示。施工过程中发生了以下事件：① 由于设计变更，致使工作E工程量增加，作业时间延长2周；② 施工单位的施工机械出现故障，需订购零部件替换，致使工作G作业时间延长1周。

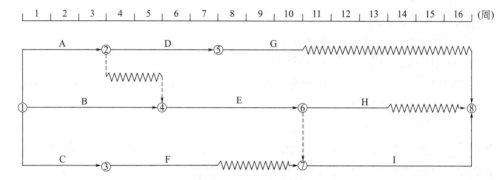

问题：指出上图（调整前）的关键线路（采用工作方式表达，如A→B）和工作A、工作F的总时差。分别答出事件①、②工期索赔是否成立？

答案：

（1）关键线路为：B→E→I。

（2）工作A的总时差为2周；工作F的总时差为3周。

（3）事件①工作E索赔2周成立，事件②工作G索赔1周不成立。

例题2（2020年·背景资料节选）：社区活动中心施工进度计划如下图所示，内部评审中项目经理提出C、G、J工作由于特殊工艺共同租赁一台施工机具，在工作B、E按计划完成的前提下，考虑该机具租赁费用较高，尽量连续施工，要求对进度计划进行调整。经调整，最终形成既满足工期要求又经济可行的进度计划。

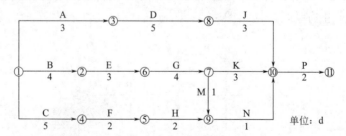

问题：列出上图调整后有变化的逻辑关系（以工作节点表示，如①→②或②→③）。计算调整后的总工期，列出关键线路（以工作名称表示，如A→D）。

2025 年版全国一级建造师建筑工程管理与实务案例专题聚焦

答案：

（1）有变化的逻辑关系：④┈→⑥；⑦┈→⑧。

（2）调整后的总工期：4+3+4+3+2=16d。

（3）关键线路：有两条。

第一条：B→E→G→K→P；

第二条：B→E→G→J→P。

解析：

解答此问一定要看清楚题目示例：如①→②或②┈→③。也就是说，如果是增加实际的工作，必须用实箭线→，不是仅仅改变前后工作间的逻辑关系，则必须用虚箭线┈→。

例题3（2017年·背景资料节选·有改动）：施工总承包单位项目部按幢编制了单幢工程施工进度计划。某幢计划工期为180日历天，施工进度计划见下图。

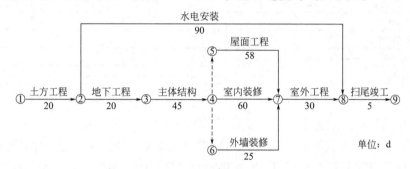

在该幢别墅工程开工后第46天进行的进度检查时发现，土方工程和地基基础工程在第45天完成，已开始主体结构工程施工，工期进度滞后5d。项目部依据如下表所示赶工参数表，对相关施工过程进行压缩，确保工期不变。

赶工参数表

序号	施工过程	最大可压缩时间（d）	赶工费用（元/d）
1	土方工程	2	800
2	地下工程	4	900
3	主体结构	2	2700
4	水电安装	3	450
5	室内装修	8	3000
6	屋面工程	5	420
7	外墙装修	2	1000
8	室外工程	3	4000
9	扫尾竣工	0	—

问题：按照经济、合理原则对相关施工过程进行压缩，请分别写出最适宜压缩的施工过程和相应的压缩天数。

答案：

（1）最适宜压缩的施工过程：主体结构、室内装修、屋面工程。

（2）相应压缩的天数：主体结构压缩2d；室内装修压缩3d；屋面工程压缩1d。

解析：

解答本题，仅需把握两点原则：一是必须压缩关键工作的时间，而且是未完成的关键工作的时间；二是成本最低的原则。

例题4（2013年·背景资料节选）：某工程基础底板施工，合同约定工期50d，项目经理部根据业主提供的电子版图纸编制了施工进度计划，如下图所示。编制底板施工进度计划时，暂未考虑流水施工。

代号	施工过程	6月						7月					
		5	10	15	20	25	30	5	10	15	20	25	30
A	基底清理												
B	垫层与砖胎模												
C	防水层施工												
D	防水保护层												
E	钢筋制作												
F	钢筋绑扎												
G	混凝土浇筑												

在施工准备及施工过程中，发生了如下事件：

事件一：公司在审批该施工进度计划横道图时提出，计划未考虑工序B与C、工序D与F之间的技术间歇（养护）时间，要求项目经理部修改。两处工序技术间歇（养护）均为2d，项目经理部按要求调整了进度计划，经监理批准后实施。

事件二：施工单位采购的防水材料进场抽样复试不合格，致使工序C比调整后的计划开始时间拖后3d；因业主未按时提供正式的图纸，致使工序E在6月11日才开始。

问题1：绘制事件一中调整后的施工进度计划网络图（双代号），并用双线表示出关键线路。

答案：

问题2：考虑事件一、二的影响，计算总工期（假定各工序持续时间不变）。如果钢筋制作、钢筋绑扎、混凝土浇筑按两个流水段组织等节拍流水施工，其总工期将变为多少天？是否满足原合同约定的工期？

答案：

（1）考虑事件一、二的影响，修改网络图来计算，如下图所示：

关键线路为：①→⑧→⑨→⑩→⑪。

总工期：$T=10+20+20+5=55d$。

（2）如果钢筋制作、钢筋绑扎及混凝土浇筑按两个流水段组织等节拍流水施工，重新绘制双代号网络图如下图所示：

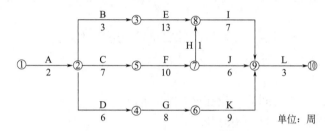

单位：d

关键线路为：①→②→③→④→⑤→⑥→⑦→⑩→⑪→⑫→⑬→⑭

总工期为：$5+5+2+3+5+5+2+10+10+2.5=49.5d$。

（3）满足原合同约定的工期。

例题5（2019年二建·背景资料节选）：某洁净厂房工程，项目经理指示项目技术负责人编制施工进度计划（单位：周），并评估项目总工期。项目技术负责人编制了相应施工进度安排如下图所示，报项目经理审核。项目经理提出：施工进度计划不等同于施工进度安排，还应包含相关施工计划必要组成内容，要求技术负责人补充。

单位：周

因为本工程采用了某项专利技术，其中工序B、工序F、工序K必须使用某特种设备，且需按"B→F→K"先后顺序施工。该设备在当地仅有一台，租赁价格昂贵，租赁时长计算从进场开始直至设备退场为止，且场内停置等待的时间均按正常作业时间计取租赁费用。

项目技术负责人根据上述特殊情况，对网络图进行了调整，并重新计算项目总工期，报项目经理审批。项目经理二次审查时发现：各工序均按最早开始时间考虑，导致特种设备存在场内停置等待时间。项目经理指示调整各工序的起止时间，优化施工进度安排以节约设备租赁成本。

问题1：写出上图所示网络图的关键线路（用工作表示）和总工期。

答案：

关键线路：A→C→F→H→I→L。

总工期：$2+7+10+1+7+3=30$周。

问题2：项目技术负责人还应补充哪些施工进度计划的组成内容？

答案：

（1）工程设计情况。

（2）单位工程进度计划，分阶段进度计划，单位工程准备工作计划，劳动力需用量计划，主要材料、设备及加工计划，主要施工机械和机具需要量计划，主要施工方案及流水段划分，各项经济技术指标要求等。

问题3：根据特种设备使用的特殊情况，重新绘制调整后的施工进度计划网络图。调整后的网络图总工期是多少？

答案：

（1）调整后的施工进度计划网络图如下图所示：

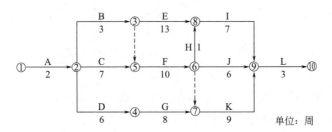

（2）调整后的网络图关键线路：A→C→F→K→L。

总工期：2+7+10+9+3=31周。

问题4：根据重新绘制的网络图，如各工序均按最早开始时间考虑，特种设备计取租赁费用的时长为多少？优化工序的起止时间后，特种设备应在第几周初进场？优化后特种设备计取租赁费用的时长为多少？

答案：

（1）按最早开始时间考虑，特种设备计取租赁费用的时长：

算法一：3+4+10+9=26周

算法二：28−2=26周

（2）优化工序的起止时间后，应在第6周初进场。

（3）优化后特种设备计取费用时长：

算法一：3+1+10+9=23周

算法二：28−5=23周

解析：

本问是2019年二级建造师建筑实务真题，难度很大，完全超出二级建造师甚至一级建造师考试难度。工作B、F、K的六时间参数计算如下：

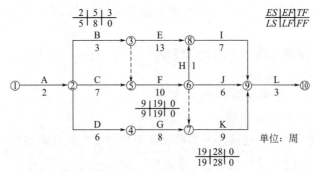

难点一：工作B的总时差是3周，而不是4周，这是很多学员在网上学了各种所谓大师、名师的快捷方法后犯得最多的一个错误。所以工作B按最迟开始时间开始时，工作B和工作F之间还是存在1周的间隔时间的。

难点二："第几周初进场"这个问题很多考生没有把握好，优化工序起止时间后（即按最迟开始时间开始），工作B应该是5周后进场，如果写成第5周初进场就不对，应该写成第6周初进场。如工作A最迟开始时间是0，不能说第0周初进场，因为这种说法不存在，应该说成是第1周初进场。画图举例如下：

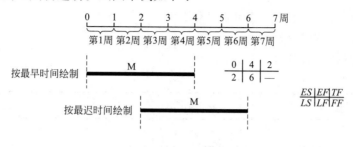

最早开始时间：0，即第1周初　　　　最早完成时间：4，即第4周末
最迟开始时间：2，即第3周初　　　　最迟完成时间：6，即第6周末
……　　　　　　　　　　　　　　　　……
开始时间：N，即第$N+1$周初　　　完成时间：N，即第N周末

例题6（2018年二建·背景资料节选）：办公楼上部标准层结构工序安排如下表所示：

标准层结构工序安排表

工作内容	施工准备	模板支撑体系搭设	模板支设	钢筋加工	钢筋绑扎	管线预埋	混凝土浇筑
工序编号	A	B	C	D	E	F	G
时间（d）	1	2	2	2	2	1	1
紧后工序	B、D	C、F	E	E	G	G	—

问题：根据标准层结构工序安排表绘制出双代号网络图，找出关键线路，并计算上部标准层结构每层工期是多少日历天？

答案：

（1）双代号网络图如下图所示：

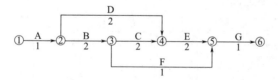

（2）关键线路为：A→B→C→E→G（①→②→③→④→⑤→⑥）

（3）上部标准层结构每层工期为：8日历天。

例题7（背景资料节选）：某办公楼工程，建筑面积为6800m²，框架结构，基础工程分为两个流水施工段组织流水施工，根据工期要求编制了该基础工程的施工进度计划，并绘制了施工双代号网络计划图（时间单位：d），如下图所示：

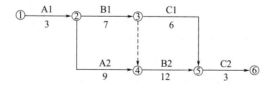

问题：

1. 指出基础工程网络计划的关键线路，写出该基础工程计划工期。

2. 按照双代号网络图绘制流水施工横道图。

答案：

1. 关键线路为：①→②→④→⑤→⑥（A1→A2→B2→C2）。

计划工期为：3+9+12+3=27d。

2. 绘制流水施工横道图：

（1）绘制流水节拍表

施工过程	施工段一	施工段二
A	3	9
B	7	12
C	6	3

（2）施工过程时间累加

施工过程	施工段一	施工段二
A累加	3	12
B累加	7	19
C累加	6	9

（3）错位相减取大

$$K_{A-B} \quad 3 \quad 12$$
$$- \quad 7 \quad 19$$
$$\overline{\quad 3 \quad 5 \quad -19}$$

$$K_{A-B}=5d$$

$$K_{B-C} \quad 7 \quad 19$$
$$- \quad 6 \quad 9$$
$$\overline{\quad 7 \quad 13 \quad -9}$$

$$K_{B-C}=13d$$

（4）绘制流水施工横道图

分项	2	4	6	8	10	12	14	16	18	20	22	24	26	28
A	①	②												
B				①					②					
C											①		②	

笔记区

考点四：实际进度前锋线

历年考情分析

年份	2014	2015	2016	2017	2018	2019	2020	2021	2022	2023	2024
案例						√		√			

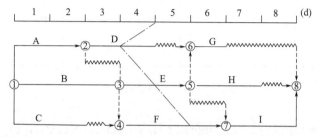

1. 本质是双代号时标网络计划，仅在特定检查时刻加一条反映实际进度的点划线。

（1）实际进度在检查日期左侧：进度延误
（2）实际进度在检查日期右侧：进度提前
（3）实际进度与检查日期重合：进度正常

提前或延误时间为实际进度点与检查日期点的水平投影长度。

2. 上述图例结论如下：
（1）D工作实际进度在检查日期左侧，代表D工作延误，延误时间为1d。
（2）F工作实际进度在检查日期右侧，代表F工作提前，提前时间为1d。
（3）E工作实际进度与检查日期重合，代表E工作进度正常，按计划进行。

3. 判断实际进度对总工期及紧后工作的影响：
（1）是否影响总工期，只看本项工作的总时差。
（2）是否影响紧后工作的最早开始时间，只看本项工作的自由时差。

如：D工作实际进度延误1d，总时差为3d，延误天数没有超过总时差，不影响总工期；自由时差为1d，延误天数没有超过自由时差，也不影响紧后工作。

【经典案例回顾】

例题1（2021年·背景资料节选）：某工程项目，施工单位编制项目双代号网络计划如图1所示。

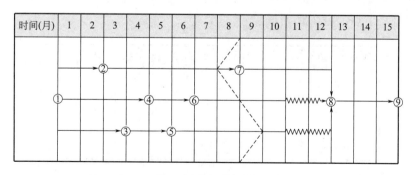

图1　项目双代号网络计划（一）

项目经理部在工程施工到第8月底时，对施工进度进行了检查，工程进展状态如图1中前锋线所示。工程部门根据检查分析情况，调整措施后重新绘制了从第9月开始到工程结束的双代号网络计划，部分内容如图2所示。

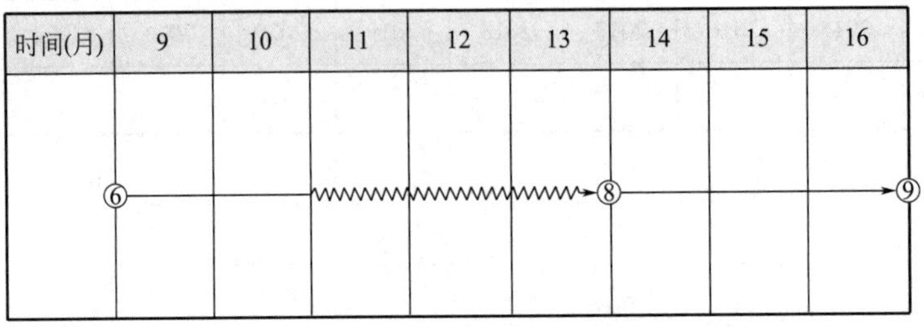

时间(月)	9	10	11	12	13	14	15	16

图2　项目双代号网络计划（二）

问题1：根据图1中进度前锋线分析第8月底工程的实际进展情况。

答案：

第8月底检查结果：

（1）工作②→⑦进度滞后1个月。

（2）工作⑥→⑧进度与原计划一致。

（3）工作⑤→⑧进度提前1个月。

问题2：在答题纸上绘制正确的从第9月开始到工程结束的双代号网络计划图（图2）。

答案：

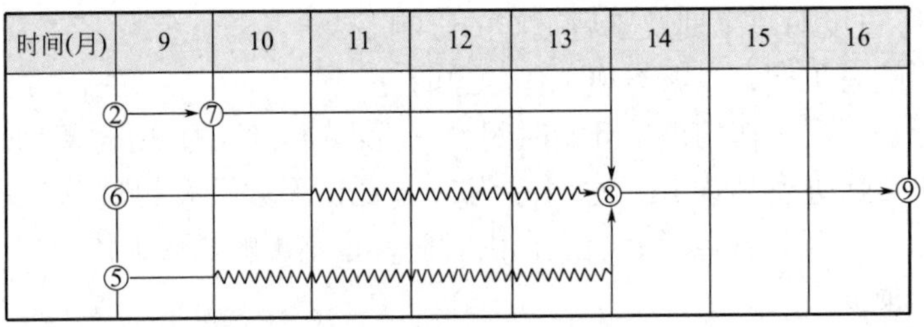

时间(月)	9	10	11	12	13	14	15	16

解析：

（1）由于关键工作②→⑦滞后1个月，故工期变为16个月。节点⑦定在9月底，节点⑧定在13月底，节点⑨定在16月底。

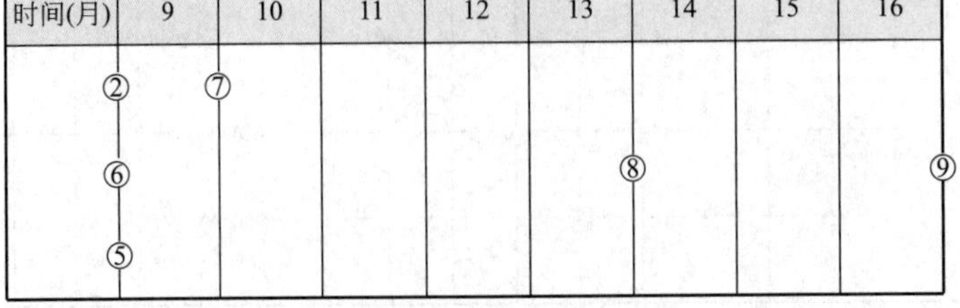

时间(月)	9	10	11	12	13	14	15	16

（2）关键工作②→⑦、⑦→⑧、⑧→⑨用实箭线连起来。（关键工作不存在机动时间）

时间(月)	9	10	11	12	13	14	15	16

（3）节点⑥到节点⑧有5个月的时间，但工作⑥→⑧只需2个月，剩余3个月用波形线补充。

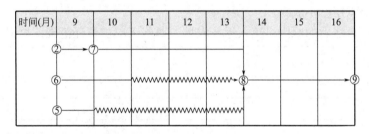

（4）节点⑤到节点⑧有5个月的时间，但工作⑤→⑧只需1个月，剩余4个月用波形线补充。

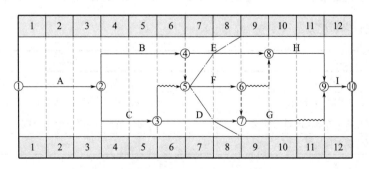

例题2（2017年二建·背景资料节选）： 施工进度计划以时标网络图（时间单位：月）形式表示。在第8月末，施工单位对现场实际进度进行检查，并在时标网络图中绘制了实际进度前锋线，如下图所示：

针对检查中所发现实际进度与计划进度不符的情况，施工单位均在规定时限内提出索赔意向通知，并在监理机构同意的时间内上报了相应的工期索赔资料。经监理工程师核实，工序E的进度偏差是建设单位供应材料导致，工序F的进度偏差是当地政令性停工导致，工序D的进度偏差是工人返乡农忙导致。根据上述情况，监理工程师对三项工期索赔分别予以批复。

问题1：写出网络图中前锋线所涉及各工序的实际进度偏差情况。如后续工作仍按原计划的速度进行，本工程的实际完工工期是多少个月？

答案：

（1）各工序实际进度偏差情况：

工序E：滞后1个月。

工序F：滞后2个月。

工序D：滞后1个月。

（2）工程的实际完工工期：13个月。

问题2：针对工序E、工序F、工序D，分别判断施工单位上报的三项工期索赔是否成立，并说明相应的理由。

答案：

（1）工序E索赔：成立。

理由：工序E滞后1个月，影响总工期1个月，且是建设单位供应材料导致，属建设单位责任范围，故索赔成立。

（2）工序F索赔：不成立。

理由：工序F虽是政令性停工导致滞后2个月，原计划网络图的总时差为1个月，但由于工序E已经给予1个月的工期索赔，此时工序F滞后2个月并不影响总工期，故索赔不成立。

（3）工序D索赔：不成立。

理由：工序D滞后的原因是工人返乡农忙，属施工单位责任范围，故索赔不成立。

> 笔记区

考点五：施工进度计划编制

历年考情分析

年份	2014	2015	2016	2017	2018	2019	2020	2021	2022	2023	2024
案例		√		√	√		√				

一、施工进度计划分类

分类	编制
施工总进度计划	总承包单位总工程师领导下编制
单位工程进度计划	项目经理组织，项目技术负责人领导下编制
分阶段（或专项工程）工程进度计划	专业工程师或负责分部分项的工长编制
分部分项工程进度计划	—

二、施工进度计划的内容

类别	内容
施工总进度计划	（1）编制说明：内容包括编制的依据、假设条件、指标说明、实施重点和难点、风险估计及应对措施等。 （2）施工总进度计划表（图）。 （3）分期（分批）实施工程的开、竣工日期及工期一览表。 （4）资源需要量及供应平衡表
单位工程进度计划	（1）工程设计情况。 （2）单位工程进度计划，分阶段进度计划，单位工程准备工作计划，劳动力需用量计划，主要材料、设备及加工计划，主要施工机械和机具需要量计划，主要施工方案及流水段划分，各项经济技术指标要求等

三、施工进度计划的编制步骤

1. 施工总进度计划的编制步骤

（1）明确划分建设工程项目的施工阶段；合理确定各阶段各个单项工程的开、竣工日期。

（2）分解单项工程，列出每个单项工程的单位工程和每个单位工程的分部工程。

（3）计算每个单项工程、单位工程和分部工程的工程量。

（4）确定单项工程、单位工程和分部工程的持续时间。

（5）编制初始施工总进度计划。

（6）综合平衡后，绘制正式施工总进度计划图。

2. 单位工程进度计划的编制步骤

（1）收集编制依据。

（2）划分施工过程、施工段和施工层。

（3）确定施工顺序。

（4）计算工程量。

（5）计算劳动量或机械台班需用量。

（6）确定持续时间。

（7）绘制可行的施工进度计划图。

（8）优化并绘制正式施工进度计划图。

【经典案例回顾】

例题1（2020年·背景资料节选）： 某新建住宅群体工程包含10栋装配式高层住宅、5栋现浇框架小高层公寓、1栋社区活动中心及地下车库。项目部综合工程设计、合同条件、现场场地分区移交、陆续开工等因素编制本工程施工组织总设计，其中施工总进度计划在项目经理领导下编制，编制过程中，项目经理发现该计划编制说明中仅有编制的依据，未体现计划编制应考虑的其他要素，要求编制人员补充。社区活动中心开工后，由项目技术负责人组织，专业工程师根据施工总进度计划编制社区活动中心施工进度计划。

问题：指出背景资料中施工进度计划编制中的不妥之处。施工总进度计划编制说明还包括哪些内容？

答案：

（1）不妥之处：

不妥1：施工总进度计划在项目经理领导下编制。

不妥2：社区活动中心施工进度计划在开工后编制。

不妥3：项目技术负责人组织编制社区活动中心施工进度计划。

（2）编制说明内容还包括：①假设条件；②指标说明；③实施重点和难点；④风险估计；⑤应对措施。

例题2（2018年·背景资料节选）：在工程开工前，施工单位按照收集依据、划分施工过程（段）、计算劳动量、优化并绘制正式进度计划图等步骤编制了施工进度计划，并通过了总监理工程师的审查与确认。

问题：单位工程进度计划编制步骤还应包括哪些内容？

答案：

（1）确定施工顺序。

（2）计算工程量。

（3）计算机械台班需用量。

（4）确定持续时间。

（5）绘制可行的施工进度计划图。

例题3（2015年·背景资料节选）：工程开工前，施工单位按规定向项目监理机构报审施工组织设计，监理工程师审核时，发现"施工总进度计划"部分仅有"施工总进度计划表"一项，该部分内容缺项较多，要求补充其他必要内容。

问题：背景资料中还应补充的施工总进度计划内容有哪些？

答案：

还应补充的施工总进度计划内容有：

（1）编制说明。

（2）分期（分批）实施工程的开、竣工日期及工期一览表。

（3）资源需要量及供应平衡表。

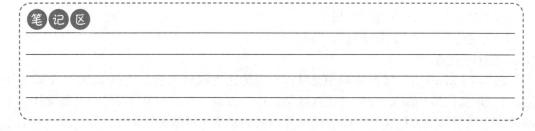

笔 记 区

考点六：施工进度控制

历年考情分析

年份	2014	2015	2016	2017	2018	2019	2020	2021	2022	2023	2024
案例						√	√				

一、施工进度控制内容

1．进度事前控制内容

（1）编制项目实施总进度计划，确定工期目标。

（2）分解总目标，制订相应细部计划。

（3）制定完成计划的相应施工方案和保障措施。

2．进度事后控制内容

当实际进度与计划进度发生偏差时，在分析原因的基础上应采取以下措施：

（1）制定保证总工期不突破的对策措施。

（2）制定总工期突破后的补救措施。

（3）调整相应的施工计划，并组织协调相应的配套设施和保证措施。

二、施工计划的实施与监测

1．施工进度计划监测的方法

（1）横道计划比较法。

（2）网络计划法。

（3）实际进度前锋线法。

（4）S形曲线法。

（5）香蕉形曲线比较法。

2．项目进度报告内容

（1）进度执行情况的综合描述。

（2）实际施工进度。

（3）资源供应进度。

（4）工程变更、价格调整、索赔及工程款收支情况。

（5）进度偏差状况及导致偏差的原因分析。

（6）解决问题的措施。

（7）计划调整意见。

三、进度计划的调整

1．施工进度计划调整的步骤

（1）分析进度计划检查结果。

（2）分析进度偏差的影响并确定调整的对象和目标。

（3）选择适当的调整方法。

（4）编制调整方案。

（5）对调整方案进行评价和决策。

（6）调整。

（7）确定调整后付诸实施的新施工进度计划。

2．进度计划的调整方法

（1）关键工作的调整。

（2）改变某些工作间的逻辑关系。

（3）剩余工作重新编制进度计划。

（4）非关键工作调整。

（5）资源调整。

【经典案例回顾】

例题1（2020年·背景资料节选）：公司对项目部进行月度生产检查时发现，因连续小雨影响，社区活动中心实际进度较计划进度滞后2d，要求项目部在分析原因的基础上制定进度事后控制措施。

问题：按照施工进度事后控制要求，社区活动中心项目部应采取的措施有哪些？

答案：

应采取的措施有：

（1）制定保证社区活动中心总工期不突破的对策措施。

（2）制定社区活动中心总工期突破后的补救措施。

（3）调整相应的施工计划，并组织协调相应的配套设施和保证措施。

例题2（2019年·背景资料节选）：项目部在施工至第33天时，对施工进度进行了检查，实际施工进度网络图中实际进度前锋线如下图所示，对进度有延误的工作采取了改进措施。

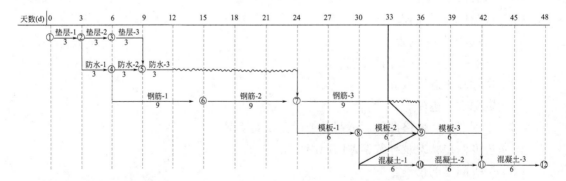

问题：进度计划监测检查方法还有哪些？写出第33天的实际进度检查结果。

答案：

（1）进度计划监测检查方法还有：

①横道计划比较法。

②网络计划法。

③ S形曲线法。

④ 香蕉形曲线比较法。

（2）第33天的实际进度检查结果如下：

① 钢筋-3：实际进度正常。

② 模板-2：实际进度提前3d。

③ 混凝土-1：实际进度延误3d。

例题3（背景资料节选）：某单项工程，按下图所示进度计划网络图组织施工。

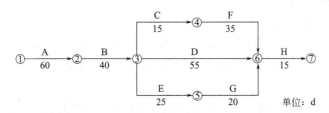

单位：d

在第75天进行进度检查时发现：工作A已全部完成，工作B刚刚开工。建设单位要求施工单位必须采取赶工措施，保证总工期。项目部向建设单位上报了进度计划调整方案，其中调整步骤包括分析进度计划检查结果，分析进度偏差的影响并确定调整的对象和目标，选择适当的调整方法，编制调整方案。建设单位认为内容不全，要求认真分析补充内容后再上报。

本工程原计划各工作相关参数如下表所示。

相关参数表

序号	工作	最大可压缩时间（d）	赶工费用（元/d）
1	A	10	200
2	B	5	200
3	C	3	100
4	D	10	300
5	E	5	200
6	F	10	150
7	G	10	120
8	H	5	420

项目部向施工企业主管部门上报了项目阶段进度报告，其主要内容包括：进度执行情况的综合描述，实际施工进度，资源供应进度。遭到施工企业主管部门的批评，认为内容不完整，要求补充后上报。

问题：

1. 根据题目要求调整原计划，列出详细调整过程。计算调整后所需投入的赶工费用。

2. 重新绘制调整后的进度计划网络图，并列出关键线路（以工作表示）。

3. 调整施工进度计划步骤还应包括哪些内容？

4. 项目进度报告还应补充哪些内容？

答案：

1. 解答如下：

（1）工作A拖后15d，此时的关键线路：B→D→H。

①其中工作B赶工费率最低，故先对工作B持续时间进行压缩。

工作B压缩5d，因此增加的费用为：5×200=1000元。

总工期为：185−5=180d。

关键线路：B→D→H。

②剩余关键工作中，工作D赶工费率最低，故应对工作D持续时间进行压缩。

工作D压缩的同时，应考虑与之平行的各线路，以各线路工作正常进展均不影响总工期为限。

故工作D只能压缩5d，因此增加的费用为：5×300=1500元。

总工期为：180−5=175d。

关键线路：B→D→H和B→C→F→H两条。

③剩余关键工作中，存在三种压缩方式：同时压缩工作C、工作D；同时压缩工作F、工作D；压缩工作H。

同时压缩工作C和工作D的赶工费率最低，故应对工作C和工作D同时进行压缩。

工作C最大可压缩天数为3d，故本次调整只能压缩3d，因此增加的费用为：3×100+3×300=1200元。

总工期为：175−3=172d。

关键线路：B→D→H和B→C→F→H两条。

④剩余关键工作中，存在两种压缩方式：同时压缩工作F、工作D；压缩工作H。

压缩工作H赶工费率最低，故应对工作H进行压缩。

工作H压缩2d，因此增加的费用为：2×420=840元。

总工期为：172−2=170d。

⑤通过以上工期调整，工作仍能按原计划的170d完成。

（2）所需投入的赶工费用：1000+1500+1200+840=4540元。

2. 调整后的进度计划网络图如下图所示：

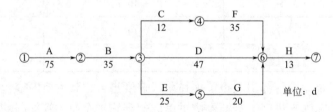

关键线路有两条：

（1）A→B→D→H。

（2）A→B→C→F→H。

3. 调整施工进度计划步骤还应包括：

（1）对调整方案进行评价和决策。

（2）调整。

（3）确定调整后付诸实施的新施工进度计划。

4. 项目进度报告还应补充：

（1）工程变更、价格调整、索赔及工程款收支情况。

（2）进度偏差状况及导致偏差的原因分析。

（3）解决问题的措施。

（4）计划调整意见。

笔 记 区

第八章

安全

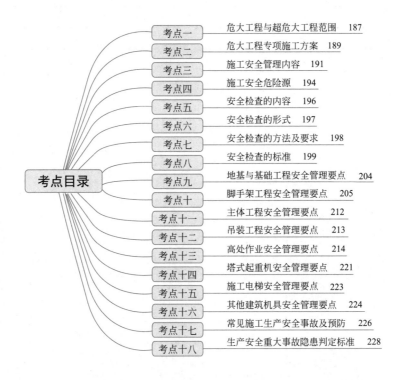

考点一	危大工程与超危大工程范围	187
考点二	危大工程专项施工方案	189
考点三	施工安全管理内容	191
考点四	施工安全危险源	194
考点五	安全检查的内容	196
考点六	安全检查的形式	197
考点七	安全检查的方法及要求	198
考点八	安全检查的标准	199
考点九	地基与基础工程安全管理要点	204
考点十	脚手架工程安全管理要点	205
考点十一	主体工程安全管理要点	212
考点十二	吊装工程安全管理要点	213
考点十三	高处作业安全管理要点	214
考点十四	塔式起重机安全管理要点	221
考点十五	施工电梯安全管理要点	223
考点十六	其他建筑机具安全管理要点	224
考点十七	常见施工生产安全事故及预防	226
考点十八	生产安全重大事故隐患判定标准	228

考点目录

考点一：危大工程与超危大工程范围

历年考情分析

年份	2014	2015	2016	2017	2018	2019	2020	2021	2022	2023	2024
案例		√		√							

工程范围	危大工程	超危大工程
基坑工程（支护、降水、开挖）	开挖深度≥3m或未超过3m，但……	开挖深度≥5m
模板工程	滑模、爬模、飞模、隧道模	
混凝土模板支撑工程	（1）搭设高度≥5m。 （2）搭设跨度≥10m。 （3）面荷载≥10kN/m²。 （4）线荷载≥15kN/m	（1）搭设高度≥8m。 （2）搭设跨度≥18m。 （3）面荷载≥15kN/m²。 （4）线荷载≥20kN/m
起重吊装工程	单件起吊10kN及以上（非常规）	单件起吊100kN及以上（非常规）
起重机械安装拆卸工程	（1）采用起重机械进行安装的工程。 （2）起重机械设备自身安装、拆卸	（1）起重量300kN及以上的起重机械安装、拆除。 （2）搭设总高度（基础标高）200m及以上的起重机械安装、拆除
脚手架工程	（1）落地式钢管脚手架 h≥24m。 （2）其他脚手架（附着、悬挑、吊篮、平台）	（1）落地式钢管脚手架 h≥50m。 （2）附着式脚手架（平台）提升高度 h≥150m。 （3）悬挑脚手架分段架体搭设 h≥20m
拆除、爆破工程	影响人员、设施安全的拆除工程	文物保护建筑、优秀历史建筑的拆除工程
其他	（1）建筑幕墙安装工程。 （2）钢结构工程。 （3）人工挖扩孔桩工程。 （4）水下作业工程。 （5）"四新"工程。 （6）装配式建筑安装工程	（1）幕墙安装工程高度≥50m。 （2）钢结构安装工程跨度≥36m。 （3）人工挖扩孔桩工程深度≥16m。 （4）水下作业工程。 （5）"四新"工程

注：非常规起重设备、方法包括：

（1）采用自制起重设备设施进行起重作业。

（2）2台(或以上)起重设备联合作业。

（3）流动式起重机带载行走。

（4）采用滑排、滑轨、滚杠、地牛等措施进行水平位移。

（5）采用绞磨、卷扬机、葫芦或液压千斤顶等方式进行提升。

（6）人力起重工程。

【经典案例回顾】

例题1（2017年·背景资料节选）：某新建办公楼工程，总建筑面积为68000m²，地下2层，地上30层。人工挖孔桩基础，设计桩长18m，基础埋深8.5m，地下水位-4.500m；裙房6层，檐口高28m；主楼高度为128m，钢筋混凝土框架-核心筒结构。建设单位与施工单位签订了施工总承包合同。施工单位制定的主要施工方案有：排桩＋内支撑式基坑支护结构，裙房用落地式双排扣件式钢管脚手架，核心筒爬模施工，结构施工用胶合板模板。

问题：背景资料中，需要进行专家论证的专项施工方案有哪些？

答案：

（1）基坑土方开挖工程专项施工方案。

（2）基坑支护工程专项施工方案。

（3）基坑降水工程专项施工方案。

（4）核心筒爬模工程专项施工方案。

（5）人工挖孔桩工程专项施工方案。

例题2（2015年·背景资料节选）： 某新建钢筋混凝土框架结构工程，地下2层，地上15层，建筑总高58m，玻璃幕墙外立面，钢筋混凝土叠合楼板，预制钢筋混凝土楼梯。基坑挖土深度为8m，地下水位位于地表以下8m，采用钢筋混凝土排桩+钢筋混凝土内支撑支护体系。监理工程师在审查施工组织设计时，发现需要单独编制专项施工方案的分项工程清单内只列有塔式起重机安装拆除、施工电梯安装拆除、外脚手架工程。监理工程师要求补充完善清单内容。

问题：按照《危险性较大的分部分项工程安全管理规定》（建办质〔2018〕31号）规定，本工程还应单独编制哪些专项施工方案？

答案：

（1）钢筋混凝土排桩+钢筋混凝土内支撑支护体系专项施工方案。

（2）基坑降水工程专项施工方案。

（3）基坑土方开挖工程专项施工方案。

（4）玻璃幕墙安装工程专项施工方案。

（5）钢筋混凝土叠合楼板安装专项施工方案。

（6）预制钢筋混凝土楼梯安装专项施工方案。

例题3（2012年·背景资料节选）： 某办公楼工程，建筑面积为98000m^2，劲钢混凝土框筒结构，地下3层，地上46层，建筑高度为203m，基坑深度为15m，桩基础为人工挖孔桩，桩长18m。首层大堂的高度为12m，跨度为24m。外墙为玻璃幕墙。吊装施工的垂直运输采用内爬式塔式起重机，单个构件吊装的最大重量为12t。施工总承包单位编制了附着式整体提升脚手架的专项施工方案，经专家论证，履行相关程序后开始实施。

问题：根据《危险性较大的分部分项工程安全管理规定》（建办质〔2018〕31号），上述背景资料中需要专家论证的分部分项工程安全专项施工方案还有哪几项？

答案：

（1）基坑土方开挖工程专项施工方案。

（2）基坑支护工程专项施工方案。

（3）人工挖孔桩工程专项施工方案。

（4）首层大堂模板支撑体系专项施工方案。

（5）玻璃幕墙工程专项施工方案。

（6）内爬式塔式起重机安装拆卸工程专项施工方案。

例题4（2022年二建·背景资料节选）： 某体能训练场馆工程，建筑面积为3300m^2，建筑物长72m，宽45m，地上1层，钢筋混凝土框架结构，屋面采用球形网架结构。本工程框架梁模板支撑体系高度为9.6m，属于超过一定规模危险性较大的分部分项工程。施工单位编制了超过一定规模危险性较大的模板工程专项施工方案。

问题： 对于模板支撑工程，除搭设高度超过8m及以上外，还有哪几项属于超过一定规模危险性较大的分部分项工程范围？

答案：

（1）搭设跨度18m及以上。

（2）施工总荷载（设计值）15kN/m² 及以上。

（3）集中线荷载（设计值）20kN/m 及以上。

笔 记 区

考点二：危大工程专项施工方案

历年考情分析

年份	2014	2015	2016	2017	2018	2019	2020	2021	2022	2023	2024
案例			√			√					

1. 编制

（1）实行施工总承包的，专项方案应当由施工总承包单位组织编制。

（2）危大工程实行分包的，专项方案可由专业承包单位组织编制。

2. 安全专项施工方案内容

工程概况、编制依据、施工计划、施工工艺技术、施工安全保证措施、施工管理及作业人员配备和分工、验收要求、应急处置措施、计算书及相关施工图纸。

3. 审批

施工单位	（1）应由施工单位技术负责人审核签字、加盖单位公章。 （2）由分包单位编制的，应由总承包单位技术负责人及分包单位技术负责人共同审核签字并加盖单位公章
监理单位	由总监理工程师审查签字、加盖执业印章

4. 专家论证

组织	（1）施工单位组织专家论证。实行施工总承包的，施工总承包单位组织。 （2）专家论证前专项施工方案应通过施工单位审核和总监理工程师审查
参会人员	（1）专家（参建各方不得以专家身份参加专家论证会）。 （2）建设单位项目负责人。 （3）有关勘察、设计单位项目技术负责人及相关人员。 （4）总承包单位和分包单位技术负责人或授权委派的专业技术人员、项目负责人、项目技术负责人、专项施工方案编制人员、项目专职安全生产管理人员及相关人员。 （5）监理单位项目总监理工程师及专业监理工程师

论证内容	（1）专项施工方案内容是否完整、可行。 （2）专项施工方案计算书和验算依据、施工图是否符合有关标准规范。 （3）专项施工方案是否满足现场实际情况，并能够确保施工安全
论证结论	形成论证报告，对专项施工方案提出通过、修改后通过或者不通过的一致意见。专家对论证报告负责并签字确认

5. 监测方案

进行第三方监测的危大工程监测方案主要内容包括工程概况、监测依据、监测内容、监测方法、人员及设备、测点布置与保护、监测频次、预警标准及监测成果报送等。

6. 验收人员

危大工程验收人员包括：

（1）总承包单位和分包单位技术负责人或授权委派的专业技术人员、项目负责人、项目技术负责人、专项施工方案编制人员、项目专职安全生产管理人员及相关人员。

（2）监理单位项目总监理工程师及专业监理工程师。

（3）有关勘察、设计和监测单位项目技术负责人。

【经典案例回顾】

例题1（2019年·背景资料节选）：基坑施工前，基坑支护专业施工单位编制了基坑支护专项方案，履行相关审批盖章手续后，组织包括总承包单位技术负责人在内的5名专家对该专项方案进行专家论证，总监理工程师提出专家论证组织不妥，要求整改。

问题：指出基坑支护专项方案论证的不妥之处，应参加专家论证会的单位还有哪些？

答案：

（1）不妥之处：

不妥1：基坑支护专业施工单位组织专家论证。

不妥2：总承包单位技术负责人作为专家组成员。

（2）参加专家论证会的单位还有：建设单位、设计单位、勘察单位。

例题2（2022年二建·背景资料节选）：某体能训练场馆工程，地上1层，框架梁模板支撑体系高度为9.6m。施工单位编制了超危大模板支撑架专项施工方案，建设单位组织召开了超危大模板支撑工程专项施工方案专家论证会，设计单位项目技术负责人以专家身份参会。

问题：指出专家论证会组织形式的错误之处，说明理由。专家论证包含哪些主要内容？

答案：

（1）不妥之处及理由：

不妥1：建设单位组织专家论证会。

理由：应由施工单位组织。

不妥2：设计单位项目技术负责人以专家身份参会。

理由：参建各方不得以专家身份参加专家论证会。

（2）专家论证内容：

① 专项施工方案内容是否完整、可行。

② 专项施工方案计算书和验算依据、施工图是否符合有关标准规范。

③ 专项施工方案是否满足现场实际情况，并能确保施工安全。

例题3（2020年二建·背景资料节选）：基坑施工前，施工单位编制了××工程基坑支护方案，并组织召开了专家论证会，参建各方项目负责人及施工单位项目技术负责人，生产经理、部分工长参加了会议。会议期间，总监理工程师发现施工单位没有按规定要求的人员参会，要求暂停专家论证会。

问题：施工单位参加专家论证会人员还应有哪些？

答案：

（1）施工单位技术负责人。

（2）专项施工方案编制人员。

（3）项目专职安全生产管理人员。

考点三：施工安全管理内容

历年考情分析

年份	2014	2015	2016	2017	2018	2019	2020	2021	2022	2023	2024
案例	教材无此内容				√				√		

一、企业安全生产管理制度

（1）安全生产教育培训制度。

（2）安全费用管理制度。

（3）施工设施、设备及劳动防护用品的安全管理制度。

（4）安全生产技术管理制度。

（5）分包（供）方安全生产管理制度。

（6）施工现场安全管理制度。

（7）应急救援管理制度。

（8）生产安全事故管理制度。

（9）安全检查和改进制度。

（10）安全考核和奖惩制度。

二、建筑施工安全生产教育培训

1. 安全教育和培训的类型：
（1）上岗证书的初审、复审培训。
（2）三级安全教育（企业、项目、班组）。
（3）岗前教育。
（4）日常教育。
（5）年度继续教育。

2. 施工企业新上岗操作工人必须进行岗前教育培训，内容包括：
（1）安全生产法律法规和规章制度。
（2）安全操作规程。
（3）针对性的安全防护措施。
（4）违章指挥、违章作业、违反劳动纪律产生的后果。
（5）预防、减少安全风险以及紧急情况下应急救援的基本知识、方法和措施。

三、建筑施工安全生产费用管理

（1）建设单位应当在合同中单独约定并于工程开工日一个月内向承包单位支付至少50%企业安全生产费用。

（2）总承包单位应当在合同中单独约定并于分包工程开工日一个月内将至少50%企业安全生产费用直接支付分包单位并监督使用，分包单位不再重复提取。

（3）工程竣工决算后结余的企业安全生产费用，应当退回建设单位。

（4）安全生产宣传、教育、培训和从业人员发现并报告事故隐患的奖励支出列入企业安全生产费用。

（5）职工薪酬、福利不得从企业安全生产费用中支出。

四、总承包单位对分包单位安全检查和考核的内容

（1）分包单位安全生产管理机构的设置、人员配备及资格情况。
（2）分包单位违约、违章情况。
（3）分包单位安全生产绩效。

五、项目专职安全生产管理人员应履行下列主要安全生产职责

（1）对项目安全生产管理情况实施巡查，阻止和处理违章指挥、违章作业及违反劳动纪律等现象，并应做好记录。

（2）对危险性较大的分部分项工程应依据方案实施监督并做好记录。

（3）应建立项目安全生产管理档案，并应定期向企业报告项目安全生产情况。

【经典案例回顾】

例题1（2022年·背景资料节选）：某酒店工程，建筑面积为2.5万 m^2，地下1层，地上12层。施工单位中标后开始组织施工。施工单位企业安全管理部门对项目贯彻企业安全生产管理制度情况进行检查，检查内容有：安全生产教育培训制度、安全生产技术管理

制度、分包（供）方安全生产管理制度、安全检查和改进制度等。

问题： 施工企业安全生产管理制度的内容还有哪些？

答案：

施工企业安全生产管理制度的内容还有：

（1）安全费用管理制度。

（2）施工设施、设备及劳动防护用品的安全管理制度。

（3）施工现场安全管理制度。

（4）应急救援管理制度。

（5）生产安全事故管理制度。

（6）安全考核和奖惩制度。

例题2（背景资料节选）： 为了确保按期完工，施工总承包单位在施工前按照依法履行、诚实信用的原则开展合同管理工作，并重点对专业分包单位的安全生产进行检查和考核。

问题： 总承包单位对分包单位安全检查和考核的内容包括哪些？

答案：

（1）分包单位安全生产管理机构的设置、人员配备及资格情况。

（2）分包单位违约、违章情况。

（3）分包单位安全生产绩效。

例题3（背景资料节选）： 某建设工程项目，地下2层，地上18层，钢筋混凝土结构，经过公开招标投标，由某施工企业中标。施工合同约定建设单位于开工后一个月内支付30%的企业安全生产费用，竣工决算后结余部分由双方对半分配。施工过程中将安全生产人员薪酬纳入企业安全生产费用。

问题： 指出安全生产费用的不妥之处，说明理由。

答案：

不妥1：开工后一个月内支付30%的企业安全生产费用。

理由：应支付至少50%的企业安全生产费用。

不妥2：结余部分由双方对半分配。

理由：应退回建设单位。

不妥3：安全生产人员薪酬纳入企业安全生产费用。

理由：本企业职工薪酬、福利不得从企业安全生产费用中支出。

笔 记 区

考点四：施工安全危险源

年份	2014	2015	2016	2017	2018	2019	2020	2021	2022	2023	2024
案例	√										

一、危险源辨识方法

$$危险源辨识的方法\begin{cases}专家调查法\\头脑风暴法\\德尔菲法\\现场调查法\\工作任务分析法\\安全检查表法\\危险与可操作性研究法\\事件树分析法\\故障树分析法\end{cases}$$

二、重大危险源控制系统的组成

1. 重大危险源的辨识

2. 重大危险源的评价

重大危险源的风险分析评价包括以下方面：

（1）辨识各类危险因素及其原因与机制。

（2）依次评价已辨识的危险事件发生的概率。

（3）评价危险事件的后果。

（4）进行风险评价，即评价危险事件发生概率和发生后果的联合作用。

（5）风险控制。

3. 重大危险源的管理

通过技术措施和组织措施，对重大危险源进行严格控制和管理。组织措施的内容包括：

（1）对人员的培训与指导。

（2）提供保证其安全的设备。

（3）工作人员水平、工作时间、职责的确定。

（4）对操作工人的管理。

4. 重大危险源的安全报告

5. 事故应急救援预案

事故应急救援预案应提出详尽、实用、明确和有效的技术措施和组织措施。

【经典案例回顾】

例题1（2014年·背景资料节选·有改动）： 项目部编制的重大危险源控制系统文件中，仅包含重大危险源的辨识、重大危险源的管理等内容，调查组要求补充完善。

问题：重大危险源控制系统还应有哪些组成部分？

答案：

（1）重大危险源的评价。

（2）重大危险源的安全报告。

（3）事故应急救援预案。

例题2（背景资料节选）：某公司投资建造一座太阳能电池厂，项目部针对工程特点，依据《建筑施工安全检查标准》JGJ 59—2011采用安全检查表法进行了重大危险源的辨识，编制了专项应急救援预案。

问题：重大危险源辨识的方法还有哪些？

答案：

（1）专家调查法。

（2）头脑风暴法。

（3）德尔菲法。

（4）现场调查法。

（5）工作任务分析法。

（6）危险与可操作性研究法。

（7）事件树分析法。

（8）故障树分析法。

例题3（背景资料节选）：某单体办公楼施工前，施工方对本工程存在的重大危险源进行了风险分析评价，辨识了各类危险因素及其原因与机制，并依次评价已辨识的危险事件发生的概率。公司管理层要求项目部采取对相关人员进行培训与指导等组织措施来进行重大危险源的管理。

问题：重大危险源风险分析评价内容还有哪些？重大危险源管理的组织措施还有哪些？

答案：

（1）重大危险源风险分析评价内容还有：

①评价危险事件的后果。

②评价危险事件发生概率和发生后果的联合作用。

③风险控制。

（2）组织措施还有：

①提供保证其安全的设备。

②工作人员水平、工作时间、职责的确定。

③对操作工人的管理。

笔记区

考点五：安全检查的内容

年份	2014	2015	2016	2017	2018	2019	2020	2021	2022	2023	2024
案例		√									√

1. 施工安全检查内容包括：

（1）查安全思想。

（2）查安全责任。

（3）查安全制度。

（4）查安全措施。

（5）查安全防护。

（6）查设备设施。

（7）查教育培训。

（8）查操作行为。

（9）查劳动防护用品使用。

（10）查伤亡事故处理。

2. 查设备设施主要是检查现场投入使用的设备设施的购置、租赁、安装、验收、使用、过程维护保养等。

3. 查操作行为主要是检查现场有无违章指挥、违章作业、违反劳动纪律的行为。

【经典案例回顾】

例题（2013年·背景资料节选）：建设单位组织监理单位、施工单位对工程施工安全进行检查，检查内容包括：安全思想、安全责任、安全制度、安全措施。

问题：除背景所述检查内容外，施工安全检查还应检查哪些内容？

答案：

（1）安全防护。

（2）设备设施。

（3）教育培训。

（4）操作行为。

（5）劳动防护用品使用。

（6）伤亡事故处理。

笔记区

考点六：安全检查的形式

年份	2014	2015	2016	2017	2018	2019	2020	2021	2022	2023	2024
案例				√			√			√	

1. 施工安全检查的主要形式

（1）日常巡查。

（2）专项检查。

（3）定期安全检查（每旬一次、项目经理组织）。

（4）经常性安全检查。

（5）季节性安全检查。

（6）节假日安全检查。

（7）开、复工安全检查。

（8）专业性安全检查（专业工程技术人员、专业安全管理人员参加）。

（9）设备设施安全验收检查。

2. 经常性安全检查方式

（1）现场专（兼）职安全生产管理人员及安全值班人员每天例行开展的安全巡视、巡查。

（2）现场项目经理、责任工程师及相关专业技术管理人员在检查生产工作的同时进行的安全检查。

（3）作业班组在班前、班中、班后进行的安全检查。

3. 设备设施安全验收检查

对象包括：塔式起重机、施工电梯、龙门架及井架物料提升机、电气设备、脚手架、模板支撑系统。

【经典案例回顾】

例题1（2023年·背景资料节选）：项目部安全检查制度规定了安全检查主要形式包括：日常巡查、专项检查、经常性安全检查、设备设施安全验收检查等。其中经常性安全检查方式有专职安全人员每天安全巡检、项目经理等专业人员检查生产工作时的安全检查、作业班组按要求时间进行安全检查等。

问题：建设工程施工安全检查的主要形式还有哪些？作业班组安全检查的时间有哪些？

答案：

（1）安全检查的主要形式还有：定期安全检查，季节性安全检查，节假日安全检查，开、复工安全检查，专业性安全检查等。

（2）作业班组安全检查的时间有：班前、班中、班后。

例题2（2020年·背景资料节选）：公司安全部门在年初的安全检查规划中按相关要求明确了对项目安全检查的主要形式，包括定期安全检查，开、复工安全检查，季节性安全检查等，确保项目施工过程全覆盖。

问题： 建筑工程施工安全检查还有哪些形式？

答案：

（1）日常巡查。

（2）专项检查。

（3）经常性安全检查。

（4）节假日安全检查。

（5）专业性安全检查。

（6）设备设施安全验收检查。

例题3（2017年·背景资料节选）： 屋面梁安装过程中，发生两名施工人员高处坠落事故，一人死亡。当地政府安全事故调查组检查了项目部制定的项目施工安全检查制度，其中规定了项目经理至少每旬组织开展一次定期安全检查，专职安全管理人员每天进行巡视检查。调查组认为项目部经常性安全检查制度规定内容不全，要求完善。

问题： 项目部经常性安全检查的方式还应有哪些？

答案：

（1）现场兼职安全生产管理人员及安全值班人员每天例行开展的安全巡视、巡查。

（2）现场项目经理、责任工程师及相关专业技术管理人员在检查生产工作的同时进行的安全检查。

（3）作业班组在班前、班中、班后进行的安全检查。

> **笔记区**
> _____
> _____
> _____
> _____
> _____

考点七：安全检查的方法及要求

历年考情分析

年份	2014	2015	2016	2017	2018	2019	2020	2021	2022	2023	2024
案例											

1. 安全检查要求

（1）安全检查应明确检查目的、检查项目、内容及检查标准、重点、关键部位。

（2）对现场管理人员和操作工人检查内容：① 是否有违章指挥和违章作业行为；② 抽查"应知应会"。

（3）安全隐患应按"三定"原则（定人、定期限、定措施）落实整改。

2. 安全检查方法

安全检查方法
- 听：基层管理人员、安全员
- 问：现场管理人员(项目经理为首)、操作工人
- 看：查看现场安全管理资料、巡视施工现场
- 量
- 测
- 运转试验

笔记区
_____
_____
_____
_____
_____

考点八：安全检查的标准

历年考情分析

年份	2014	2015	2016	2017	2018	2019	2020	2021	2022	2023	2024
案例			√				√		√	√	

一、《建筑施工安全检查标准》JGJ 59—2011中各检查表检查项目的构成

安全检查评分汇总表
(满分100分)
- (1) 安全管理 (满分10分)
- (2) 文明施工 (满分15分)
- (3) 脚手架 (满分10分)
- (4) 基坑工程 (满分10分)
- (5) 模板支架 (满分10分)
- (6) 高处作业 (满分10分)
- (7) 施工用电 (满分10分)
- (8) 物料提升机与施工升降机 (满分10分)
- (9) 塔式起重机与起重吊装 (满分10分)
- (10) 施工机具 (满分5分)

1. 安全管理检查评定内容

（1）保证项目：安全生产责任制、施工组织设计及专项施工方案、安全技术交底、安全检查、安全教育、应急救援。

（2）一般项目：分包单位安全管理、持证上岗、生产安全事故处理、安全标志。

2. 文明施工检查评定内容

（1）保证项目：现场围挡、封闭管理、施工场地、材料管理、现场办公与住宿、现场防火。

（2）一般项目：综合治理、公示标牌、生活设施、社区服务。

3. 扣件式钢管脚手架检查评定内容

（1）保证项目：施工方案、立杆基础、架体与建筑结构拉结、杆件间距与剪刀撑、脚手板与防护栏杆、交底与验收。

（2）一般项目：横向水平杆设置、杆件连接、层间防护、构配件材质、通道。

4. 满堂脚手架检查评定内容

（1）保证项目：施工方案、架体基础、架体稳定、杆件锁件、脚手板、交底与验收。

（2）一般项目：架体防护、构配件材质、荷载、通道。

5. 基坑工程检查评定内容

（1）保证项目：施工方案、基坑支护、降排水、基坑开挖、坑边荷载、安全防护。

（2）一般项目：基坑监测、支撑拆除、作业环境、应急预案。

6. 模板支架检查评定内容

（1）保证项目：施工方案、支架基础、支架构造、支架稳定、施工荷载、交底与验收。

（2）一般项目：杆件连接、底座与托撑、构配件材质、支架拆除。

7. 高处作业检查评定内容

检查评定项目：安全帽、安全网、安全带、临边防护、洞口防护、通道口防护、攀登作业、悬空作业、移动式操作平台、悬挑式物料钢平台。

8. 施工升降机检查评定内容

（1）保证项目：安全装置、限位装置、防护设施、附墙架、钢丝绳、滑轮与对重、安拆、验收与使用。

（2）一般项目：导轨架、基础、电气安全、通信装置。

9. 塔式起重机检查评定内容

（1）保证项目：载荷限制装置，行程限位装置，保护装置，吊钩、滑轮、卷筒与钢丝绳，多塔作业，安拆、验收与使用。

（2）一般项目：附着、基础与轨道、结构设施、电气安全。

10. 起重吊装检查评定内容

（1）保证项目：施工方案、起重机械、钢丝绳与地锚、索具、作业环境、作业人员。

（2）一般项目：起重吊装、高处作业、构件码放、警戒监护。

二、检查评分方法

（1）分项检查评分表和检查评分汇总表的满分分值均为100分，评分表的实得分值应为各检查项目所得分值之和。

（2）当按分项检查评分表评分时，保证项目中有一项未得分或保证项目小计得分不足40分，此分项检查评分表为0分。

（3）检查评分汇总表各分项项目实得分值=分项表实得分×分项检查项目占汇总表比重。

（4）当评分遇有缺项时，分项检查评分表或检查评分汇总表的总得分值应按下式调整。

$$A = \frac{D}{E} \times 100$$

式中：A——遇有缺项时总得分值；

　　　D——实查项目在该表的实得分值之和；

　　　E——实查项目在该表的应得满分值之和。

（5）脚手架、物料提升机与施工升降机、塔式起重机与起重吊装项目的实得分值，应为所对应专业的分项检查评分表实得分值的算术平均值。

三、施工安全检查评定等级

评定等级	评定条件
优良	（1）分项检查评分表无0分； （2）汇总表得分在80分及以上
合格	（1）分项检查评分表无0分； （2）汇总表得分在80分以下、70分及以上
不合格	汇总表得分不足70分；或当有一项检查评分表为0分时

【经典案例回顾】

例题1（2023年·背景资料节选）： 项目部在塔式起重机布置时充分考虑了吊装构件重量、运输和堆放、使用后拆除和运输等因素，按照《建筑施工安全检查标准》JGJ 59—2011中"塔式起重机"的载荷限制装置，吊钩、滑轮、卷筒与钢丝绳，验收与使用等保证项目和结构设施等一般项目进行了检查验收。

问题： 施工现场布置塔式起重机时，应考虑的因素还有哪些？安全检查标准中塔式起重机的一般项目有哪些？

答案：

（1）应考虑的因素还有：基础设置、周边环境、覆盖范围、附墙杆件位置和距离。

（2）一般项目有：附着、基础与轨道、结构设施、电气安全。

例题2（2022年·背景资料节选）： 宴会厅施工"满堂脚手架"搭设完成自检后，监理工程师按照《建筑施工安全检查标准》JGJ 59—2011要求的保证项目和一般项目进行了检查，检查结果见下表。

满堂脚手架检查结果（部分）

检查内容	施工方案		架体稳定	杆件锁件	脚手板			构配件材质	荷载		合计
满分值	10	10	10	10	10	10	10	10	10	10	100
得分值	10	10	10	9	8	9	8		10	9	92

问题： 写出满堂脚手架检查内容中的空缺项。分别写出属于保证项目和一般项目的检查内容。

答案：

（1）空缺项：架体基础、交底与验收、架体防护、通道。

（2）保证项目应包括：施工方案、架体基础、架体稳定、杆件锁件、脚手板、交底与验。

（3）一般项目应包括：架体防护、构配件材质、荷载、通道。

例题3（2020年·背景资料节选）：某办公楼工程，地下2层，地上18层，框筒结构，地下建筑面积为0.4万m^2，地上建筑面积为2.1万m^2。某施工单位中标后，派赵某任项目经理组织施工。施工至第5层时，公司安全部叶某带队对该项目进行了定期安全检查，检查依据《建筑施工安全检查标准》JGJ 59—2011的相关内容进行，项目安全总监张某也全过程参加，最终检查结果如下表所示。

某办公楼工程建筑施工安全检查评分汇总表

工程名称	建筑面积（万m^2）	结构类型	总计得分	检查项目内容及分值									
某办公楼	（A）	框筒结构	检查前总分（B）分	安全管理（10）分	文明施工（15）分	脚手架（10）分	基坑工程（10）分	模板支架（10）分	高处作业（10）分	施工用电（10）分	施工升降机（10）分	塔式起重机（10）分	施工机具（5）分
			检查后得分（C）分	8	12	8	7	8	8	9	—	8	4

评语：该项目安全检查总得分为（D）分，评定等级为（E）

检查单位	公司安全部	负责人	叶某	受检单位	某办公楼项目部	项目负责人	（F）

问题：写出表中A～F所对应内容（如A：*万m^2）。施工安全评定结论分几个等级？评价依据有哪些？

答案：

（1）A～F所对应内容：A：2.5；B：90；C：72；D：80；E：优良；F：赵某。

（2）三个等级。

（3）安全等级评价依据：汇总表得分、保证项目达标情况。

例题4（背景资料节选）：基坑工程施工期间，相关部门根据《建筑施工安全检查标准》JGJ 59—2011规定，进行现场安全检查，基坑工程安全检查评分表打分情况如下表所示，最终汇总表得分为78分。（由于地下水位较低，本项目不需降水）

基坑工程安全检查评分表

检查项目	保证项目						一般项目
	施工方案	基坑支护	降排水	坑边荷载	基坑开挖	安全防护	
满分	10	10	10	10	10	10	40
实际得分	7	10	—	6	7	7	35

问题：基坑保证项目得分是多少？基坑工程分项检查表应得分值为多少？若其他分项检查表均有得分，本次安全检查评为哪个等级？说明理由。

答案：

（1）基坑保证项目实际得分：7+10+6+7+7=37分。

考虑缺项后，基坑保证项目应得分为：37/50×60=44.4分。

（2）基坑工程分项检查表应得分值：

缺"降排水"项，基坑工程实际得分：37+35=72分。

考虑缺项后，基坑工程分项检查表得分调整为：72/90×100=80分。

（3）本次安全检查评定：合格。

理由：本项目所有安全检查评分表无0分，同时汇总表得分在80分以下、70分及以上。

解析：

本题难点在于基坑工程分项检查表应得分值的计算。许多考生把保证项目分数调整到44.4分后，就会想当然地加上一般项目得分35分，得到基坑工程分项检查表应得分79.4分。这种算法是错误的，没有深刻理解教材公式各字母的含义。

例题5（背景资料节选）：某建筑安装工程检查评分汇总表，已填入汇总表的项目及分值如下表所示。未填入的分项表与分值如下："塔式起重机与起重吊装检查评分表""物料提升机与外用电梯检查评分表"两项表的实得分分别为81分、86分。该工程使用了多种脚手架，落地式脚手架实得分为80分，悬挑式脚手架实得分为82分。

单位工程名称	建筑面积（m²）	结构类型	总计得分（满分100分）	检查评分汇总表									
				安全管理（满分10分）	文明施工（满分15分）	脚手架（满分10分）	基坑工程（满分10分）	模板工程（满分10分）	高处作业（满分10分）	施工用电（满分10分）	物料提升机与施工升降机（满分10分）	塔式起重机与起重吊装（满分10分）	施工机具（满分5分）
××住宅	36800	框剪		8.2	12		8.4	8.3	8.2	8.1			4

评语：									
检查单位		负责人		受检项目			项目经理		

问题：计算未填入汇总表的各分项检查分值，并计算本工程总计得分。

答案：

（1）塔式起重机与起重吊装分项检查分值：10×81/100=8.1分。

（2）物料提升机与外用电梯分项检查分值：10×86/100=8.6分。

（3）"脚手架"实得分：（80+82）/2=81分；

"脚手架"分项检查分值：10×81/100=8.1分。

（4）本工程总计得分：8.2+12+8.1+8.4+8.3+8.2+8.1+8.6+8.1+4=82分。

（笔）（记）（区）
_____
_____
_____
_____
_____

考点九：地基与基础工程安全管理要点

历年考情分析

年份	2014	2015	2016	2017	2018	2019	2020	2021	2022	2023	2024
案例											√

一、基础工程施工安全控制的主要内容

（1）施工机械作业安全。

（2）边坡与基坑支护安全。

（3）降水设施与临时用电安全。

（4）防水施工时的防火、防毒安全。

（5）桩基施工的安全防范。

二、基坑施工安全控制要点

1．基坑土方开挖与回填安全技术措施

（1）基坑开挖时，两人操作间距应大于2.5m。多台机械开挖，挖土机间距应大于10m。挖土应由上而下，逐层进行，严禁先挖坡脚或逆坡挖土。

（2）在坑边堆放弃土、材料和移动施工机械时，当土质良好时，要距坑边1m以外，堆放高度不能超过1.5m。

（3）在拆除护壁支撑时，应按照回填顺序，从下而上逐步拆除。更换护壁支撑时，必须先安装新的，再拆除旧的。

2．基坑施工的安全应急措施

（1）基坑开挖过程中出现渗漏水，应采用坑底设沟排水、引流修补、密实混凝土封堵、压密注浆、高压喷射注浆等方法处理。

（2）悬臂式支护结构位移超过设计值时，应采用加设支撑或锚杆、支护墙背卸土等方法。如果悬臂式支护结构发生深层滑动，应及时浇筑垫层，必要时加厚垫层。

（3）当支撑式支护结构发生墙背土体沉陷时，应采取增设坑外回灌井、进行坑底加固、垫层随挖随浇、加厚垫层或采用配筋垫层、设置坑底支撑等方法。

（4）对邻近建筑物沉降的控制采用回灌井、跟踪注浆等方法。

三、人工挖孔桩施工安全控制要点

（1）开挖深度超过16m时，需对人工挖孔桩专项施工方案进行专家论证。

（2）桩孔内必须设置应急软爬梯供人员上下井。

（3）每日开工前必须对井下有毒有害气体成分和含量进行检测，桩孔开挖深度超过10m时，应配置专门向井下送风的设备。

（4）挖出的土石方应及时远离孔口，不得堆放在孔口四周1m范围内。

（5）孔上电缆必须架空2.0m以上，照明应采用安全矿灯或12V以下的安全电压。

例题1（2024年·背景资料节选）：项目总工程师向管理人员进行基础工程施工方案交底，其中基础施工安全控制主要内容包括：边坡与基坑支护安全，防水施工时的防火、防毒安全等。

问题：基础工程施工安全控制的主要内容还有哪些？

答案：

（1）施工机械作业安全。

（2）降水设施与临时用电安全。

（3）桩基施工的安全防范。

例题2（背景资料节选）：施工单位依据基础形式、工程规模、现场和机具设备条件以及土方机械的特点，选择了土方施工机械，编制了土方开挖专项施工方案后组织施工。在基坑北侧坑边大约1m处堆置了3m高的土方。土方开挖分为两段，一段人工开挖，开挖时工人间操作间距约为2m；一段机械开挖，挖土机间距约为8m。挖土时由坡脚向上逆坡开挖，施工过程中发生了边坡塌方事故。

问题：指出背景资料中的不妥之处，并说明理由。

答案：

不妥1：编制土方开挖专项施工方案后组织施工。

理由：土方开挖专项施工方案编制后需按规定进行审批或专家论证后方可实施。

不妥2：在基坑北侧坑边大约1m处堆置了3m高的土方。

理由：基坑边堆放土方，要距坑边1m以外，堆放高度不能超过1.5m。

不妥3：开挖时工人间操作间距约为2m。

理由：基坑开挖时，两人操作间距应大于2.5m。

不妥4：开挖时挖土机间距约为8m。

理由：基坑开挖时，挖土机间距应大于10m。

不妥5：挖土时由坡脚向上逆坡开挖。

理由：挖土应由上而下，逐层进行，严禁先挖坡脚或逆坡挖土。

笔 记 区

考点十：脚手架工程安全管理要点

历年考情分析

年份	2014	2015	2016	2017	2018	2019	2020	2021	2022	2023	2024
案例	√		√					√			

一、钢管脚手架搭设

钢管脚手架搭设如下图所示。

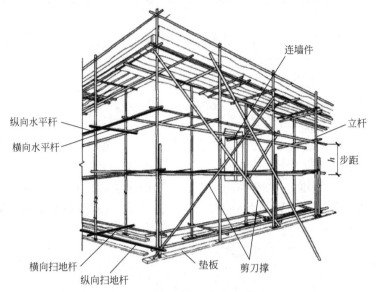

1. 垫板：长度≥2跨、厚度≥50mm、宽度≥200mm的木垫板。
2. 纵向水平杆（大横杆）：
（1）立杆内侧，长度不小于3跨。
（2）接长：对接或搭接；接头不设在同步或同跨内；相邻接头水平错开至少500mm。
（3）接头中心距最近主节点≤1/3纵距。
（4）搭接长度≥1m，等间距设置3个旋转扣件固定，扣件盖板边缘至杆端的距离不应小于100mm。

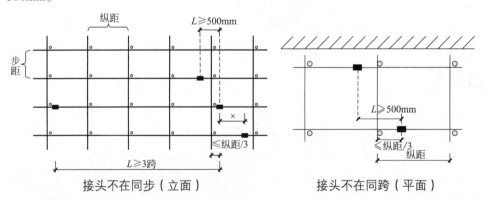

接头不在同步（立面）　　　　接头不在同跨（平面）

3. 直角扣件、旋转扣件的中心点的相互距离不应大于150mm。作业层上非主节点处的横向水平杆，最大间距不应大于纵距的1/2。
4. 扫地杆：
（1）纵上横下（水平杆纵下横上）。
（2）用直角扣件固定于立杆上。
（3）距钢管底端≤200mm。

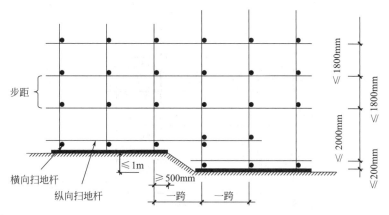

5. 立杆：

对接扣件应交错布置，两根相邻立杆的接头不应设置在同步内，同步内每隔一根立杆的两个相邻接头在高度方向错开的距离不宜小于500mm；各接头中心至主节点的距离不宜大于步距的1/3。

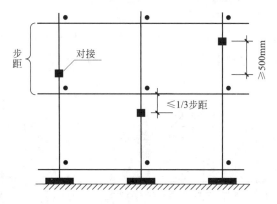

6. 连墙件：

（1）$h \leqslant 24m$，宜用刚性连墙件，亦可用钢筋与顶撑配合使用；$h > 24m$，必须采用刚性连墙件。

（2）连墙点水平间距不得超过3跨，竖向间距不得超过3步，连墙点之上架体的悬臂高度不应超过2步。

（3）在架体的转角处、开口型作业脚手架端部应增设连墙件，连墙件竖向间距不应大于建筑物层高，且不应大于4m。

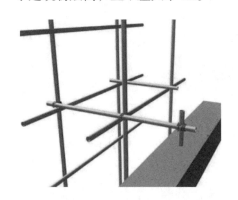

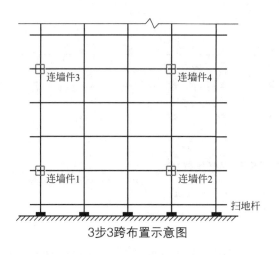

3步3跨布置示意图

7. 剪刀撑：

（1）$h < 24m$，在架体两端、转角及中间每隔不超过15m的立面上，各设一道剪刀撑（由底到顶），剪刀撑净距≤15m。

（2）$h \geq 24m$，外侧全立面连续设置。

（3）每道剪刀撑宽度4～6跨，且应为6～9m，斜杆与地面的倾角为45°～60°。

（4）剪刀撑随立杆、水平杆等同步设置，各底层斜杆下端均必须支承在垫块或垫板上。

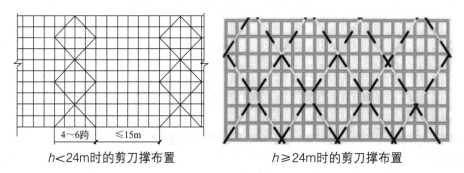

4～6跨	≤15m
$h < 24m$时的剪刀撑布置	$h \geq 24m$时的剪刀撑布置

二、脚手架的拆除

（1）必须由上而下逐层进行，严禁上下同时作业。

（2）连墙件必须随脚手架逐层拆除，严禁先将连墙件整层拆除后再拆脚手架；分段拆除高差不应大于2步，如大于2步，应增设连墙件加固。

（3）拆除作业应设专人指挥，当有多人同时操作时，应明确分工、统一行动，且应具有足够的操作面。

（4）拆除构配件应采用起重设备吊运或人工传递到地面，严禁抛掷。

三、脚手架的检查验收

1. 脚手架搭设过程中，应在下列阶段进行检查，检查合格后方可使用；不合格应进行整改，整改合格后方可使用。

（1）基础完工后及脚手架搭设前。

（2）首层水平杆搭设后。

（3）作业脚手架每搭设一个楼层高度。

（4）悬挑脚手架悬挑结构搭设固定后。

（5）搭设支撑脚手架，高度每2～4步或不大于6m。

2．脚手架的验收应包括下列内容：

（1）材料与构配件质量。

（2）搭设场地、支承结构件的固定。

（3）架体搭设质量。

（4）专项施工方案、产品合格证、使用说明及检测报告、检查记录、测试记录等技术资料。

3．脚手架定期检查的主要内容：

（1）主要受力杆件、剪刀撑等加固杆件和连墙件应无缺失、无松动，架体应无明显变形。

（2）场地应无积水，立杆底端应无松动、无悬空。

（3）安全防护设施应齐全、有效，应无损坏缺失。

（4）附着式升降脚手架支座应稳固，防倾、防坠、停层、荷载、同步升降控制装置应处于良好工作状态，架体升降应正常平稳。

（5）悬挑脚手架的悬挑支承结构应稳固。

四、施工脚手架荷载值

1．脚手架的永久荷载应包括：

（1）脚手架结构件自重。

（2）脚手板、安全网、栏杆等附件的自重。

（3）支撑脚手架所支撑的物体自重。

（4）其他永久荷载。

2．脚手架的可变荷载应包括：

（1）施工荷载。

（2）风荷载。

（3）其他可变荷载。

【经典案例回顾】

例题1（2021年·背景资料节选）：项目一处双排脚手架搭设到20m时，当地遇罕见暴雨，造成地基局部下沉，外墙脚手架出现严重变形，经评估后认为不能继续使用。项目技术部门编制了该脚手架拆除方案，规定了作业时设置专人指挥，多人同时操作时，明确分工、统一行动，保持足够的操作面等脚手架拆除作业安全管理要点。经审批并交底后实施。

问题：脚手架拆除作业安全管理要点还有哪些？

答案：

脚手架拆除作业安全管理要点还有：

（1）必须由上而下逐层进行，严禁上下同时作业。

（2）连墙件必须随脚手架逐层拆除，严禁先将连墙件整层拆除后再拆脚手架。

（3）分段拆除高差不应大于2步，如大于2步，应增设连墙件加固。

（4）拆除构配件应采用起重设备吊运或人工传递到地面，严禁抛掷。

例题2（2016年·背景资料节选）：某新建工程，建筑面积为15000m²，地下2层，地上5层，钢筋混凝土框架结构，800mm厚钢筋混凝土筏板基础，建筑总高20m。外装修施工时，施工单位搭设了扣件式钢管脚手架（如下图所示）。

问题：指出脚手架搭设的错误之处。

答案：

错误1：横向扫地杆在纵向扫地杆上部。

错误2：立杆采用搭接方式接长。

错误3：连墙件仅用钢筋φ8连接。

错误4：首步未设连墙件。（《建筑施工扣件式钢管脚手架安全技术规范》JGJ 130—2011第6.4.3条）

错误5：脚手架底层步距2.3m。（单双排脚手架底层步距≤2m，《建筑施工扣件式钢管脚手架安全技术规范》JGJ 130—2011第6.3.4条）

错误6：立杆悬空，未伸至垫板。

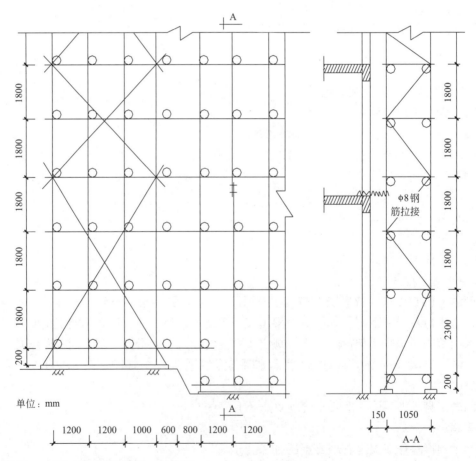

错误7：剪刀撑宽度不够，仅3跨。

错误8：连墙件竖向间距过大。（开口型脚手架连墙件垂直间距不应大于建筑物的层高）

备注：本题严格按照2024年版教材和《施工脚手架通用规范》GB 55023—2022来解答，被《施工脚手架通用规范》GB 55023—2022废止的条款一律不放入答案。

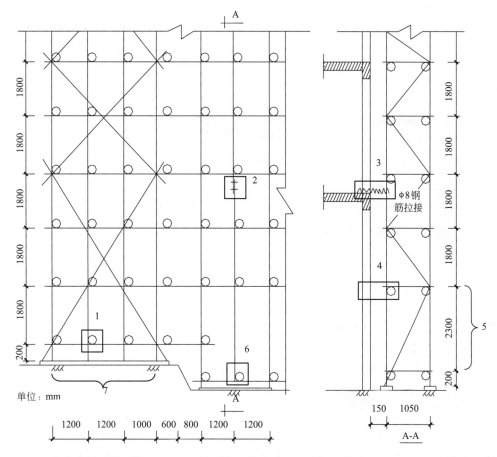

单位：mm

例题3（背景资料节选）：某工程悬挑脚手架搭设到设计高度后，监理工程师组织总承包单位技术负责人（授权委派技术人员）、项目负责人等相关人员进行验收。验收内容包括专项施工方案、产品合格证、检查记录等技术资料。

问题：脚手架验收内容还有哪些？总承包单位参与危大工程（悬挑脚手架）验收的人员还有哪些？

答案：

1. 脚手架验收内容还包括：

（1）材料与构配件质量。

（2）搭设场地、支承结构件的固定。

（3）架体搭设质量。

（4）使用说明及检测报告、测试记录等技术资料。

2. 总承包单位参与危大工程（悬挑脚手架）验收的人员还有：

（1）项目技术负责人。

（2）专项方案编制人员。

（3）专职安全员。

考点十一：主体工程安全管理要点

历年考情分析

年份	2014	2015	2016	2017	2018	2019	2020	2021	2022	2023	2024
案例			√				√		√		

一、现浇混凝土模板与支撑系统施工主要安全隐患

（1）模板支撑架体地基、基础下沉。

（2）架体的杆件间距或步距过大。

（3）架体未按规定设置斜杆、剪刀撑和扫地杆。

（4）构架的节点构造和连接的紧固程度不符合要求。

（5）主梁和荷载显著加大部位的构架未加密、加强。

（6）高支撑架未设置一至数道加强的水平结构层。

二、混凝土浇筑施工主要安全隐患

（1）高处作业安全防护设施不到位。

（2）机械设备的安装、使用不符合安全要求。

（3）混凝土浇筑方案不当使支撑架受力不均衡。

（4）过早地拆除支撑和模板。

三、现浇混凝土工程主要安全控制内容

（1）模板支撑系统设计。

（2）模板支拆施工安全。

（3）混凝土浇筑高处作业安全。

（4）混凝土浇筑设备使用安全。

四、钢结构工程的安全控制要点

（1）钢柱吊装松钩时，施工人员宜通过钢挂梯登高，并应采用防坠器进行人身保护。钢挂梯应预先与钢柱可靠连接，并应随柱起吊。

（2）钢结构安装所需的平面安全通道应分层连续搭设。

（3）钢结构施工的平面安全通道宽度不宜小于600mm，且两侧应设置安全护栏或防护

钢丝绳。

（4）在钢梁或钢桁架上行走的作业人员应佩戴双钩安全带。

【经典案例回顾】

例题（2022年真题·背景资料节选）：某酒店工程宴会厅顶板混凝土浇筑前，施工技术人员向作业班组进行了安全专项方案交底，针对混凝土浇筑过程中可能出现的包括混凝土浇筑方案不当使支撑架受力不均衡等多种安全隐患形式，提出了预防措施。

问题：混凝土浇筑过程中安全隐患的主要表现形式还有哪些?

答案：

混凝土浇筑过程中安全隐患的主要表现形式还有：

（1）高处作业安全防护设施不到位。

（2）机械设备的安装、使用不符合安全要求。

（3）过早地拆除支撑和模板。

笔 记 区

考点十二：吊装工程安全管理要点

历年考情分析

年份	2014	2015	2016	2017	2018	2019	2020	2021	2022	2023	2024
案例											

1. 起重机要做到"十不吊"，即：

（1）超载或被吊物质量不清不吊。

（2）指挥信号不明确不吊。

（3）捆绑、吊挂不牢或不平衡，可能引起滑动时不吊。

（4）被吊物上有人或浮置物时不吊。

（5）结构或零部件有影响安全工作的缺陷或损伤时不吊。

（6）遇有拉力不清的埋置物件时不吊。

（7）工作场地昏暗，无法看清场地、被吊物和指挥信号时不吊。

（8）被吊物棱角处与捆绑钢丝绳间未加衬垫时不吊。

（9）歪拉斜吊重物时不吊。

（10）容器内装的物品过满时不吊。

2. 钢丝绳断丝数在一个节距中超过10%、钢丝绳锈蚀或表面磨损达40%，以及有死弯、结构变形、绳芯挤出等情况时，应报废停止使用。

3. 吊装区安全要求：

（1）吊装物吊离地面200～300mm时，应进行全面检查，并应确认无误后再正式起吊。

（2）当风速达到10m/s时，宜停止吊装作业；当风速达到15m/s时，不得进行吊装作业。

笔记区

考点十三：高处作业安全管理要点

历年考情分析

年份	2014	2015	2016	2017	2018	2019	2020	2021	2022	2023	2024
案例	教材无此内容				√					√	

一、高处作业基本要求

1．高处作业是指凡在坠落高度基准面2m以上（含2m）有可能坠落的高处进行的作业。

2．需制定高处作业安全技术措施的施工活动包括：

（1）临边与洞口作业。

（2）攀登与悬空作业。

（3）操作平台。

（4）交叉作业。

（5）安全防护网搭设。

3．高处作业安全防护设施验收内容应包括：

（1）防护栏杆的设置与搭设。

（2）攀登与悬空作业的用具与设施搭设。

（3）操作平台及平台防护设施的搭设。

（4）防护棚的搭设。

（5）安全网的设置。

（6）安全防护设施、设备的性能与质量，所用的材料、配件的规格。

（7）设施的节点构造，材料配件的规格、材质及其与建筑物的固定、连接状况。

4．安全防护设施宜采用定型化、工具化设施，防护栏应用黑黄或红白相间的条纹标示，盖件应用黄色或红色标示。

二、临边与洞口作业安全防范措施

1．坠落高度在基准面2m及以上进行临边作业时，应在临空一侧设置防护栏杆，并应采用密目式安全立网或工具式栏板封闭。

2．竖向洞口：

（1）短边＜500mm时，采取封堵措施。

（2）短边≥500mm时，临空一侧设置高度不小于1.2m的防护栏杆，并用密目式安全立网或工具式栏板封闭，设置挡脚板。（三步）

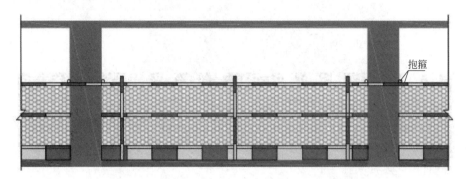

3．非竖向洞口（水平洞口）：

（1）短边为25 ~ 500mm时，应采用承重盖板覆盖，且防止盖板移位。

（2）短边为500 ~ 1500mm时，应采用盖板覆盖或防护栏杆等措施。

（3）短边≥1.5m时，应在洞口作业侧设置高度不小于1.2m的防护栏杆，洞口应采用安全平网封闭。

4．电梯井口：

（1）设置高度不低于1.5m的防护门，并设挡脚板。

（2）井内每隔2层且不大于10m加设一道安全平网。

（3）电梯井内平网网体与井壁的空隙不得大于25mm。

5．防护栏杆：

（1）应为两道横杆，上杆离地高度应为1.2m，下杆应在上杆和挡脚板中间设置。

（2）防护栏杆高度大于1.2m时，应增设横杆，横杆间距不应大于600mm。

（3）立杆间距不应大于2m。

（4）挡脚板高度不应小于180mm。

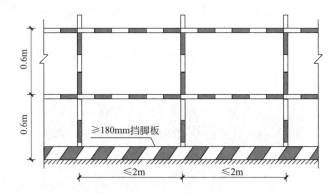

三、攀登与悬空作业的安全防范措施

1．攀登作业

（1）使用固定式直梯攀登作业，当攀登高度超过3m时，宜加设护笼；当攀登高度超过8m时，应设置梯间平台。

（2）钢结构安装时，应使用梯子或其他登高设施进行攀登作业。坠落高度超过2m时，应设置操作平台。

2．悬空作业

（1）钢结构安装施工宜在施工层搭设水平通道，水平通道两侧应设置防护栏杆；当利用钢梁作为水平通道时，应在钢梁一侧设置连续的安全绳，安全绳宜采用钢丝绳。

（2）在坡度大于25°的屋面上作业，当无外脚手架时，应在屋檐边设置不低于1.5m高的防护栏杆，并应采用密目式安全立网全封闭。

四、操作平台的安全防范措施

1．移动式操作平台

（1）面积≤10m²，高度≤5m，高宽比≤2：1，施工荷载≤1.5kN/m²。

2025年版全国一级建造师建筑工程管理与实务案例专题聚焦

（2）立柱底端离地面不得大于80mm，行走轮和导向轮应配有制动器或刹车闸等制动措施。

（3）架体垂直，不得弯曲变形，制动器除在移动情况外均应保持制动状态。

（4）移动时，平台上不得站人。

2．落地式操作平台

（1）高度不应大于15m，高宽比不应大于3：1。

（2）施工荷载不应大于2.0kN/m²，否则应进行专项设计。

（3）平台应与建筑物进行刚性连接或加设防倾措施，不得与脚手架连接。

（4）用脚手架搭设平台时，立杆下部应设底座或垫板、扫地杆，并应在外立面设置剪刀撑或斜撑。

（5）从底层第一步水平杆起，逐层设置连墙件，且间距不应大于4m。

3．悬挑式操作平台

（1）搁置点、拉结点、支撑点设置在主体结构上。

（2）悬挑长度≤5m，均布荷载≤5.5kN/m²，集中荷载≤15kN，悬挑梁应锚固固定。

（3）悬挑式操作平台的形式：

斜拉式悬挑操作平台	两侧连接吊环应与前后两道斜拉钢丝绳连接，每一道钢丝绳应能承载该侧所有荷载
支承式悬挑操作平台	钢平台下方至少两道斜撑
悬臂梁式操作平台	采用型钢制作悬臂梁或悬挑桁架

（4）设置4个吊环，吊运时应使用卡环，不得使吊钩直接钩挂吊环。

（5）外侧略高于内侧，外侧应安装防护栏杆并应设置防护挡板全封闭。

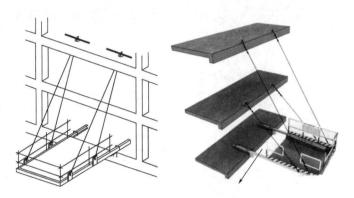

五、交叉作业安全防范措施

（1）下层作业位置应处于上层作业的坠落半径之外。

序号	上层作业高度（h_b）	坠落半径（m）
1	$2 \leqslant h_b \leqslant 5$	3
2	$5 < h_b \leqslant 15$	4
3	$15 < h_b \leqslant 30$	5
4	$h_b > 30$	6

（2）坠落半径内应设安全防护棚或安全防护网。当未设置安全隔离措施时，应设置警戒隔离区，人员严禁进入警戒隔离区。

（3）施工现场人员进出的通道口，应搭设安全防护棚。

① 高度（棚底离地高度）：非机动车辆通行时≥3m；机动车辆通行时≥4m。

② 建筑高度＞24m并采用木质板搭设时，应搭设双层安全防护棚。两层防护的间距≥700mm，安全防护棚高度≥4m。

（4）安全防护网搭设应符合以下规定：

① 每隔3m设一根支撑杆，支撑杆水平夹角不宜小于45°。

② 在楼层设支撑杆时，应预埋钢筋环或在结构内外侧各设一道横杆。

③ 外高里低。

六、建筑施工安全网

（1）密目式安全立网搭设时，每个开眼环扣应穿系绳，系绳应绑扎在支撑架上，间距不得大于450mm。相邻密目网间应紧密结合或重叠。

（2）当立网用于龙门架、物料提升架及井架的封闭防护时，四周边绳应与支撑架贴紧，边绳的断裂张力不得小于3kN，系绳应绑在支撑架上，间距不得大于750mm。

（3）用于电梯井、钢结构和框架结构及构筑物封闭防护的平网，应符合下列规定：

① 平网每个系结点上的边绳应与支撑架靠紧，边绳的断裂张力不得小于7kN，系绳沿网边应均匀分布，间距不得大于750mm。

② 电梯井内平网网体与井壁的空隙不得大于25mm，安全网拉结应牢固。

【经典案例回顾】

例题1（2023年·背景资料节选）： 某新建学校工程，屋盖钢结构施工高处作业安全专项方案规定如下：

（1）钢结构构件宜在地面组装，安全设施一并设置。

（2）坠落高度超过2m的安装，使用梯子进行攀登作业。

（3）施工层搭设的水平通道不设置防护栏杆。

（4）作为水平通道的钢梁一侧两端头设置安全绳。

（5）安全防护采用工具化、定型化设置，防护盖板用黄色和红色标示。

问题： 指出钢结构施工高处作业安全防护方案中的不妥之处，并写出正确做法。安全防护栏杆的条纹警戒标示用什么颜色？

答案：

（1）不妥之处及正确做法：

不妥1：坠落高度超过2m的安装，使用梯子进行攀登作业。

正确做法：坠落高度超过2m的安装，应设置操作平台。

不妥2：施工层搭设的水平通道不设置防护栏杆。

正确做法：水平通道两侧应设置防护栏杆。

不妥3：作为水平通道的钢梁一侧两端头设置安全绳。

正确做法：当利用钢梁作为水平通道时，应在钢梁一侧设置连续的安全绳。

（2）安全防护栏杆的条纹警戒标示颜色：黑黄或红白相间的条纹。

例题2（2018年·背景资料节选）： 一新建工程，地下2层，地上20层，高度为70m，建筑面积为40000m²，标准层平面尺寸为40m×40m。施工总承包单位根据项目部制定的安全技术措施、安全评价等安全管理内容提取了项目安全生产费用，在"×××工程施工组织设计"中制定了临边作业、攀登与悬空作业等高处作业项目安全技术措施。

问题： 安全生产费用还应包括哪些内容？需要在施工组织设计中制定安全技术措施的高处作业项还有哪些？

答案：

（1）安全生产费用还包括：安全教育培训、劳动保护、应急准备等，以及安全监测、检测、论证所需费用。

（2）需制定安全技术措施的高处作业项还有：洞口作业、操作平台、交叉作业及安全防护网搭设。

例题3（背景资料节选）：现场使用一落地式操作平台进行施工作业，平台从底层第一步水平杆起每隔两层设置连墙件，平台临边设置1.15m高防护栏杆，平台上堆放1m高多层模板。

问题：落地式操作平台搭设及使用有哪些不妥之处？写出正确做法。

答案：

不妥1：每隔两层设置连墙件。

正确做法：应逐层设置连墙件，且间距不应大于4m。

不妥2：平台临边设置1.15m高防护栏杆。

正确做法：防护栏杆高度应不低于1.2m。

不妥3：平台上堆放1m高多层模板。

正确做法：平台上临时堆放的模板不宜超过3层。

例题4（背景资料节选）：施工方在楼层悬挑式钢制卸料平台安装技术交底中强调，要求使用吊环进行钢平台吊运，安装时需保证卸料平台标高一致，并要求在卸料平台外侧安装防护栏杆封闭。架子工对此提出异议。项目专职安全员在安全"三违"巡视检查时，发现有违章作业现象，要求立即停止悬挑式钢制卸料平台安装作业。

问题：指出悬挑式钢制卸料平台安装技术交底内容的不妥之处，并说明理由。"三违"巡视检查还应包括哪些内容？

答案：

（1）不妥之处及理由：

不妥1：使用吊环进行钢平台吊运。

理由：应使用卡环调运。

不妥2：安装时需保证卸料平台标高一致。

理由：安装时外侧应略高于内侧。

不妥3：在卸料平台外侧安装防护栏杆封闭。

理由：外测应安装防护栏杆并设置防护挡板全封闭。

（2）"三违"巡视检查还应包括：违章指挥、违反劳动纪律。

例题5（背景资料节选）：外墙装饰完成后，施工单位安排工人拆除外脚手架。在拆除过程中，上部钢管意外坠落击中下部施工人员，造成1名工人死亡。

问题：安全事故分几个等级？本次安全事故属于哪种安全事故？当交叉作业无法避开在同一垂直方向上操作时，应采取什么措施？

答案：

（1）分为四个等级。

（2）属于一般事故。

（3）应设置安全防护棚或安全防护网等安全隔离措施。

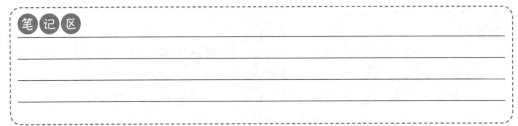

考点十四：塔式起重机安全管理要点

历年考情分析

年份	2014	2015	2016	2017	2018	2019	2020	2021	2022	2023	2024
案例	√	√	√		√						

1. 塔式起重机拆装配备人员的相关规定：

（1）持有安全生产考核合格证书的人员：项目负责人、安全负责人、机械管理人员。

（2）持有特种作业操作资格证书的人员：起重机械安装拆卸工、起重司机、起重信号工、司索工。

2. 无载荷作用下，塔身与地面的垂直度偏差不得超过4‰。

3. 安全保护装置：动臂变幅限制器、行走限位器、力矩限制器、吊钩高度限制器、行程限位开关。

4. 不得超载和起吊重量不明的物件。

5. 塔式起重机运行时突然停电，应采取下列措施：

（1）立即将所有控制器拨到零位。

（2）断开电源开关。

（3）采取措施将重物安全降到地面。

注：严禁起吊重物后长时间悬挂在空中。

6. 遇有6级及以上的大风或大雨、大雪、大雾等恶劣天气时，应停止塔式起重机露天作业。雨雪过后或雨雪中作业时，应先进行试吊，确认制动器灵敏可靠后方可作业。

7. 在起吊荷载达到塔式起重机额定起重量的90%及以上时，应先将重物吊离地面200～500mm，然后进行下列检查：机械状况、制动性能、物件绑扎情况等，确认安全后方可继续起吊。对有晃动的物件，必须拉溜绳使之稳定。

【经典案例回顾】

例题1（2018年·背景资料节选·有改动）： 设备安装阶段，发现拟安装在屋面的某空调机组重量达到塔式起重机限载值（额定起重量）的96%。起吊前先进行试吊，即将空调机组吊离地面80cm后停止提升，现场安排专人进行观察与监督。监理工程师认为施工单位做法不符合安全规定，要求整改，对试吊时的各项检查内容进行旁站监理。

问题： 指出背景资料中施工单位做法不符合安全规定之处，并说明理由。在试吊时，必须进行哪些检查？

答案：

（1）不妥之处：试吊时将空调机组吊离地面80cm。

理由：在起吊荷载达到塔式起重机额定起重量90%及以上时，应先将重物吊离地面20～50cm进行检查。

（2）试吊时必须检查的内容包括：①机械状况；②制动性能；③物件绑扎情况。

例题2（2014年·背景资料节选）： 某工程项目经理持有一级注册建造师证书和安全生产考核资格证书（B类），电工、电焊工、架子工持有特种作业操作资格证书。

问题：背景资料中的施工企业还有哪些人员需要取得安全生产考核资格证书及其证书类别分别是什么？与建筑起重作业相关的特种作业人员有哪些？

答案：

（1）需要取得安全生产考核资格证书的人员还包括：施工单位主要负责人、项目专职安全管理人员。

（2）安全生产考核资格证书类别分别为：施工单位主要负责人为A类证书；项目专职安全管理人员为C类证书。

（3）起重机械安装拆卸工、起重司机、起重信号工、司索工。

例题3（2022年二建·背景资料节选）：用于宿舍楼的某预制外墙板，即将起吊时突遇6级大风，施工人员立即停止作业，塔式起重机吊钩仍挂在外墙板预埋吊环上。大风过后，施工人员直接将该预制外墙板吊至所在楼层，利用轮廓线控制就位后，设置2道可调斜撑临时固定。

问题：指出预制外墙板在吊运和安装过程中的不妥之处，并写出正确做法。还有哪些恶劣天气下塔式起重机要停止作业？

答案：

（1）不妥之处及正确做法：

不妥1：塔式起重机停止作业时，吊钩仍挂在外墙板预埋吊环上。

正确做法：停止作业的塔式起重机应解钩，将吊钩升起。

不妥2：大风过后，直接起吊外墙板。

正确做法：应先试吊，确认制动器灵敏可靠后方可正式起吊。

不妥3：预制外墙板采用轮廓线控制就位。

正确做法：预制外墙板应以轴线和轮廓线双控制为准。

（2）塔式起重机需停止作业的恶劣天气还有：大雨、大雪、大雾。

例题4（背景资料节选）：施工第10层时，碰上当地供电部门临时停电，现场对塔式起重机采取了相应的安全防范措施。

问题：对于塔式起重机运转过程中突然停电的情况，按步骤写出相应的安全防范措施。

答案：

（1）立即将所有控制器拨到零位。

（2）断开电源开关。

（3）采取措施将重物安全降到地面。

例题5（背景资料节选）：塔式起重机安装阶段，发现总高度为135m的塔身，在无载荷作用下塔尖垂直度水平位移偏差675mm，监理工程师认为该塔式起重机不符合安全规定，要求对塔式起重机进行全面的整体技术检验和调整，经再次检验合格后方可投入使用。

问题：监理工程师要求塔式起重机重新检验是否正确？说明理由。

答案：

监理工程师的要求：正确。

理由：本塔身的垂直度偏差=675/（135×1000）=5‰，规范要求塔身垂直度偏差不得超过4‰。

笔 记 区

考点十五：施工电梯安全管理要点

历年考情分析

年份	2014	2015	2016	2017	2018	2019	2020	2021	2022	2023	2024
案例											

1. 在施工电梯周围5m内，不得堆放易燃、易爆物品及其他杂物，不得挖沟开槽。电梯2.5m范围内应搭坚固的防护棚。

2. 层间平台防护：

（1）平台两侧边：防护栏杆+挡脚板，密目式安全立网或工具式栏板封闭。

（2）平台口：高度≥1.8m的防护门，设防外开装置（即开闭装置在外侧）。

3. 司机需取得机械操作合格证后，方可独立操作。

4. 正式投入使用前检查内容：

（1）限位安全装置。

（2）制动情况。

（3）楼层站台、防护门、上限位及前、后门限位。

（4）运转情况。

5. 遇下列情况，施工电梯应停止运行：

（1）天气恶劣，如雷雨、6级及以上大风、大雾及导轨结冰时。

（2）灯光不明，信号不清。

（3）机械发生故障，未彻底排除。

（4）钢丝绳断丝磨损超过规定。

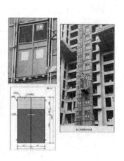

【经典案例回顾】

例题1（背景资料节选）：某超高层建筑工程，工期较紧，外幕墙与室内精装修同时进行施工，采用4台SCD200/200G型高速施工电梯运输人员及材料。电梯安装位置与各楼层搭设过桥连接，并设置相应的安全防护措施。电梯拆除后再进行相应位置的幕墙封闭。

问题：施工电梯与各楼层过桥安全防护措施应如何设置？

答案：

（1）两侧设置防护栏杆、挡脚板，并用密目式安全立网或工具式栏板封闭。

（2）停层平台口应设置高度不低于1.8m的防护门，并应设置防外开装置。

例题2（背景资料节选）：项目采用SC200/200V型高速施工电梯运输人员及材料。在施工电梯安装完毕且检查验收合格后投入了使用。为了避免恶劣天气带来的安全隐患，监理工程师要求雷雨等天气应停止作业。

问题：施工电梯投入使用前应检查的内容有哪些？还有哪些恶劣天气也应停止施工电梯运行？

答案：

（1）施工电梯投入使用前应检查的内容有：

① 限位安全装置。

② 制动情况。

③ 楼层站台、防护门、上限位及前、后门限位。

④ 运转情况。

（2）施工电梯应停止运行的恶劣天气还有：6级及以上大风、大雾及导轨结冰时。

笔记区
_____
_____
_____
_____

考点十六：其他建筑机具安全管理要点

历年考情分析

年份	2014	2015	2016	2017	2018	2019	2020	2021	2022	2023	2024
案例						√			√		

一、物料提升机

（1）龙门架、井架物料提升机不得用于高度25m及以上的建设工程施工。

（2）钢丝绳端部的固定采用绳卡时，绳卡数量不得少于3个且间距不小于钢丝绳直径的6倍。绳卡滑鞍放在受力绳的一侧，不得正反交错设置绳卡。

（3）安全防护装置包括：安全停靠装置，断绳保护装置，楼层口停靠栏杆，吊篮安全门，上料口防护棚，上极限限位器，下极限限位器，紧急断点开关，信号装置，缓冲器，超载限制器，通信装置。

（4）附墙架与架体及建筑之间，应采用刚性件连接，不得连接在脚手架上，严禁使用钢丝绑扎。

二、钢筋加工机械

（1）室外作业应设置机棚，机械旁应有堆放原材料、半成品的场地。

（2）钢筋调直切断机在调直块未固定或防护罩未盖好前，不得送料。作业中，不得打开防护罩。

（3）钢筋弯曲机的工作台和弯曲机台面应保持水平。操作人员应站在机身设有固定销的一侧。

三、铆焊设备

（1）焊接操作及配合人员必须按规定穿戴劳动防护用品，并必须采取防止触电、高空坠落、瓦斯中毒和火灾等事故的安全措施。

（2）气焊电石起火时必须用干砂或二氧化碳灭火器，严禁用泡沫、四氯化碳灭火器或水灭火。电石粒末应在露天销毁。

（3）未安装减压器的氧气瓶严禁使用。

四、气瓶

（1）气瓶的放置地点，不得靠近热源和明火；禁止敲击、碰撞；禁止在气瓶上进行电弧引焊；禁止用带油的手套开气瓶。

（2）氧气瓶和乙炔瓶在室温下，两瓶之间的安全距离至少为5m；气瓶至明火的距离至少为10m。

（3）气瓶内的气体不能用尽，必须留有剩余压力或重量。

（4）气瓶必须配有瓶帽、防震圈；旋紧瓶帽、轻装、轻卸，严禁抛、滑、滚动或撞击。

【经典案例回顾】

例题1（2019年·背景资料节选）：施工中，施工员对气割作业人员进行安全作业交底，主要内容有：气瓶要防止暴晒；气瓶在楼层内滚动时应设置防震圈；严禁用带油的手套开气瓶。切割时，氧气瓶和乙炔瓶的放置距离不得小于5m，气瓶至明火的距离不得小于8m；气割作业点至易燃物的距离不小于20m；气瓶内的气体应尽量用完，减少浪费。

问题：指出施工员安全作业交底中的不妥之处，并写出正确做法。

答案：

不妥1：气瓶在楼层内滚动。

正确做法：严禁滚动气瓶，应抬至指定位置。

不妥2：气瓶至明火的距离不得小于8m。

正确做法：气瓶至明火的距离至少为10m。

不妥3：气割作业点至易燃物的距离不小于20m。

正确做法：气割作业点至易燃物的距离不得小于30m。

不妥4：气瓶内的气体应尽量用完。

正确做法：气瓶内的气体不能用尽，必须留有剩余压力或重量。

例题2（背景资料节选）：现场采用物料提升机进行小型材料吊运，提升机钢丝绳采用绳卡固定，设置2个绳卡，绳卡滑鞍正反交错设置。监理工程师巡视时发现存在安全隐患，责令限期整改。

问题：物料提升机设置有哪些不妥？说明理由。

答案：

不妥1：钢丝绳采用2个绳卡固定。

理由：绳卡数量不得少于3个。

不妥2：绳卡滑鞍正反交错设置。

理由：绳卡滑鞍放在受力绳的一侧，不得正反交错设置绳卡。

例题3（背景资料节选）：现场对铆焊设备进行专项安全检查发现：焊接操作及配合人员采取了防止火灾等事故的安全措施，用四氯化碳灭火器扑灭气焊电石起火，正在使用的氧气瓶配有安全阀，但未安装减压器。

问题：指出铆焊设备使用的不妥之处并改正。相关人员还需采取哪些安全措施？

答案：

（1）不妥之处并改正：

不妥1：用四氯化碳灭火器扑灭气焊电石起火。

正确做法：应用干砂或二氧化碳灭火器灭火。

不妥2：氧气瓶未安装减压器。

正确做法：未安装减压器的氧气瓶严禁使用。

（2）还需采取的安全措施：防止触电、高空坠落、瓦斯中毒等事故的安全措施。

> 笔 记 区
>
> _____
>
> _____
>
> _____
>
> _____

考点十七：常见施工生产安全事故及预防

历年考情分析

年份	2014	2015	2016	2017	2018	2019	2020	2021	2022	2023	2024
案例	√	√		√							√

一、安全事故分类

1. 按事故的原因及性质分类

分为生产事故、质量问题、技术事故和环境事故。

2. 按事故类别分类

建筑业相关职业伤害事故可分为12类，即：物体打击、车辆伤害、机械伤害、起重伤害、触电、灼烫、火灾、高处坠落、坍塌、爆炸、中毒和窒息、其他伤害。

建筑工程最常发生的安全事故有：高处坠落、物体打击、机械伤害、触电、坍塌，占事故总数的80%～90%。

3. 根据人员伤亡或者直接经济损失分类

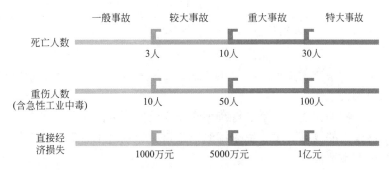

注：需注意与质量事故的区别。

二、常见施工安全事故预防措施

（1）在主要施工部位、作业层面、危险区域以及主要通道口设置安全警示标识。

（2）在建工程的预留洞口、通道口、楼梯口、电梯井口等孔洞以及无围护设施或围护设施高度低于1.2m的楼层周边、楼梯侧边、平台或阳台边、屋面周边和沟、坑、槽等边沿应采取安全防护措施。

（3）管道、容器内进行焊接作业时，应采取绝缘或接地措施，并应保障通风。

（4）起重机械最高处的风速超过9.0m/s时，应停止起重机安装拆卸作业。

【经典案例回顾】

例题（2024年·背景资料节选）：公司对项目部施工安全管理进行全面检查，包括安全思想、安全责任、设备设施、教育培训、劳动防护用品使用、伤亡事故处理等十项主要内容。特别对现场最常发生的高处坠落、坍塌等五类事故进行警示教育，要求重点防范。

问题：现场施工安全管理检查还有哪些内容？现场最常发生的安全事故类别还有哪些？

答案：

（1）现场施工安全管理检查内容还有：安全制度、安全措施、安全防护、操作行为等。

（2）现场最常发生的安全事故类别还有：物体打击、机械伤害、触电。

笔 记 区

考点十八：生产安全重大事故隐患判定标准

年份	2014	2015	2016	2017	2018	2019	2020	2021	2022	2023	2024
案例					教材无此内容						

1. 施工安全管理有下列情形之一的，应判定为重大事故隐患：

（1）建筑施工企业未取得安全生产许可证擅自从事建筑施工活动。

（2）施工单位的主要负责人、项目负责人、专职安全生产管理人员未取得安全生产考核合格证书从事相关工作。

（3）建筑施工特种作业人员未取得特种作业人员操作资格证书上岗作业。

（4）危险性较大的分部分项工程未编制、未审核专项施工方案，或未按规定要求对专项施工方案组织专家论证。

2. 基坑工程有下列情形之一的，应判定为重大事故隐患：

（1）对因基坑工程施工可能造成损害的毗邻重要建筑物、构筑物和地下管线等，未采取专项防护措施。

（2）基坑土方超挖且未采取有效措施。

（3）深基坑施工未进行第三方监测。

（4）出现基坑坍塌风险预兆且未及时处理。

3. 模板工程有下列情形之一的，应判定为重大事故隐患：

（1）模板工程的地基基础承载力和变形不满足设计要求。

（2）模板支架承受的施工荷载超过设计值。

（3）模板支架拆除及滑模、爬模爬升时，混凝土强度未达到设计或规范要求。

4. 脚手架工程有下列情形之一的，应判定为重大事故隐患：

（1）脚手架工程的地基基础承载力和变形不满足设计要求。

（2）未设置连墙件或连墙件整层缺失。

（3）附着式升降脚手架未经验收合格即投入使用。

【经典案例回顾】

例题（背景资料节选）：现场组织安全检查时，发现模板工程的地基基础承载力不满足设计要求，判定为重大事故隐患。监理工程师会同施工方专职安全员重点对塔式起重机等设备设施进行了安全验收检查。

问题：模板工程还有哪些情形也应判定为重大事故隐患？设备设施安全验收检查的对象还有哪些？

答案：

（1）模板工程应判定为重大事故隐患的情形还有：

①模板工程的地基基础变形不满足设计要求。

②模板支架承受的施工荷载超过设计值。

③模板支架拆除及滑模、爬模爬升时，混凝土强度未达到设计或规范要求。

（2）设备设施安全验收检查的对象还有：外用施工电梯、龙门架及井架物料提升机、电气设备、脚手架、现浇混凝土模板支撑系统。

笔记区

_____

_____

_____

_____

第九章

绿色建造及施工现场环境

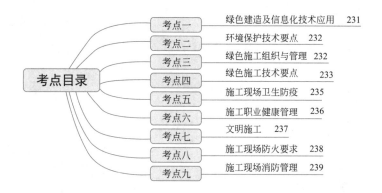

考点目录

考点一	绿色建造及信息化技术应用	231
考点二	环境保护技术要点	232
考点三	绿色施工组织与管理	232
考点四	绿色施工技术要点	233
考点五	施工现场卫生防疫	235
考点六	施工职业健康管理	236
考点七	文明施工	237
考点八	施工现场防火要求	238
考点九	施工现场消防管理	239

考点一：绿色建造及信息化技术应用

历年考情分析

年份	2014	2015	2016	2017	2018	2019	2020	2021	2022	2023	2024
案例					教材无此内容						

一、项目管理信息系统

项目管理信息系统包括成本管理、进度管理、质量管理、材料及机械设备管理、合同管理、安全管理、文档资料管理等子系统。

二、施工现场监管信息系统

施工现场监管信息系统由数据采集层、基础设施层、数据层、业务应用层和用户层等组成。

三、从业人员实名制监管数据

（1）从业人员基本信息与务工合同信息。

（2）项目实名制备案与用工花名册信息。

（3）企业工资支付专用账户信息。

（4）项目工资支付保证金信息。

（5）项目出勤计量信息。

（6）从业人员工资支付信息。

（7）从业人员务工行为评价信息。

四、深基坑施工过程中现场监测的对象

（1）支护结构。

（2）基坑及周边岩土体。

（3）地下水。

（4）周边环境中的被保护对象。

（5）其他应监测的对象。

五、混凝土结构中的绿色施工技术应用

（1）宜采用专业化生产的成型钢筋。

（2）钢筋连接宜采用机械连接方式。

（3）钢筋除锈时，应采取避免扬尘和防止土壤污染的措施。

（4）应选用周转率高的模板和支撑体系。

（5）宜使用工业化模板及支撑体系。

（6）脚手架和模板支撑宜选用承插式、碗扣式、盘扣式等。

考点二：环境保护技术要点

历年考情分析

年份	2014	2015	2016	2017	2018	2019	2020	2021	2022	2023	2024
案例				√							

一、夜间施工

（1）时间：当日22时到次日6时。

（2）需采取的措施：办理夜间施工许可证明，并公告附近社区居民。（办证、公告）

二、尽量避免或减少光污染

（1）夜间室外照明灯：加设灯罩，透光方向集中在施工区域。

（2）电焊作业：采取遮挡措施，避免电焊弧光外泄。

三、污水排放要申领"临时排水许可证"。

（1）雨水排入市政雨水管网。

（2）污水经沉淀处理后二次使用或排入市政污水管网。

考点三：绿色施工组织与管理

历年考情分析

年份	2014	2015	2016	2017	2018	2019	2020	2021	2022	2023	2024
案例											

一、实施组织

总承包单位对工程项目的绿色施工负总责。分包单位对承包范围内的工程项目绿色施工负责。项目部应建立以项目经理为第一责任人的绿色施工管理体系。

二、绿色施工评价

（1）绿色施工评价框架体系由基本规定评价、指标评价、要素评价、批次评价、阶段评价、单位工程评价及评价等级划分等构成，绿色施工评价依此顺序进行。

（2）单位工程评价应在阶段评价的基础上进行，评价等级划分为：不合格、合格和优良三个等级。

（3）单位工程绿色施工评价由建设单位组织，施工单位和监理单位参加；阶段评价由建设单位或监理单位组织，建设单位、监理单位和施工单位参加；批次评价由施工单位组织，建设单位和监理单位参加。

（4）评价结果应由建设、监理和施工单位三方签认。

笔记区

考点四：绿色施工技术要点

历年考情分析

年份	2014	2015	2016	2017	2018	2019	2020	2021	2022	2023	2024
案例					√						

一、节材与材料资源利用技术要点

（1）审核节材与材料资源利用的相关内容，降低材料损耗率；合理安排材料的采购、进场时间和批次，减少库存；应就地取材，装卸方法得当，防止损坏和遗撒；避免和减少二次搬运。

（2）推广使用商品混凝土和预拌砂浆、高强钢筋和高性能混凝土，减少资源消耗。推广钢筋专业化加工和配送，优化钢结构制作和安装方案，装饰贴面类材料在施工前，应进行总体排版策划，减少资源损耗。采用非木质的新材料或人造板材代替木质板材。

（3）门窗、屋面、外墙等围护结构选用耐候性及耐久性良好的材料，施工确保密封性、防水性和保温隔热性，并减少材料浪费。

（4）应选用耐用、维护与拆卸方便的周转材料和机具。模板应以节约自然资源为原则，推广采用外墙保温板替代混凝土施工模板的技术。

（5）现场办公和生活用房采用周转式活动房。

二、节水与水资源利用技术要点

（1）现场机具、设备、车辆冲洗用水必须设置循环用水装置。

（2）现场对生活用水与工程用水确定用水定额指标，并分别计量管理。

（3）现场机具、设备、车辆冲洗、喷洒路面、绿化浇灌等用水，优先选用非传统水源，尽量不使用市政自来水。

三、节能与能源利用的技术要点

（1）制定合理的施工能耗指标，提高施工能源利用率。充分利用太阳能、地热等可再生能源。

（2）优先使用国家、行业推荐的节能、高效、环保的施工设备和机具。合理安排工序，提高各种机械的使用率和满载率，降低各种设备的单位耗能。优先考虑耗用电能的或其他能耗较少的施工工艺。

（3）临时设施宜采用节能材料，墙体、屋面使用隔热性能好的材料，减少夏天空调、冬天取暖设备的使用时间及耗能量。

（4）临时用电优先选用节能电线和节能灯具，临时照明按照最低照度设计。合理配置供暖设备、空调、风扇数量，规定使用时间，实行分段分时使用，节约用电。

（5）施工现场分别设定生产、生活、办公和施工设备的用电控制指标，定期进行计量、核算、对比分析，并有预防与纠正措施。

四、节地与施工用地保护的技术要点

（1）红线外临时占地应尽量使用荒地、废地，少占用农田和耕地。利用和保护施工用地范围内原有的绿色植被。

（2）施工现场道路按照永临结合的原则布置。施工现场内宜形成环形通路，减少道路占用土地。

五、绿色施工创新技术

（1）装配式施工技术。

（2）信息化施工技术。

（3）基坑与地下工程施工的资源保护和创新技术。

（4）建材与施工机具和设备绿色性能评价及选用技术。

（5）钢结构、预应力结构和新型结构施工技术。

（6）高性能混凝土应用技术。

（7）高强度、耐候钢材应用技术。

（8）新型模架开发与应用技术。

（9）建筑垃圾减排及回收再利用技术。

【经典案例回顾】

例题（2018年·背景资料节选）：在"绿色施工专项方案"的节能与能源利用部分，

分别设定了生产等用电项的控制指标，规定了包括分区计量等定期管理要求，制定了指标控制预防与纠正措施。

问题：在"绿色施工专项方案"的节能与能源利用中，还应分别对哪些用电项设定控制指标？对控制指标定期管理的内容还有哪些？

答案：

（1）还应设定控制指标的用电项有：生活、办公和施工设备等用电项。

（2）定期管理的内容还有：核算、对比分析。

笔记区

考点五：施工现场卫生防疫

历年考情分析

年份	2014	2015	2016	2017	2018	2019	2020	2021	2022	2023	2024
案例	√						√	√			

一、施工现场生活区应符合的规定

（1）围挡应采用可循环、可拆卸、标准化的定型材料，且高度不得低于1.8m。

（2）出入大门处应有专职门卫，并应实行封闭式管理。

（3）应制定法定传染病、食物中毒、急性职业中毒等突发疾病的应急预案。

二、卫生管理

（1）施工现场食堂应设置独立的制作间、储藏间，配备必要的排风和冷藏设施；应制定食品留样制度并严格执行。

（2）办公区和生活区应设置封闭的生活垃圾箱，生活垃圾应分类投放，收集的垃圾应及时清运。

（3）施工现场应配备充足有效的医疗和急救用品，且应保障在需要时方便取用。

笔记区

考点六：施工职业健康管理

历年考情分析

年份	2014	2015	2016	2017	2018	2019	2020	2021	2022	2023	2024
案例											

一、易发职业病类型

（1）手工电弧焊作业易发职业病：电焊尘肺、一氧化碳中毒、电光性眼炎。

（2）振捣作业易发职业病：手臂振动病、噪声致聋。

（3）油漆作业、防腐作业易发职业病：苯中毒。

二、现场常见工种需配备的劳动防护用品

（1）架子工、塔司、起重工：紧口工作服、系带防滑鞋、工作手套。

（2）信号工：专用标识服装、有色防护眼镜（强光环境）。

（3）维修电工：绝缘鞋、绝缘手套、紧口工作服。

（4）电焊工、气割工：阻燃防护服、绝缘鞋（含鞋盖）、电焊手套、焊接防护面罩、阻燃安全带（高处作业时）。

（5）防水工、油漆工：防静电工作服、防静电鞋和鞋盖、防护手套、防毒口罩、防护眼镜。

三、职业病的预防

（1）对劳动者进行上岗前的职业卫生培训和在岗期间的定期职业卫生培训。

（2）对从事接触职业病危害作业的劳动者，应当组织上岗前、在岗期间和离岗时的职业健康检查。

【经典案例回顾】

例题（背景资料节选）：现场作业时，电焊工突发身体不适，送医院被诊断为一氧化碳中毒。监理工程师要求所有接触职业病危害作业的劳动者必须按有关规定进行职业健康检查。

问题：电焊工的职业病类型还有哪些？写出需要进行职业健康检查的时间。

答案：

电焊工的职业病类型还有：电焊尘肺、电光性眼炎。

职业健康检查的时间：上岗前、在岗期间、离岗时。

笔记区

考点七：文明施工

历年考情分析

年份	2014	2015	2016	2017	2018	2019	2020	2021	2022	2023	2024
案例	√			√	√						

一、现场文明施工管理的主要内容

（1）抓好项目文化建设。

（2）规范场容，保持作业环境整洁卫生。

（3）创造文明有序的安全生产条件。

（4）减少对居民和环境的不利影响。

二、文明施工基本要求

（1）施工现场应做到"六化"：围挡、大门、标牌标准化；材料码放整齐化；安全设施规范化；生活设施整洁化；职工行为文明化；工作生活秩序化。

（2）施工作业应做到"四不"：工完场清、施工不扰民、现场不扬尘、运输无遗撒、垃圾不乱弃。

三、现场文明施工管理的控制要点

（1）施工区域应与办公、生活区划分清晰，采取相应的隔离防护措施。

（2）施工现场临时设施包括：办公室、宿舍、食堂、厕所、淋浴间、开水房、文体活动室、密闭式垃圾站及盥洗设施等。

（3）安全文明施工宣传方式：

① 宣传栏。

② 报刊栏。

③ 悬挂安全标语。

④ 安全警示标志牌。

【经典案例回顾】

例题（背景资料节选）：为使施工现场保持良好的施工环境和施工秩序，杜绝"脏、乱、差"的现象，建设单位要求施工现场做到围挡、大门、标牌标准化等文明施工管理"六化"要求。

问题：建筑工程施工现场文明施工"六化"要求还有哪些？

答案：

（1）材料码放整齐化。

（2）安全设施规范化。

（3）生活设施整洁化。

（4）职工行为文明化。

（5）工作生活秩序化。

考点八：施工现场防火要求

历年考情分析

年份	2014	2015	2016	2017	2018	2019	2020	2021	2022	2023	2024
案例						√					

一、动火等级及审批程序

等级	范围	审批程序		
		组织申请	事项	审批人
一级	（1）禁火区域内。 …… （4）危险性较大的登高焊、割作业。 （5）比较密封室内、容器内、地下室。 （6）现场堆有大量可燃和易燃物质场所	项目负责人	（1）编制防火安全技术方案。 （2）填写动火申请表	企业安全管理部门
二级	（1）具有一定危险因素的非禁火区域内的临时性焊、割作业。 （2）小型油箱。 （3）登高焊、割作业	项目责任工程师	（1）拟定防火安全技术措施。 （2）填写动火申请表	项目安全管理部门项目负责人
三级	非固定、无明显危险因素的场所	班组	填写动火申请表	项目安全管理部门项目责任工程师

注：1. 动火证当日当地有效。
    2. 义务消防队人数不少于施工总人数的10%。

二、施工现场防火要求

（1）不得在高压线下方搭设临时性建筑物或堆放可燃物品。

（2）危险物品与易燃易爆品的堆放距离不得小于30m。

（3）乙炔瓶和氧气瓶使用时距离不得小于5m，距火源的距离不得小于10m。

（4）氧气瓶、乙炔瓶等焊割设备上的安全附件应完整、有效，否则不得使用。

考点九：施工现场消防管理

历年考情分析

年份	2014	2015	2016	2017	2018	2019	2020	2021	2022	2023	2024
案例	√			√		√					

一、施工期间的消防管理

（1）动火前要清除周围的易燃、可燃物，必要时采取隔离等措施。作业后必须确认无火源隐患方可离去。

（2）施工现场必须成立消防安全领导机构，建立健全各种消防安全职责，落实消防安全责任，包括消防安全制度、消防安全操作规程、消防应急预案及演练、消防组织机构、消防设施平面布置、组织义务消防队等。

二、消防器材的配备

（1）临时搭设的建筑物区域内每100m^{2}配备2只10L灭火器。

（2）大型临时设施总面积超过1200m^{2}时，应配有专供消防用的太平桶、积水桶（池）、黄砂池，且周围不得堆放易燃物品。

（3）临时木料间、油漆间、木工机具间等，每25m^{2}配备1只灭火器。

（4）应有足够的消防水源，其进水口一般不应少于两处。

（5）消防箱内消防水管长度不小于25m。

三、灭火器

1. 设置在明显的位置，如房间出入口、通道、走廊、门厅及楼梯等部位，铭牌必须朝外。

2. 手提式灭火器摆放位置：

（1）挂钩上。

（2）托架上。

（3）消防箱内。

（4）环境干燥、条件较好场所的地面上。

3. 顶部离地面高度＜1.5m，底部离地面高度≥0.15m。

4. 可直接放在消防箱的底面上，但消防箱离地面的高度不宜小于0.15m。

四、重点部位的防火要求

1. 存放易燃材料仓库的防火要求：

（1）设在水源充足、消防车能驶到的地方，并应设在下风方向。

（2）易燃材料露天仓库四周内，应有宽度不小于6m的平坦场地作为消防通道，通道上禁止堆放障碍物。

（3）易引起火灾的仓库，应将库房内、外每500m^{2}区域分段设立防火墙。

（4）可燃材料仓库单个房间的建筑面积不应超过30m²，易燃易爆危险品仓库单个房间的建筑面积不应超过20m²。房间内任一点至最近疏散门的距离不应大于10m，房门的净宽度不应小于0.8m。

（5）仓库或堆场内电缆一般应埋入地下；若有困难需设置架空电力线时，架空电力线与露天易燃物堆垛的最小水平距离不应小于电杆高度的1.5倍。

（6）仓库或堆料场所使用的照明灯具与易燃堆垛间至少应保持1m的距离。

（7）开关箱、接线盒应距离堆垛外缘不小于1.5m。

（8）仓库或堆料场严禁使用碘钨灯。

2．油漆料库与调料间的防火要求：

（1）油漆料库与调料间应分开设置。

（2）性质相抵触、灭火方法不同的品种，应分库存放。

（3）调料间应通风良好，并用防爆电器设备，室内禁止一切火源，调料间不能兼作更衣室和休息室。

（4）调料间内不应存放超过当日调制所需的原料。

3．木工操作间的建筑应采用阻燃材料搭建。

【经典案例回顾】

例题1（2017年·背景资料节选）： 部分木工堆场临时用电现场布置剖面示意图如下图所示。

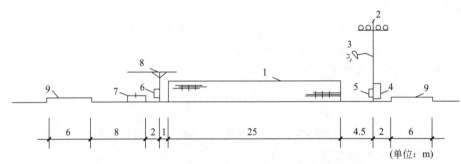

1—模板堆；2—电杆（高5m）；3—碘钨灯；4—堆场配电箱；5—灯开关箱；
6—电锯开关箱；7—电锯；8—木工棚；9—场内道路

问题： 指出图中措施做法的不妥之处。正常情况下，现场临时配电系统停电的顺序什么？

答案：

（1）不妥之处有：

不妥1：敞开式木工棚。

不妥2：堆场配电箱和电锯开关箱的距离太远（距离达30.5m）。

不妥3：电杆离模板堆太近（距离4.5m）。

不妥4：电锯开关箱离模板堆外缘太近（距离1m）。

不妥5：使用碘钨灯。

不妥6：照明用电与动力用电采用一个回路。

（2）现场临时配电系统停电的顺序为：开关箱→分配电箱→总配电箱。

例题2（2014年·背景资料节选）： 监理工程师在消防工作检查时，发现一只手提式灭火器直接挂在工人宿舍外墙的挂钩上，其顶部离地面的高度为1.6m；食堂设置了独立制作间和冷藏设施，燃气罐放置在通风良好的杂物间。

问题：指出上述背景资料有哪些不妥之处，并说明正确做法。手提式灭火器还有哪些放置方法？

答案：

（1）不妥之处及正确做法：

不妥1：手提式灭火器顶部离地面的高度为1.6m。

正确做法：顶部离地面的高度应小于1.5m。

不妥2：燃气罐放置在杂物间。

正确做法：燃气罐应单独设置存放间。

（2）手提式灭火器还有以下放置方法：

① 放置在托架上。

② 放置在消防箱内。

③ 直接放在环境干燥、条件较好场所的地面上。

例题3（2013年·背景资料节选）：主体结构施工期间，项目有150人参与施工，项目部组建了10人的义务消防队，楼层内配备了消防立管和消防箱，消防箱内消防水管长度达20m；在临时搭建的95m²钢筋加工棚内，配备了2只10L的灭火器。

问题：指出背景资料中有哪些不妥之处，写出正确做法。

答案：

不妥1：义务消防队共10人。

正确做法：义务消防队人数不少于施工总人数的10%，本项目150人参与施工，应组建不少于15人的义务消防队。

不妥2：消防箱内消防水管长度达20m。

正确做法：消防箱内消防水管长度不小于25m。

例题4（背景资料节选）：某新建商用群体建设项目，根据场地实际情况，在现场临时设施区域内设置了环形消防通道、消火栓、消防供水池等消防设施。经统计，现场生产区临时设施总面积为1230m²，检查组认为现场临时设施区域内消防设施配置不齐全，要求项目部整改。

问题：针对本项目生产区临时设施总面积情况，在生产区临时设施区域内还应增设哪些消防器材或设施？

答案：

（1）至少26支灭火器。

（2）专供消防用的太平桶、积水桶（池）和黄砂池。

例题5（背景资料节选）：现场重点部位的防火布置如下：现场焊、割作业点与氧气瓶、乙炔瓶等危险物品的距离为8m，与易燃易爆物品的距离为25m。可燃材料库房和易燃易爆危险品库房单个房间的建筑面积均为30m²，房间内任一点至最近疏散门的距离为15m，房门的净宽为0.8m。易燃材料露天仓库四周有宽度4m的平坦空地作为消防通道。

问题：现场重点部位的防火布置存在哪些不妥？分别写出正确做法。

答案：

不妥1：现场焊、割作业点与氧气瓶、乙炔瓶等危险物品的距离为8m。

正确做法：距离不得小于10m。

不妥2：现场焊、割作业点与易燃易爆物品的距离为25m。

正确做法：距离不得小于30m。

不妥3：易燃易爆危险品库房单个房间的建筑面积为30m²。

正确做法：易燃易爆危险品仓库单个房间的建筑面积不应超过20m²。

不妥4：房间内任一点至最近疏散门的距离为15m。

正确做法：不应大于10m。

不妥5：易燃材料露天仓库四周有宽度4m的平坦空地作为消防通道。

正确做法：应有宽度不小于6m的平坦场地作为消防通道。

例题6（背景资料节选）： 项目部编制的施工组织设计中，对消防管理做出了具体要求，强调建立健全各种消防安全职责并落实责任，包括落实消防安全制度、建立消防组织机构等。现场办公区的灭火器按照要求设置在明显的位置，如房间出入口、走廊等，以方便使用。

问题： 消防安全管理职责和责任还有哪些？办公区域还有哪些位置需要设置灭火器？

答案：

（1）消防安全管理职责和责任还有：消防安全操作规程、消防应急预案及演练、消防设施平面布置、组织义务消防队等。

（2）办公区域需设置灭火器的位置还有：通道、门厅及楼梯等部位。

第十章

资源

考点目录

考点一　材料与半成品管理　244

考点二　材料与半成品质量控制　248

考点三　机械设备管理　249

考点四　劳动用工管理　252

考点一：材料与半成品管理

年份	2014	2015	2016	2017	2018	2019	2020	2021	2022	2023	2024
案例	√	√									

一、材料计划分类

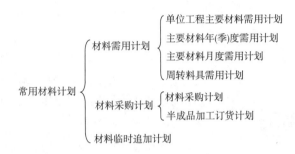

主要材料月度需用计划内容包括：产品的名称、规格型号、单位、数量、主要技术要求（含质量）、进场日期、提交样品时间等。

材料采购方式包括：招标采购、邀请报价采购、零星采购等。

二、不合格材料（半成品）退场

（1）不合格材料（半成品）退场记录，内容包括：材料（半成品）型号、规格、数量、运输车辆、见证人员、退场照片等。

（2）退场记录经供应商、施工单位、监理工程师签字确认。

三、ABC分类法

1. 计算步骤

根据库存材料的占有资金大小和品种数量之间的关系，把材料分为 A、B、C 三类，计算步骤为：

（1）计算每一种材料的金额。

（2）按照金额由大到小重新排序。

（3）计算每一种材料金额占库存总金额的比率。

（4）计算累计比率。

（5）分类。

2. 材料 ABC 分类表

材料分类	品种数占全部品种数（%）	资金额占资金总额（%）	累计百分比（%）
A类	5～10	70～75	0～75
B类	20～25	20～25	75～95

続表

材料分类	品种数占全部品种数（%）	资金额占资金总额（%）	累计百分比（%）
C类	60～70	5～10	95～100
合计	100	100	100

3. 结论

A类材料	资金占比大、重点管理的材料，对库存量随时严格盘点（主材）
B类材料	按大类控制其库存，次要管理的材料（辅材）
C类材料	一般管理的材料（零星材料）

【经典案例回顾】

例题1（背景资料节选）：某学校教学楼为7层建筑，框架结构，建筑高度为26m，建筑面积为19120m²，多媒体教室的装饰装修施工任务由××建筑装饰公司承担，为做好装饰材料的质量管理工作，在建筑装饰装修工程施工前，根据材料清单购买的材料如下表所示。

序号	材料名称	材料数量	计量单位	材料单价（元）
1	细木工板	12	m³	930.0
2	砂	32	m³	24.0
3	实木装饰门窗	120	m²	200.0
4	铝合金窗	100	m²	130.0
5	白水泥	9000	kg	0.4
6	乳白胶	220	kg	5.6
7	石膏板	150	m	12.0
8	地板	93	m²	62.0
9	醇酸磁漆	80	kg	17.08
10	瓷砖	266	m²	37.0

问题：试述ABC分类法计算步骤，并简述如何对上述材料进行科学管理。

答案：

（1）计算每一种材料的金额

序号	材料名称	材料数量	计量单位	材料单价（元）	材料价款（元）
1	细木工板	12	m³	930.0	11160
2	砂	32	m³	24.0	768
3	实木装饰门窗	120	m²	200.0	24000
4	铝合金窗	100	m²	130.0	13000
5	白水泥	9000	kg	0.4	3600
6	乳白胶	220	kg	5.6	1232

序号	材料名称	材料数量	计量单位	材料单价（元）	材料价款（元）
7	石膏板	150	m	12.0	1800
8	地板	93	m^2	62.0	5766
9	醇酸磁漆	80	kg	17.08	1366
10	瓷砖	266	m^2	37.0	9842
	合计				72534

（2）按金额由大到小进行排序

序号	材料名称	材料数量	计量单位	材料单价（元）	材料价款（元）
1	实木装饰门窗	120	m^2	200.0	24000
2	铝合金窗	100	m^2	130.0	13000
3	细木工板	12	m^3	930.0	11160
4	瓷砖	266	m^2	37.0	9842
5	地板	93	m^2	62.0	5766
6	白水泥	9000	kg	0.4	3600
7	石膏板	150	m	12.0	1800
8	醇酸磁漆	80	kg	17.08	1366
9	乳白胶	220	kg	5.6	1232
10	砂	32	m^3	24.0	768
	合计				72534

（3）计算每一种材料金额占总金额的比率

序号	材料名称	材料价款（元）	所占比率（%）
1	实木装饰门窗	24000	33.09
2	铝合金窗	13000	17.92
3	细木工板	11160	15.39
4	瓷砖	9842	13.57
5	地板	5766	7.95
6	白水泥	3600	4.96
7	石膏板	1800	2.48
8	醇酸磁漆	1366	1.88
9	乳白胶	1232	1.70
10	砂	768	1.06
	合计	72534	100

（4）计算累计比率

序号	材料名称	材料价款（元）	所占比率（%）	累计比率（%）
1	实木装饰门窗	24000	33.09	33.09
2	铝合金窗	13000	17.92	51.01
3	细木工板	11160	15.39	66.40
4	瓷砖	9842	13.57	79.97
5	地板	5766	7.95	87.92
6	白水泥	3600	4.96	92.88
7	石膏板	1800	2.48	95.36
8	醇酸磁漆	1366	1.88	97.24
9	乳白胶	1232	1.70	98.94
10	砂	768	1.06	100.00
	合计	72534	100	—

（5）分类

A类材料：实木装饰门窗、铝合金窗、细木工板。

B类材料：瓷砖、地板、白水泥。

C类材料：石膏板、醇酸磁漆、乳白胶、砂。

例题2（2014年·背景资料节选）：施工总承包单位根据材料清单采购了一批装饰装修材料。经计算分析，各种材料价款占该批材料款比例及累计百分比如下表所示。

序号	材料名称	所占比例（%）	累计百分比（%）
1	实木门扇（含门套）	30.10	30.10
2	铝合金窗	17.91	48.01
3	细木工板	15.31	63.32
4	瓷砖	11.60	74.92
5	实木地板	10.57	85.49
6	白水泥	9.50	94.99
7	其他	5.01	100.00

问题：根据ABC分类法，分别指出重点管理材料（A类材料）名称和次要管理材料（B类材料）名称。

答案：

（1）重点管理材料：实木门扇（含门套）、铝合金窗、细木工板、瓷砖。

（2）次要管理材料：实木地板、白水泥。

笔 记 区

考点二：材料与半成品质量控制

历年考情分析

年份	2014	2015	2016	2017	2018	2019	2020	2021	2022	2023	2024
案例							√				

一、复试材料的取样

（1）在建设单位或监理工程师的见证下，由项目试验员在现场取样后送至试验室进行试验。

（2）送检试样，必须从进场材料中随机抽取，严禁在现场外抽取。

（3）见证人由建设单位书面确认，并委派在工程现场的 1 ~ 2 名建设或监理单位人员担任。见证人及送检单位对试样的代表性及真实性负有法定责任。

（4）试验室在接受委托试验任务时，须由送检单位填写委托单。

二、主要材料复试内容

材料名称	复试内容
钢筋	屈服强度、抗拉强度、伸长率、弯曲性能、重量偏差
水泥	胶砂强度、氯离子含量、安定性、凝结时间
混凝土外加剂	（1）检验报告应有碱含量指标。 （2）预应力混凝土结构中严禁使用含氯化物的外加剂。 （3）混凝土结构中使用含氯化物的外加剂时，氯化物总含量应符合规定
石子	筛分析、含泥量、泥块含量、含水率、吸水率及非活性骨料检验
砂	筛分析、泥块含量、含水率、吸水率及非活性骨料检验
建筑外墙金属窗、塑料窗	气密性、水密性、抗风压性能
装修用人造木板及胶粘剂	甲醛含量
饰面板（砖）	室内用花岗石放射性，粘贴用水泥的凝结时间、安定性、抗压强度，外墙陶瓷面砖的吸水率及抗冻性能

三、建筑材料质量控制的四个环节

（1）材料采购。

（2）材料进场试验检验。

（3）过程保管。

（4）材料使用。

四、材料采购的控制

1. 实行备案证明管理的材料

钢材、水泥、预拌混凝土、砂石、砌体材料、石材、胶合板。

2. 选择供货单位的原则

（1）供货质量稳定。

（2）履约能力强。

（3）信誉高。

（4）价格有竞争力。

五、材料试验检验

（1）材料进场时，应提供材料或产品合格证，并进行现场质量验证和记录。

（2）材料质量验证内容包括材料品种、型号、规格、数量、外观检查和见证取样。

（3）对于项目采购的物资，业主的验证不能代替项目对所采购物资的质量责任；业主采购的物资，项目的验证也不能取代业主对其采购物资的质量责任。

原则：谁采购谁负责。

（4）物资进场验证不齐或对其质量有怀疑时，要单独存放该部分物资，在资料齐全和复验合格后，方可使用。

【经典案例回顾】

例题（2020年·背景资料节选）：项目部编制了包括材料采购等内容的材料质量控制环节，材料进场时，材料员等相关管理人员对进场材料进行了验收，并将包括材料的品种、型号和外观检查等内容的质量验证记录上报监理单位备案，监理单位认为，项目部上报的材料质量验证记录内容不全，要求补充后重新上报。

问题：材料质量验证记录还有哪些内容？材料质量控制环节还有哪些内容？

答案：

（1）材料质量验证记录内容还有：材料规格、材料数量、见证取样。

（2）材料质量控制的环节还有：材料进场试验检验、过程保管、材料使用。

> 笔 记 区
>
> _____
> _____
> _____
> _____

考点三：机械设备管理

历年考情分析

年份	2014	2015	2016	2017	2018	2019	2020	2021	2022	2023	2024
案例					√			√		√	

一、施工机械设备选择的依据和原则

1. 项目施工机械设备的供应渠道有：
（1）企业自有设备调配。
（2）市场租赁设备。
（3）专门购置机械设备。
（4）专业分包队伍自带设备。

2. 施工机械设备选择的依据：施工项目的施工条件、工程特点、工程量多少及工期要求。

3. 施工机械设备选择的原则：适应性、高效性、稳定性、经济性和安全性。

二、施工机械设备选择的方法

1. 施工机械设备选择的方法
（1）单位工程量成本比较法。
（2）折算费用法（等值成本法）。
（3）界限时间比较法。
（4）综合评分法。

2. 单位工程量成本比较法
机械设备使用的成本费用分为可变费用和固定费用两大类。

（1）可变费用又称操作费，它随着机械的工作时间变化，如操作人员的工资、燃料动力费、小修理费、直接材料费等。

（2）固定费用是按一定施工期限分摊的费用，如折旧费、大修理费、机械管理费、投资应付利息、固定资产占用费等。

多台机械可供选择时，优先选用单位工程量成本较低的机械。

$$C=(R+Fx)/Qx$$

式中：C——单位工程量成本；

R——一定期间固定费用；   总成本/总工程量

F——单位时间可变费用；

Q——单位作业时间产量；

x——实际作业时间（机械使用时间）。

三、施工机械需用量计算

$$N=P/(W \times Q \times K_1 \times K_2)$$

式中：N——机械需要数量；

P——计划期内工作量；

W——计划期内台班数；

Q——机械台班生产率（即台班工作量）；

K_1——现场工作条件影响系数；

K_2——机械生产时间利用系数。

四、项目机械设备的使用管理制度

（1）"三定"制度：实行定人、定机、定岗位责任的制度。

（2）交接班制度。

（3）安全交底制度。

（4）技术培训制度：使操作人员做到"四懂三会"。

四懂	懂机械原理、懂机械构造、懂机械性能、懂机械用途
三会	会操作、会维修、会排除故障

（5）检查制度。

（6）操作证制度。

五、其他

（1）选择挖土机械的依据：基础形式、工程规模、开挖深度、地质、地下水情况、土方量、运距、现场和机具设备条件、工期要求以及土方机械的特点。

（2）土方机械化施工常用机械有：推土机、铲运机、挖掘机(包括正铲、反铲、拉铲、抓铲等)、装载机、自卸汽车等。

（3）常用的垂直运输设备有三大类：塔式起重机、施工电梯、混凝土泵。

（4）塔机安装位置的选择，应特别注意几点：

① 地基承载和附着条件。

② 现场和附近的其他危险因素。

③ 在工作或非工作状态下风力的影响。

④ 满足安装架设（拆卸）空间和运输通道（含辅助起重机站位）要求。

【经典案例回顾】

例题1（2023年·背景资料节选）：某工程施工设备从以下三种型号中选择，设备每天使用时间均为8h。设备相关信息见下表。

设备	固定费用（元/d）	可变费用（元/h）	单位作业时间产量（m³/h）
E	3200	560	120
F	3800	785	180
G	4200	795	220

问题：用单位工程量成本比较法列式计算选用哪种型号的设备。除考虑经济性外，施工机械设备选择原则还有哪些?

答案：

（1）单位工程量成本计算

E设备：$C_E = （3200+560 \times 8）/（120 \times 8）=8元/m^3$

F设备：$C_F = （3800+785 \times 8）/（180 \times 8）=7元/m^3$

G设备：$C_G = （4200+795 \times 8）/（220 \times 8）=6元/m^3$

所以应选择G设备。

（2）施工机械设备选择原则还有：适应性、高效性、稳定性、安全性。

例题2（2021年·背景资料节选）：某新建住宅楼工程，装配式钢筋混凝土结构。项目经理部按照优先选用单位工程量使用成本费用（包括可变费用和固定费用，如大修理费、小修理费等）较低的原则，施工塔式起重机供应渠道选择企业自有设备调配。

问题：项目施工机械设备的供应渠道有哪些？机械设备使用成本费用中的固定费用有哪些？

答案：

（1）施工机械设备的供应渠道有：① 企业自有设备调配；② 市场租赁设备；③ 专门购置机械设备；④ 专业分包队伍自带设备。

（2）固定费用有：① 折旧费；② 大修理费；③ 机械管理费；④ 投资应付利息；⑤ 固定资产占用费。

例题3（2018年·背景资料节选）：一新建工程，地下2层，地上20层，高度为70m，建筑面积为40000m²。项目部根据施工条件和需求，按照施工机械设备选择的经济性等原则，采用单位工程量成本比较法选择确定了塔式起重机型号。在一次塔式起重机起吊荷载达到其额定起重量95%的起吊作业中，安全员让塔式起重机操作工先将重物吊起离地面30cm，然后对物件绑扎情况等各项内容进行了检查，确认安全后同意其继续起吊作业。

问题：施工机械设备选择的原则和方法分别还有哪些？当塔式起重机起吊荷载达到其额定起重量90%以上时，对塔式起重机的检查项目还有哪些？

答案：

（1）施工机械设备选择的原则还有：适应性、高效性、稳定性、安全性。

（2）施工机械设备选择的方法还有：折算费用法（等值成本法）、界限时间比较法和综合评分法。

（3）塔式起重机的检查项目还有：机械状况、制动性能。

> 笔 记 区
>
> _____
>
> _____
>
> _____
>
> _____

考点四：劳动用工管理

历年考情分析

年份	2014	2015	2016	2017	2018	2019	2020	2021	2022	2023	2024
案例		√		√		√			√（超纲）	√	

一、劳动力计划编制要求

1. 要保持劳动力均衡使用。若劳动力使用不均衡，将带来下列问题：

（1）劳动力调配困难。

（2）出现过多、过大的劳动力需求高峰。

（3）增加劳动力的管理成本。

（4）带来住宿、交通、饮食、工具等方面的问题。

2. 分析劳动需用总工日，确定生产工人、工程技术人员的数量和比例。

3. 准确计算工程量和施工期限。

二、劳动力需求计划

1. 确定劳动效率

（1）劳动效率通常用"产量/单位时间"或"工时消耗量/单位工作量"表示。

（2）实际应用时，劳动效率必须考虑环境、气候、地形、地质、工程特点、实施方案的特点、现场平面布置、劳动组合、施工机具等因素。

2. 编制劳动力需求计划

（1）需要考虑的参数：工程量、劳动力投入量、持续时间、班次、劳动效率、每班工作时间、设备能力、材料供应能力。

（2）安排混合班组时需考虑：整体劳动效率、与其他班组工作的协调。

三、劳务用工基本规定

（1）劳务用工企业必须自用工之日起依法与工人签订劳动合同。合同中应明确合同期限、工作内容、工作条件、工资标准（计时工资或计件工资）、支付方式、支付时间、合同终止条件、双方责任等。

（2）劳务企业应当每月对劳务作业人员应得工资进行核算。

（3）总、分包项目部以劳务班组为单位，建立建筑劳务用工档案；以单项工程为单位，按月将企业自有建筑劳务的情况和使用的分包企业情况向工程所在地建设行政主管部门报告。

（4）劳务用工档案按月归集，内容包括劳动合同、考勤表、施工作业工作量完成登记表、工资发放表、班组工资结清证明等资料。

（5）总、分包企业支付劳务企业分包款时，应责成专人现场监督劳务企业将工资直接发放给劳务工本人，严禁发放给"包工头"或由"包工头"代领，以避免出现"包工头"携款潜逃、劳务工资拖欠的情况。

四、劳务工人实名制管理

1. 总承包企业对所承接工程项目的建筑工人实名制管理负总责，分包企业对其招用的建筑工人实名制管理负直接责任，配合总承包企业做好相关工作。

2. 劳务实名制管理主要措施：

（1）总承包企业、项目经理部和劳务分包单位分别设置劳务管理机构和劳务管理员，制定劳务管理制度。

（2）进场施工前，劳务员将进场施工人员花名册、身份证、劳动合同文本或书面用工协议、岗位技能证书复印件报送总承包单位备案。

（3）劳务员要做好劳务管理工作内业资料的收集、整理、归档。

（4）劳务员负责项目日常劳务管理和相关数据的收集统计工作。

（5）劳务员要加强对现场的监控。

（6）实施建筑工人实名制管理所需费用可列入安全文明施工费和管理费。

3. 实名制采用"建筑企业实名制管理卡"，该卡具有如下功能：工资管理、考勤管理、门禁管理、售饭管理。

4. 施工现场可采用人脸、指纹、虹膜等生物识别技术进行电子打卡；不具备封闭式管理条件的工程项目，应采用移动定位、电子围栏等技术实施考勤管理。

5. 超纲题喜欢考查《建筑工人实名制管理办法（试行）》（2019年3月1日施行），有时间的考生可以去消化。

【经典案例回顾】

例题1（2023年·背景资料节选）：施工单位为保证施工进度，针对编制的劳动力需用计划，综合考虑现有工程量、劳动力投入量、劳动效率、材料供应能力等因素，进行了钢筋加工劳动力调整。在20d内完成了3000t钢筋加工制作任务，满足了施工进度要求。

问题：如果每人每个工作日的劳动效率为5t，完成钢筋加工制作投入的劳动力是多少人？编制劳动力需求计划时需要考虑的因素还有哪些？

答案：

（1）投入的劳动力：3000÷（20×5）=30人。

（2）编制劳动力需求计划时需要考虑的因素还有：持续时间、班次、每班工作时间、设备能力。

例题2（2019年·背景资料节选）：项目部按照保持劳动力均衡使用，分析劳动需用总工日、确定人员数量和比例等劳动力计划编制要求，编制了劳动力需求计划。重点解决了因劳动力使用不均衡，给劳动力调配带来的困难，和避免出现过多、过大的劳动力需求高峰等诸多问题。

问题：施工劳动力计划的编制要求还有哪些？劳动力使用不均衡时，还会出现哪些方面的问题？

答案：

（1）施工劳动力计划编制要求还有：准确计算工程量和施工期限。

（2）劳动力使用不均衡时，还会出现以下问题：

① 增加劳动力的管理成本。

② 带来住宿、交通、饮食、工具等方面的问题。

例题3（2015年·背景资料节选）：总承包单位将工程主体劳务分包给某劳务公司，双方签订了劳务分包合同，劳务分包单位进场后，总承包单位要求劳务分包单位将劳务施工人员的身份证等资料的复印件上报备案。某月总承包单位将劳务分包款拨付给劳务公司，劳务公司自行发放，其中木工班长代领木工工人工资后下落不明。

问题：指出背景资料中做法的不妥之处，并说明正确做法。按照劳务工人实名制管理规定，劳务公司还应该将哪些资料的复印件报总承包单位备案？

答案：

（1）不妥之处及正确做法如下：

不妥1：劳务分包单位进场后向总承包单位备案。

正确做法：应在进场施工前备案。

不妥2：劳务公司自行发放工人工资。

正确做法：劳务公司发放工资时，总承包单位应责成专人现场监督。

不妥3：木工班长代领木工工人工资。

正确做法：工资直接发放给劳务工本人，严禁代领工资。

（2）还应有：施工人员花名册、劳动合同文本或书面用工协议、岗位技能证书复印件。

例题4（背景资料节选）： 当地劳动监察部门在现场抽查时发现，有部分工人未签订劳动合同，经查是试用期未满。总承包单位责令劳务分包企业立即整改。

问题： 劳务分包企业与工人应在什么时间签订劳动合同？劳务用工档案应包括哪些资料？

答案：

（1）签订劳动合同的时间：用工之日。

（2）劳务用工档案应包括：①劳动合同；②考勤表；③施工作业工作量完成登记表；④工资发放表；⑤班组工资结清证明。

笔 记 区

专题一：案例题必备考点

255

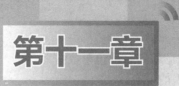

第十一章

其他

考点目录

考点一　施工许可管理规定　257

考点二　施工现场建筑垃圾减量化有关规定　258

考点三　危及生产安全施工工艺、设备和材料淘汰目录(第一批)　258

考点四　施工项目管理机构　260

考点五　绿色建筑评价标准　261

考点六　建筑碳排放计算　264

考点七　建设工程消防设计审查验收有关规定　265

考点一：施工许可管理规定

年份	2014	2015	2016	2017	2018	2019	2020	2021	2022	2023	2024
案例					教材无此内容						

1. 申领施工许可证需具备的条件

（1）已办理建筑工程用地批准手续。

（2）已取得建设工程规划许可证。

（3）场地具备基本施工条件。

（4）已确定施工企业。

（5）有满足施工需要的资金安排、施工图纸及技术资料。

（6）有保证工程质量和安全的具体措施。

2. 保证工程质量和安全的具体措施

（1）在施工组织设计中根据建筑工程特点制定相应质量、安全技术措施。

（2）建立工程质量安全责任制并落实到人。

（3）对专业性较强的工程项目编制专项质量、安全施工组织设计。

（4）按照规定办理工程质量、安全监督手续。

3. 建设单位应当自领取施工许可证之日起三个月内开工。

【经典案例回顾】

例题（背景资料节选）：在项目开工之前，建设单位按照相关规定办理施工许可证，要求总承包单位做好制定施工组织设计中的各项技术措施，编制专项施工组织设计，并及时办理政府专项管理手续等相关配合工作。

问题：为配合建设单位办理施工许可证，总承包单位需要完成哪些保证工程质量和安全的技术文件与手续？

答案：

（1）在施工组织设计中根据建筑工程特点制定相应质量、安全技术措施。

（2）建立工程质量安全责任制并落实到人。

（3）对专业性较强的工程项目编制专项质量、安全施工组织设计。

解析：

保证工程质量和安全的具体措施中的"按规定办理工程质量、安全监督手续"，是由建设单位去办理，并不是施工单位负责办理。本问问的是总承包单位需要完成的内容，故此条不应成为答案。

笔 记 区

考点二：施工现场建筑垃圾减量化有关规定

年份	2014	2015	2016	2017	2018	2019	2020	2021	2022	2023	2024
案例					教材无此内容						

（1）建筑垃圾减量化工作遵循的总体原则：估算先行、源头减量、分类管理、就地处理、排放控制。

（2）工程弃料宜按类别或施工阶段进行估算。施工阶段的估算应按下列阶段进行：

① 地下结构阶段：±0.000 及以下结构工程及地基基础工程。

② 地上结构阶段：±0.000 以上结构工程。

③ 装修及机电安装阶段：屋面工程、装饰装修工程、机电安装工程。

（3）施工现场临时设施建设，宜采用"永临结合"方式。

（4）办公用房、宿舍、停车场地、工地围挡、大门、工具棚、安全防护栏杆等，宜采用重复利用率高的标准化临时设施。

（5）金属类工程弃料宜进行再利用。无机非金属类工程弃料宜进行再生利用。

（6）施工单位应对施工现场建筑垃圾进行分类计量并建立台账。计量应符合下列规定：

① 工程弃土、工程泥浆应按体积计量。

② 工程弃料应按金属类、无机非金属类、有机非金属类与混合类分别按重量计量。

【经典案例回顾】

例题（背景资料节选）：为创建绿色施工示范工程，项目部编制了施工现场建筑垃圾减量化专项方案，明确了办公用房、宿舍等采用重复利用率高的标准化临时设施。

问题：宜采用重复利用率高的标准化临时设施还有哪些？

答案：

停车场地、工地围挡、大门、工具棚、安全防护栏杆等。

> 笔记区

考点三：危及生产安全施工工艺、设备和材料淘汰目录（第一批）

年份	2014	2015	2016	2017	2018	2019	2020	2021	2022	2023	2024
案例					教材无此内容（22年考过案例）						

1. 禁止使用的施工工艺

（1）现场简易制作钢筋保护层垫块工艺：可使用专业化压制设备和标准模具生产垫块工艺等替代。

（2）卷扬机钢筋调直工艺：可使用普通钢筋调直机、数控钢筋调直切断机的钢筋调直工艺等替代。

（3）饰面砖水泥砂浆粘贴工艺：可使用水泥基粘接材料粘贴工艺等替代。

2. 限制使用的施工工艺

（1）钢筋闪光对焊工艺：在非固定的专业预制厂（场）或钢筋加工厂（场）内，对直径大于或等于22mm的钢筋进行连接作业时，不得使用钢筋闪光对焊工艺。可使用套筒冷挤压连接、滚压直螺纹套筒连接等机械连接工艺替代。

（2）基桩人工挖孔工艺：可使用冲击钻、回转钻、旋挖钻等机械成孔工艺替代。

3. 禁止使用的施工设备

竹（木）脚手架：可使用承插型盘扣式钢管脚手架、扣件式非悬挑钢管脚手架等替代。

4. 限制使用的施工设备

（1）门式钢管支撑架：不得用于搭设满堂承重支撑架体系。可使用承插型盘扣式钢管支撑架、钢管柱梁式支架、移动模架等替代。

（2）白炽灯、碘钨灯、卤素灯：不得用于建设工地的生产、办公、生活等区域的照明。可使用LED灯、节能灯等替代。

（3）龙门架、井架物料提升机：不得用于25m及以上的建设工程。可使用人货两用施工升降机等替代。

【经典案例回顾】

例题（背景资料节选）：施工总承包单位项目部为落实住房和城乡建设部《房屋建筑和市政基础设施工程危及生产安全施工工艺、设备和材料淘汰目录(第一批)》要求，在施工组织设计中明确了建筑工程禁止和限制使用的施工工艺、设备和材料清单，相关信息见下表。

房屋建筑工程危及生产安全的淘汰施工工艺、设备和材料（部分）

名称	淘汰类型	限制条件和范围	可替代的施工工艺、设备、材料
现场简易制作钢筋保护层垫块工艺	禁止	—	专业化压制设备和标准模具生产垫块工艺等
卷扬机钢筋调直工艺	禁止	—	E
饰面砖水泥砂浆粘贴工艺	A	C	水泥基粘接材料粘贴工艺等
龙门架、井架物料提升机	B	D	F
白炽灯、碘钨灯、卤素灯	限制	不得用于建设工地的生产、办公、生活等区域的照明	G

问题：补充表1中A～G处的信息内容。

答案：

A：禁止

B：限制

C：—

D：不得用于25m及以上的建设工程

E：普通钢筋调直机、数控钢筋调直切断机的钢筋调直工艺等

F：人货两用施工升降机等

G：LED灯、节能灯等

考点四：施工项目管理机构

历年考情分析

年份	2014	2015	2016	2017	2018	2019	2020	2021	2022	2023	2024
案例											✓

1．建立项目部应遵循的步骤：

（1）根据项目管理规划大纲、项目管理目标责任书及合同要求明确管理任务。

（2）根据管理任务分解和归类，明确组织结构。

（3）根据组织结构，确定岗位职责、权限以及人员配置。

（4）制定工作程序和管理制度。

（5）组织管理层审核认定。

2．项目管理目标责任书应在项目实施之前，由组织法定代表人或其授权人与项目经理协商制定。

3．项目部主要人员执业资格：

（1）项目经理应取得注册建造师职业资格证，并取得安全生产考核合格证书B证。

（2）项目安全管理部门负责人、专职安全员应取得安全生产考核合格证书C证。

（3）项目特殊工种操作人员应取得专业特殊工种操作证，如电工操作证、电（气）焊工操作证、施工机械操作证、高空作业操作证等。

4．项目管理绩效评价过程

（1）成立绩效评价机构。

（2）确定绩效评价专家。

（3）制定绩效评价标准。

（4）形成绩效评价结果。

5．项目管理绩效评价的指标：

（1）项目质量、安全、环保、工期、成本目标完成情况。

2025年版全国一级建造师建筑工程管理与实务案例专题聚焦

（2）供方（供应商、分包商）管理的有效性。

（3）合同履约率、相关方满意度。

（4）风险预防和持续改进能力。

（5）项目综合效益。

6.项目管理绩效评价等级分为四级：优秀、良好、合格、不合格。

【经典案例回顾】

例题（2024年·背景资料节选）： 项目完成后，公司对项目部进行项目管理绩效评价，评价过程包括成立绩效评价机构、确定绩效评价专家等四项工作；评价的指标包括项目安全、质量、成本等目标完成情况，和供方管理有效性、风险预防与持续改进能力等管理效果。最终评价结论为良好。

问题： 项目管理绩效评价过程工作还有哪些？评价的指标内容还有哪些？

答案：

（1）项目管理绩效评价过程工作还有：①制定绩效评价标准，②形成绩效评价结果。

（2）评价的指标内容还有：①项目环保、工期目标完成情况；②合同履约率、相关方满意度；③项目综合效益。

考点五·绿色建筑评价标准

历年考情分析

年份	2014	2015	2016	2017	2018	2019	2020	2021	2022	2023	2024
案例	教材无此内容					√	√			√	

1. 分类

2. 评价指标

评价指标有：安全耐久、健康舒适、生活便利、资源节约、环境宜居。

（1）每类指标均包括控制项和评分项。

（2）评价指标体系还统一设置加分项。

3. 评分

（1）控制项的评定结果为达标或不达标，评分项和加分项的评定结果为分值。

控制项 基础分值（分）		评分项满分值（分）					加分项满分值（分）
		安全耐久	健康舒适	生活便利	资源节约	环境宜居	
预评价	400	100	100	70	200	100	100
评价	400	100	100	100	200	100	100

注：加分项得分之和，当得分大于100分时，应取为100分。

（2）绿色建筑评价总得分：

$$Q=(Q_0+Q_1+Q_2+Q_3+Q_4+Q_5+Q_A)/10$$

式中：Q——总得分。

Q_0——控制项基础得分，当满足所有控制项的要求时取400分。

$Q_1\sim Q_5$——5类指标评分项得分。

Q_A——提高与创新加分项得分。

4. 等级划分

等级	基本级	一星级	二星级	三星级
满足条件	—	满足全部控制项要求		
		每类指标评分项得分不小于满分值的30%		
		全装修		
		总分≥60分	总分≥70分	总分≥85分

5. 五大指标评分项内容

评价指标体系	评分项
安全耐久	安全、耐久
健康舒适	室内空气品质、水质、声环境与光环境、室内热湿环境
生活便利	出行与无障碍、服务设施、智慧运行、运营管理
资源节约	节地与土地利用、节能与能源利用、节水与水资源利用、节材与绿色建材
环境宜居	场地生态与景观、室外物理环境

6. 控制项内容

（1）"健康舒适"控制项内容

① 室内空气中的污染物浓度应符合现行国家标准的有关规定。

② 建筑室内和建筑主出入口处应禁止吸烟，并应在醒目位置设置禁烟标志。

③ 采取措施避免厨房、餐厅、打印复印室、卫生间、地下车库等区域的空气和污染物串通到其他空间。

④ 防止厨房、卫生间的排气倒灌。

（2）"资源节约"控制项内容

① 对建筑的体形、平面布局、空间尺度、围护结构等进行节能设计。

② 采取措施降低部分负荷、部分空间使用下的供暖、空调系统能耗。

③ 根据建筑空间功能设置分区温度，合理降低室内过渡区空间的温度设定标准。

（3）"环境宜居"控制项内容

① 建筑规划布局应满足日照标准，且不得降低周边建筑的日照标准。

② 室外热环境应满足国家现行有关标准的要求。

③ 配建的绿地应符合所在地城乡规划的要求。

【经典案例回顾】

例题1（2023年·背景资料节选）：工程竣工后，项目部组织专家对整体工程进行绿色建筑评价，评分结果见下表，专家提出"资源节约项"和"提高与创新加分项"评分偏低，为主要扣分项，建议重点整改。

控制项基础分值（分）	评分项分值（分）					提高与创新加分项分值（分）
				资源节约		
评价分值	400	100	100	100	200	100	100
评级得分	400	90	70	80	80	70	40

问题：写出表中绿色建筑评价指标空缺评分项，计算绿色建筑评价总得分，并判断是否满足绿色三星级标准。

答案：

（1）空缺评分项：安全耐久、健康舒适、生活便利、环境宜居。

（2）总得分 Q=（400+90+70+80+80+70+40）/10=83分

（3）83分＜85分，不满足绿色三星级标准。

例题2（2020年·背景资料节选·有改动）：工程全装修完毕，根据合同要求，相关部门对该工程进行绿色建筑评价。评价指标中，"生活便利"项分值相对较低；施工单位将该评分项"出行与无障碍"等4项指标进行了逐一分析，从而开展针对性整改。评价分值见下表。

控制项基础分值 Q_0（分）	评价指标及分值（分）					提高与创新加分项分值 Q_A（分）
	安全耐久 Q_1	健康舒适 Q_2	生活便利 Q_3	资源节约 Q_4	环境宜居 Q_5	
评价分值	400	90	80	75	80	80	120

问题：列式计算该工程绿色建筑评价总得分 Q，该建筑属于哪个等级？还有哪些等级？生活便利评分还有什么指标？

答案：

（1）总得分 Q=（400+90+80+75+80+80+100）/10=90.5分

（2）该建筑属于三星级，还有基本级、一星级、二星级。

（3）生活便利评分指标还有：服务设施、智慧运行、运营管理。

例题3（背景资料节选）：工程全装修完毕并经竣工验收后，相关部门对该工程进行绿色建筑评价，重点查看了占比最大的"资源节约"控制项内容。评价分值见下表。

控制项基础分值 Q_0（分）	评价指标及分值（分）					提高与创新加分项分值 Q_A（分）
	安全耐久 Q_1	健康舒适 Q_2	生活便利 Q_3	资源节约 Q_4	环境宜居 Q_5	
评价分值	400	90	80	75	55	80	120

问题：列式计算该工程绿色建筑评价总得分 Q。该建筑属于哪个等级？还有哪些等

级？"资源节约"控制项内容有哪些？

答案：

（1）总得分 Q=（400+90+80+75+55+80+100）÷10=88分

（2）该建筑属于基本级，还有一星级、二星级、三星级。

（3）"资源节约"控制项内容：

①对建筑的体形、平面布局、空间尺度、围护结构等进行节能设计。

②采取措施降低部分负荷、部分空间使用下的供暖、空调系统能耗。

③根据建筑空间功能设置分区温度，合理降低室内过渡区空间的温度设定标准。

> 笔记区
>
> _____
>
> _____
>
> _____
>
> _____

考点六：建筑碳排放计算

历年考情分析

年份	2014	2015	2016	2017	2018	2019	2020	2021	2022	2023	2024
案例	教材无此内容										√

1. 与碳排放相关的温室气体包括：二氧化碳（CO_2）、甲烷（CH_4）、氧化亚氮（N_2O）、氢氟碳化物（HFCs）、全氟化碳（PFCs）和六氟化硫（SF_6）等。

2. 建筑建造和拆除阶段的碳排放的计算边界应符合下列规定：

（1）建造阶段碳排放计算时间边界应从项目开工起至项目竣工验收止，拆除阶段碳排放计算时间边界应从拆除起至拆除肢解并从楼层运出止。

（2）建筑施工场地区域内的机械设备、小型机具、临时设施等使用过程中消耗的能源产生的碳排放应计入。

（3）现场搅拌的混凝土和砂浆、现场制作的构件和部品，其产生的碳排放应计入。

（4）建造阶段使用的办公用房、生活用房和材料库房等临时设施的施工和拆除可不计入。

3. 建造阶段碳排放的关键在于确定施工阶段的电、汽油、柴油、燃气等能源的消耗量，方法主要有两种：

（1）施工工序能耗估算法：建造阶段的能源总用量宜采用此方法计算。

（2）施工能耗清单统计法：无法在施工前估算，只能是实测。

4. 建造阶段的能源总量宜采用施工工序能耗估算法计算。

【经典案例回顾】

例题（2024年·背景资料节选）： 项目部编制的绿色施工方案中，采用太阳能热水技术等施工现场绿色能源技术以减少施工阶段的碳排放；对建造阶段的碳排放进行计算，采用施工能耗清单统计法对施工阶段的能源用量进行估算，以确定施工阶段的用电等产生碳排放的传统源消耗量。工程施工阶段碳排放的计算边界确定为：

（1）碳排放计算时间为从垫层施工起至项目竣工验收止。

（2）建筑施工场地区域内外的机械设备等使用过程中消耗的能源产生的碳排放应计入。

（3）现场搅拌的混凝土和砂浆产生的碳排放应计入，现场制作的构件和部品产生的碳排放不计入。

（4）建造阶段使用的办公用房、生活用房和材料库房等临时设施的施工、使用和拆除过程中消耗的能源产生的碳排放不计入。

监理工程师在审查绿色施工方案时，提出以上方案内容存在不妥之处，要求整改。

问题1：施工现场太阳能、空气能利用技术还有哪些？施工现场常用的传统能源还有哪些？

答案：

（1）施工现场太阳能、空气能利用技术还有：施工现场太阳能光伏发电照明技术、空气能热水技术。

（2）施工现场常用的传统能源：汽油、柴油、燃气等。

问题2：施工阶段的能源用量计算方法选择是否妥当？说明理由。

答案：

施工阶段的能源用量计算方法选择：不妥当。

理由：施工能耗清单统计法无法在施工前估算，只能在现场统计汇总。能源总用量估算宜采用施工工序能耗估算法。

问题3：改正施工阶段碳排放计算边界中的不妥之处。

答案：

改正1：施工阶段碳排放计算时间边界应从项目开工起至项目竣工验收止。

改正2：建筑施工场地区域内的机械设备等使用过程中消耗的能源产生的碳排放应计入，区域外的机械设备不应计入。

改正3：现场制作的构件和部品产生的碳排放应计入。

改正4：建造阶段使用的办公用房、生活用房和材料库房等临时设施使用消耗的能源产生的碳排放应计入。

> 笔 记 区
> _____
> _____
> _____
> _____

考点七：建设工程消防设计审查验收有关规定

历年考情分析

年份	2014	2015	2016	2017	2018	2019	2020	2021	2022	2023	2024
案例					教材无此内容						

1．建设单位对建设工程消防设计、施工质量负首要责任。

2．具有下列情形之一的建设工程是特殊建设工程：

（1）总建筑面积大于20000m²的体育场馆、会堂、公共展览馆、博物馆的展示厅。

（2）总建筑面积大于15000m²的民用机场航站楼、客运车站候车室、客运码头候船厅。

（3）总建筑面积大于10000m²的宾馆、饭店、商场、市场。

（4）总建筑面积大于2500m²的影剧院，公共图书馆的阅览室，医院的门诊楼，大学的教学楼、图书馆等。

（5）总建筑面积大于1000m²的托儿所，医院，中小学校的教学楼、图书馆等。

（6）国家工程建设消防技术标准规定的一类高层住宅建筑等。

3．特殊建设工程：实行消防设计审查制度、消防验收制度。

4．其他建设工程：实行备案抽查制度。

笔 记 区

专题二：历年真题拓展考点与难点解析

　　历年真题中的案例题，每个一建考生必定都会去研究和掌握。但全国一级建造师"建筑工程管理与实务"科目考试中，案例题总有一部分考点不在教材范围内，考核的是建筑工程领域最新规定和项目上常用的国家标准。本专题针对历年真题中的超教材考点来讲解，同时对相应的文件规定和标准进行引申，力求使考生熟练掌握历年超教材题目的命题点和出题思路。

案例一

（2023年一建真题案例一节选）

背景资料

　　某新建住宅小区，单位工程分别为地下2层，地上9~12层，总建筑面积为15.5万 m²。

　　地下室混凝土模板拆除后，发现混凝土墙体、楼板面存在蜂窝、麻面、露筋、裂缝、孔洞和层间错台等质量缺陷。质量缺陷图片资料详见图1~图6。项目部按要求制定了质量缺陷处理专项方案，按照"凿除孔洞松散混凝土—……—剔除多余混凝土"的工艺流程进行孔洞质量缺陷治理。

图1　　　　　　　图2　　　　　　　图3

图4　　　　　　　图5　　　　　　　图6

　　项目部编制的基础底板混凝土施工方案中确定了底板混凝土后浇带留设的位置，明确了后浇带处的基础垫层、卷材防水层、防水加强层、防水找平层、防水保护层、止水钢板、外贴止水带等防水构造要求，见图7。

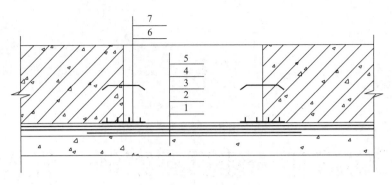

图7　后浇带防水构造图（部分）

问题1：写出图1~图6的质量缺陷名称。

答案：

图1—麻面；图2—裂缝；图3—层间错台；图4—露筋；图5—孔洞；图6—蜂窝。

知识点引申：

《混凝土结构工程施工规范》GB 50666—2011节选

表8.9.1　混凝土结构外观缺陷分类

名称	现象
露筋	构件内钢筋未被混凝土包裹而外露
蜂窝	混凝土表面缺少水泥砂浆而形成石子外露
孔洞	混凝土中孔穴深度和长度均超过保护层厚度
夹渣	混凝土中夹有杂物且深度超过保护层厚度
疏松	混凝土中局部不密实
裂缝	缝隙从混凝土表面延伸至混凝土内部
外形缺陷	缺棱掉角、棱角不直、翘曲不平、飞边凸肋等
外表缺陷	构件表面麻面、掉皮、起砂、沾污等

问题2：写出图7中防水构造层编号的构造名称。

答案：

1—基础垫层；2—防水找平层；3—防水加强层；4—卷材防水层；5—防水保护层；6—外贴止水带；7—止水钢板。

问题3：补充完整混凝土表面孔洞质量缺陷治理工艺流程内容。

答案：

（1）清理基层（冲洗孔洞）。

（2）支设模板。

（3）洒水湿润。

（4）涂抹混凝土界面剂。

（5）用高一级细石混凝土浇筑密实。

（6）养护7d。

（7）拆除模板。

知识点引申：

《混凝土结构工程施工规范》GB 50666—2011节选

8.9.3 混凝土结构外观一般缺陷修整应符合下列规定：

1 露筋、蜂窝、孔洞、夹渣、疏松、外表缺陷，应凿除胶结不牢固部分的混凝土，应清理表面，洒水湿润后应用1：2 ~ 1：2.5水泥砂浆抹平。

2 应封闭裂缝。

3 连接部位缺陷、外形缺陷可与面层装饰施工一并处理。

8.9.4 混凝土结构外观严重缺陷修整应符合下列规定：

1 露筋、蜂窝、孔洞、夹渣、疏松、外表缺陷，应凿除胶结不牢固部分的混凝土至密实部位，清理表面，支设模板，洒水湿润，涂抹混凝土界面剂，应采用比原混凝土强度等级高一级的细石混凝土浇筑密实，养护时间不应少于7d。

2 开裂缺陷修整应符合下列规定：

1）民用建筑的地下室、卫生间、屋面等接触水介质的构件，均应注浆封闭处理。民用建筑不接触水介质的构件，可采用注浆封闭、聚合物砂浆粉刷或其他表面封闭材料进行封闭。

2）无腐蚀介质工业建筑的地下室、屋面、卫生间等接触水介质的构件，以及有腐蚀介质的所有构件，均应注浆封闭处理。无腐蚀介质工业建筑不接触水介质的构件，可采用注浆封闭、聚合物砂浆粉刷或其他表面封闭材料进行封闭。

3 清水混凝土的外形和外表严重缺陷，宜在水泥砂浆或细石混凝土修补后用磨光机械磨平。

8.9.5 混凝土结构尺寸偏差一般缺陷，可结合装饰工程进行修整。

8.9.6 混凝土结构尺寸偏差严重缺陷，应会同设计单位共同制定专项修整方案，结构修整后应重新检查验收。

（2022年一建真题案例一节选）

 背景资料

某配套工程地上 1 ~ 3 层结构柱混凝土设计强度等级为 C40。于 2022 年 8 月 1 日浇筑 1F 柱，8 月 6 日浇筑 2F 柱，8 月 12 日浇筑 3F 柱，分别留置了一组 C40 混凝土同条件养护试块。1F、2F、3F 柱同条件养护试块在规定等效龄期内(自浇筑日起)进行抗压强度试验，其试验强度值转化成实体混凝土抗压强度评定值分别为：38.5N/mm²、54.5N/mm²、47.0N/mm²。施工现场 8 月份日平均气温记录见下表。

施工现场 8 月份日平均气温记录表

日期	1	2	3	4	5	6	7	8	9	10	11
日平均气温（℃）	29	30	29.5	30	31	32	33	35	31	34	32
累计气温（℃）	29	59	88.5	118.5	149.5	181.5	214.5	249.5	280.5	314.5	346.5
日期	12	13	14	15	16	17	18	19	20	21	22
日平均气温（℃）	31	32	30.5	34	33	35	35	34	34	36	35
累计气温（℃）	377.5	409.5	440	474	507	542	577	611	645	681	716
日期	23	24	25	26	27	28	29	30	31		
日平均气温（℃）	34	35	36	36	35	36	35	34	34		
累计气温℃	750	785	821	857	892	928	963	997	1031		

问题1： 分别写出配套工程 1F、2F、3F 柱 C40 混凝土同条件养护试件的等效龄期（d）和日平均气温累计数（℃·d）。

答案：

1F柱：等效龄期 19d，日平均气温累计数 611℃·d。

2F柱：等效龄期 18d，日平均气温累计数 600.5℃·d。

3F柱：等效龄期 18d，日平均气温累计数 616.5℃·d。

知识点引申：

《混凝土结构工程施工质量验收规范》GB 50204—2015节选

10.1.2 结构实体混凝土强度应按不同强度等级分别检验，检验方法宜采用同条件养

护试件方法；当未取得同条件养护试件强度或同条件养护试件强度不符合要求时，可采用回弹－取芯法进行检验。

结构实体混凝土同条件养护试件强度检验应符合本规范附录C的规定；结构实体混凝土回弹－取芯法强度检验应符合本规范附录D的规定。

混凝土强度检验时的等效养护龄期可取日平均温度逐日累计达到600℃·d时所对应的龄期，且不应小于14d。日平均温度为0℃及以下的龄期不计入。

冬期施工时，等效养护龄期计算时温度可取结构构件实际养护温度，也可根据结构构件的实际养护条件，按照同条件养护试件强度与在标准养护条件下28d龄期试件强度相等的原则由监理、施工等各方共同确定。

问题2：两种混凝土强度检验评定方法是什么？ 1F ～ 3F柱C40混凝土实体强度评定是否合格？并写出评定理由。（合格评定系数$\lambda_3=1.15$，$\lambda_4=0.95$）

答案：

（1）评定方法：统计方法、非统计方法。

（2）强度评定结果：合格。

理由：

平均值：（38.5+54.5+47.0）/3=46.67N/mm^2 $\geq$ 1.15×40=46N/mm^2

最小值：38.5N/mm^2 $\geq$ 0.95×40=38N/mm^2

注：本题考查《混凝土结构工程施工质量验收规范》GB 50204—2015第C.0.3条和《混凝土强度检验评定标准》GB/T 50107—2010第5.2.2条。

知识点引申：

《混凝土结构工程施工质量验收规范》GB 50204—2015节选

C.0.2 每组同条件养护试件的强度值应根据强度试验结果按现行国家标准《普通混凝土力学性能试验方法标准》GB/T 50081的规定确定。

C.0.3 对同一强度等级的同条件养护试件，其强度值应除以0.88后按现行国家标准《混凝土强度检验评定标准》GB/T 50107的有关规定进行评定，评定结果符合要求时可判结构实体混凝土强度合格。

注：《普通混凝土力学性能试验方法标准》GB/T 50081已被《混凝土物理力学性能试验方法标准》GB/T 50081代替。

《混凝土强度检验评定标准》GB/T 50107—2010节选

5.1 统计方法评定

5.1.1 采用统计方法评定时，应按下列规定进行：

1 当连续生产的混凝土，生产条件在较长时间内保持一致，且同一品种、同一强度等级混凝土的强度变异性保持稳定时，应按本标准第5.1.2条的规定进行评定。

2 其他情况应按本标准第5.1.3条的规定进行评定。

5.1.2 一个检验批的样本容量应为连续的3组试块，其强度应同时符合下列规定：

$$m_{f_{cu}} \geq f_{cu,k}+0.7\sigma_0$$

$$f_{cu,min} \geq f_{cu,k}-0.7\sigma_0$$

式中：$m_{f_{cu}}$——同一检验批混凝土立方体抗压强度的平均值（N/mm^2），精确到0.1（N/mm^2）。

$f_{cu,k}$——混凝土立方体抗压强度标准值（N/mm^2），精确到0.1（N/mm^2）。

σ_0——检验批混凝土立方体抗压强度的标准差（N/mm²），精确到0.01（N/mm²）；

当检验批混凝土强度标准差σ_0计算值小于2.5N/mm²时，应取2.5N/mm²。

$f_{cu,min}$——同一检验批混凝土立方体抗压强度的最小值（N/mm²），精确到0.1（N/mm²）。

5.1.3　当样本容量不少于10组时，其强度应同时满足下列要求：

$$m_{f_{cu}} \geq f_{cu,k} + \lambda_1 \cdot S_{f_{cu}}$$

$$f_{cu,min} \geq \lambda_2 \cdot f_{cu,k}$$

式中：$S_{f_{cu}}$——同一检验批混凝土立方体抗压强度的标准差（N/mm²），精确到0.01（N/mm²）；

当检验批混凝土强度标准差$S_{f_{cu}}$计算值小于2.5N/mm²时，应取2.5N/mm²。

λ_1，λ_2——合格评定系数，按表5.1.3取用。

表 5.1.3　混凝土强度的合格评定系数

试件组数	10 ~ 14	15 ~ 19	≥ 20
λ_1	1.15	1.05	0.95
λ_2	0.90	0.85	

5.2　非统计方法评定

5.2.1　当用于评定的样本容量小于10组时，应采用非统计方法评定混凝土强度。

5.2.2　按非统计方法评定混凝土强度时，其强度应同时符合下列规定：

$$m_{f_{cu}} \geq \lambda_3 \cdot f_{cu,k}$$

$$f_{cu,min} \geq \lambda_4 \cdot f_{cu,k}$$

式中：λ_3，λ_4——合格评定系数，应按表5.2.2取用。

表 5.5.2　混凝土强度的非统计法合格评定系数

混凝土强度等级	< C60	≥ C60
λ_3	1.15	1.10
λ_4	0.95	

5.3　混凝土强度的合格性评定

5.3.1　当检验结果满足第5.1.2条或第5.1.3条或第5.2.2条的规定时，则该批混凝土强度应评定为合格；当不能满足上述规定时，该批混凝土强度应评定为不合格。

5.3.2　对评定为不合格批的混凝土，可按国家现行的有关标准进行处理。

案例三

（2022年一建真题案例四节选）

背景资料

　　建设单位发布某新建工程招标文件，经公开招标，某施工总承包单位中标，签订了施工总承包合同。施工过程中，地方主管部门在检查《建筑工人实名制管理办法（试行）》落实情况时发现：个别工人没有签订劳动合同，直接进入现场施工作业；仅对建筑工人实行了实名制管理。要求项目立即整改。

　　问题：建筑工人满足什么条件才能进入施工现场工作？除建筑工人外，还有哪些单位人员进入施工现场应纳入实名制管理？

　　答案：

　　（1）建筑工人需满足以下条件才能进行施工现场工作：依法签订劳动合同，进行基本安全培训，在相关建筑工人实名制管理平台上登记。

　　（2）进入施工现场的建设单位、承包单位、监理单位的项目管理人员均纳入建筑工人实名制管理。

　　知识点引申：

　　《建筑工人实名制管理办法（试行）》（2019年3月1日施行）节选

　　第六条　建设单位应与建筑企业约定实施建筑工人实名制管理的相关内容，督促建筑企业落实建筑工人实名制管理的各项措施，为建筑企业实行建筑工人实名制管理创造条件，按照工程进度将建筑工人工资按时足额付至建筑企业在银行开设的工资专用账户。

　　第七条　建筑企业应承担施工现场建筑工人实名制管理职责，制定本企业建筑工人实名制管理制度，配备专（兼）职建筑工人实名制管理人员，通过信息化手段将相关数据实时、准确、完整上传至相关部门的建筑工人实名制管理平台。

　　总承包企业（包括施工总承包、工程总承包以及依法与建设单位直接签订合同的专业承包企业，下同）对所承接工程项目的建筑工人实名制管理负总责，分包企业对其招用的建筑工人实名制管理负直接责任，配合总承包企业做好相关工作。

　　第八条　全面实行建筑业农民工实名制管理制度，坚持建筑企业与农民工先签订劳动合同后进场施工。建筑企业应与招用的建筑工人依法签订劳动合同，对其进行基本安全培训，并在相关建筑工人实名制管理平台上登记，方可允许其进入施工现场从事与建筑作业

相关的活动。

第九条　项目负责人、技术负责人、质量负责人、安全负责人、劳务负责人等项目管理人员应承担所承接项目的建筑工人实名制管理相应责任。进入施工现场的建设单位、承包单位、监理单位的项目管理人员及建筑工人均纳入建筑工人实名制管理范畴。

第十条　建筑工人应配合有关部门和所在建筑企业的实名制管理工作，进场作业前须依法签订劳动合同并接受基本安全培训。

第十一条　建筑工人实名制信息由基本信息、从业信息、诚信信息等内容组成。

基本信息应包括建筑工人和项目管理人员的身份证信息、文化程度、工种（专业）、技能（职称或岗位证书）等级和基本安全培训等信息。

从业信息应包括工作岗位、劳动合同签订、考勤、工资支付和从业记录等信息。

诚信信息应包括诚信评价、举报投诉、良好及不良行为记录等信息。

第十二条　总承包企业应以真实身份信息为基础，采集进入施工现场的建筑工人和项目管理人员的基本信息，并及时核实、实时更新；真实完整记录建筑工人工作岗位、劳动合同签订情况、考勤、工资支付等从业信息，建立建筑工人实名制管理台账；按项目所在地建筑工人实名制管理要求，将采集的建筑工人信息及时上传相关部门。

案例四

（2022年一建真题案例五节选）

 背景资料

某酒店工程，建筑面积为2.5万㎡，地下1层，地上12层。其中标准层为10层，每层标准客房18间，35㎡/间；裙房设宴会厅1200㎡，层高9m。施工单位中标后开始组织施工。

标准客房样板间装修完成后，施工总承包单位和专业分包单位进行初验，其装饰材料燃烧性能检查结果见下表。

样板间装饰材料燃烧性能检查表

部位	顶棚	墙面	地面	隔断	窗帘	固定家具	其他装饰材料
燃烧性能等级	$A+B_1$	B_1	$A+B_1$	B_2	B_2	B_2	B_3

注：$A+B_1$指A级和B_1级材料均有。

问题：改正表中燃烧性能不符合要求部位的错误做法。装饰材料燃烧性能分几个等级？并分别写出代表含义（如A-不燃）。

答案：

（1）改正错误做法：

顶棚：A

隔断：$A+B_1$

其他装饰材料：$A+B_1+B_2$

（2）装饰材料燃烧性能分4个等级。

（3）代表含义：

A-不燃；

B_1-难燃；

B_2-可燃；

B_3-易燃。

解析：

本题第一小问难度系数非常大，考核教材外规范《建筑内部装修设计防火规范》GB

50222—2017，而防火规范中一类建筑、二类建筑的划分必须按照《建筑设计防火规范》GB 50016—2014（2018年版）执行。题目背景是宾馆，属于公共建筑，地上12层，层高未给（题目背景中的层高9m是裙房，不是针对主楼）。按照宾馆设计的常规层高3～4m，建筑高度是超过24m但不足50m的，应属于二类高层建筑。

知识点引申：

《建筑内部装修设计防火规范》GB 50222—2017节选

5.2.1　高层民用建筑内部各部位装修材料的燃烧性能等级，不应低于本规范表5.2.1的规定。

表5.2.1　高层民用建筑内部各部位装修材料的燃烧性能等级

序号	建筑物及场所	建筑规模、性质	装修材料燃烧性能等级									
			顶棚	墙面	地面	隔断	固定家具	装饰织物				其他装修装饰材料
								窗帘	帷幕	床罩	家具包布	
…	……	……	…	…	…	…	…	…	…	…	…	…
5	宾馆、饭店的客房及公共活动用房等	一类建筑	A	B_1	B_1	B_1	B_2	B_1	—	B_1	B_2	B_1
		二类建筑	A	B_1	B_1	B_1	B_2	B_2	—	B_2	B_2	B_2
…	……	……	…	…	…	…	…	…	…	…	…	…

案例五

（2021年一建真题案例一节选）

 **背景资料**

某工程项目经理部为贯彻落实《住房和城乡建设部等部门关于加快培育新时代建筑产业工人队伍的指导意见》（建市〔2020〕105号）要求，在项目劳动用工管理中做了以下工作：

（1）要求分包单位与招用的建筑工人签订劳务合同。

（2）总承包单位对农民工工资支付工作负总责，要求分包单位做好农民工工资发放工作。

（3）改善工人生活区居住环境，在集中生活区配套了食堂等必要生活机构设施，开展物业化管理。

......

问题1： 指出项目劳动用工管理工作中的不妥之处，并写出正确做法。

答案：

不妥1：分包单位与建筑工人签订劳务合同。

正确做法：应签订劳动合同。

不妥2：分包单位发放农民工工资。

正确做法：农民工工资应由总承包单位代发。

问题2： 为改善工人生活区居住环境，在达到一定规模的集中生活区应配套的必要生活机构设施有哪些（如食堂）？

答案：

必要生活机构设施有：食堂、超市、医疗、法律咨询、职工书屋、文体活动室等。

知识点引申：

《住房和城乡建设部等部门关于加快培育新时代建筑产业工人队伍的指导意见》

（建市〔2020〕105号）节选

（八）健全保障薪酬支付的长效机制。贯彻落实《保障农民工工资支付条例》，工程建设领域施工总承包单位对农民工工资支付工作负总责，落实工程建设领域农民工工资专用账户管理、实名制管理、工资保证金等制度，推行分包单位农民工工资委托施工总承包单位代发制度。依法依规对列入拖欠农民工工资"黑名单"的失信违法主体实施联合惩戒。加强法律知识普及，加大法律援助力度，引导建筑工人通过合法途径维护自身权益。

（九）规范建筑行业劳动用工制度。用人单位应与招用的建筑工人依法签订劳动合同，严禁用劳务合同代替劳动合同，依法规范劳务派遣用工。施工总承包单位或者分包单位不得安排未订立劳动合同并实名登记的建筑工人进入项目现场施工。制定推广适合建筑业用工特点的简易劳动合同示范文本，加大劳动监察执法力度，全面落实劳动合同制度。

（十一）持续改善建筑工人生产生活环境。各地要依法依规及时为符合条件的建筑工人办理居住证，用人单位应及时协助提供相关证明材料，保障建筑工人享有城市基本公共服务。全面推行文明施工，保证施工现场整洁、规范、有序，逐步提高环境标准，引导建筑企业开展建筑垃圾分类管理。不断改善劳动安全卫生标准和条件，配备符合行业标准的安全帽、安全带等具有防护功能的工装和劳动保护用品，制定统一的着装规范。施工现场按规定设置避难场所，定期开展安全应急演练。鼓励有条件的企业按照国家规定进行岗前、岗中和离岗时的职业健康检查，并将职工劳动安全防护、劳动条件改善和职业危害防护等纳入平等协商内容。大力改善建筑工人生活区居住环境，根据有关要求及工程实际配置空调、淋浴等设备，保障水电供应、网络通信畅通，达到一定规模的集中生活区要配套食堂、超市、医疗、法律咨询、职工书屋、文体活动室等必要的机构设施，鼓励开展物业化管理。将符合当地住房保障条件的建筑工人纳入住房保障范围。探索适应建筑业特点的公积金缴存方式，推进建筑工人缴存住房公积金。加大政策落实力度，着力解决符合条件的建筑工人子女城市入托入学等问题。

案例六

（2021年一建真题案例三节选）

**背景资料**

某工程项目，地上15～18层，地下2层，钢筋混凝土剪力墙结构，总建筑面积为57000m²。施工单位中标后成立项目经理部组织施工。项目经理部编制的项目双代号网络计划如图1所示。

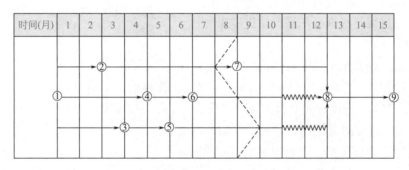

图1 项目双代号网络计划（一）

在工程施工到第8月底时，对施工进度进行了检查，工程进展状态如图1中前锋线所示。工程部门根据检查分析情况，调整措施后重新绘制了从第9月开始到工程结束的双代号网络计划，部分内容如图2所示。

时间(月)	9	10	11	12	13	14	15	16

图2 项目双代号网络计划（二）

问题1：根据图1中进度前锋线分析第8月底工程的实际进展情况。

答案：

第8月底检查结果：

（1）工作②→⑦进度滞后1个月。

（2）工作⑥→⑧进度与原计划一致。

（3）工作⑤→⑧进度提前1个月。

知识点引申：

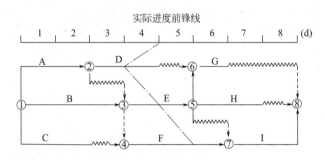

实际进度前锋线

1.本质是双代号时标网络计划，仅在特定检查时刻加一条反映实际进度的点划线。

（1）实际进度在检查日期左侧：进度延误 ⎫

（2）实际进度在检查日期右侧：进度提前 ⎬ 提前或延误时间为实际进度点
与检查日期点的水平投影长度

（3）实际进度与检查日期重合：进度正常 ⎭

2.上述图例结论如下：

（1）D工作实际进度在检查日期左侧，代表D工作延误，延误时间为1d。

（2）F工作实际进度在检查日期右侧，代表F工作提前，提前时间为1d。

（3）E工作实际进度与检查日期重合，代表E工作进度正常，按计划进行。

3.判断实际进度对总工期及紧后工作的影响：

（1）是否影响总工期，只看本项工作的总时差。

（2）是否影响紧后工作的最早开始时间，只看本项工作的自由时差。

如：D工作实际进度延误1d，总时差为3d，延误天数没有超过总时差，不影响总工期；自由时差为1d，延误天数没有超过自由时差，也不影响紧后工作。

问题2： 在答题纸上绘制正确的从第9月开始到工程结束的双代号网络计划图（图2）。

答案：

时间(月)	9	10	11	12	13	14	15	16
②→⑦								
⑥→⑧→⑨								
⑤								

解析：

（1）由于关键工作②→⑦进度滞后1个月，故工期变为16个月。节点⑦定在9月底，节点⑧定在13月底，节点⑨定在16月底。

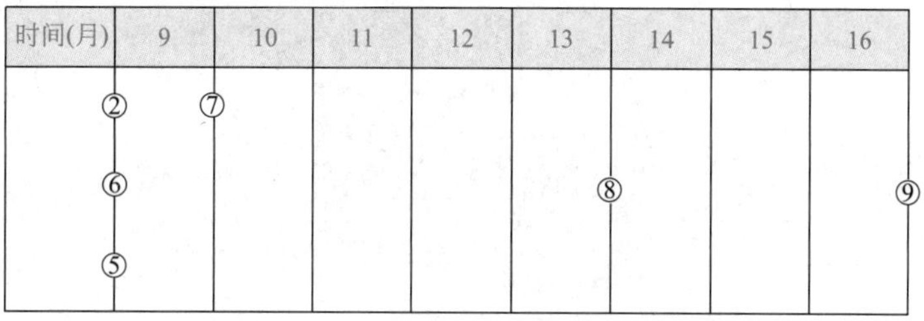

时间(月)
9
10
11
12
13
14
15
16
②
⑦
⑥
⑧
⑨
⑤

（2）关键工作②→⑦、⑦→⑧、⑧→⑨用实箭线连起来。（关键工作不存在机动时间）

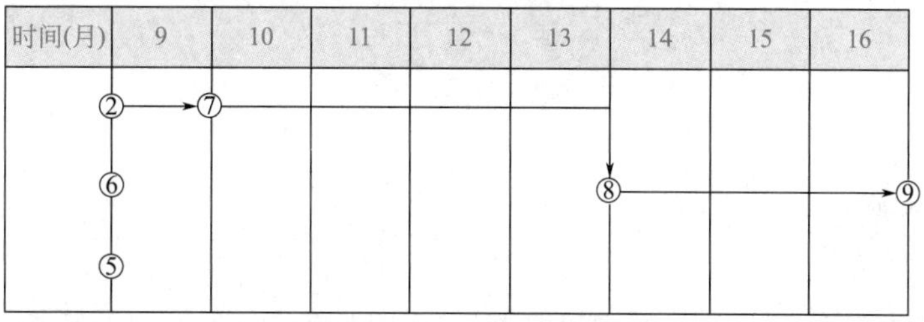

时间(月)
9
10
11
12
13
14
15
16
②
⑦
⑥
⑧
⑨
⑤

（3）节点⑥到节点⑧有5个月的时间，但工作⑥→⑧只需2个月，剩余3个月用波形线补充。

时间(月)
9
10
11
12
13
14
15
16
②
⑦
⑥
⑧
⑨
⑤

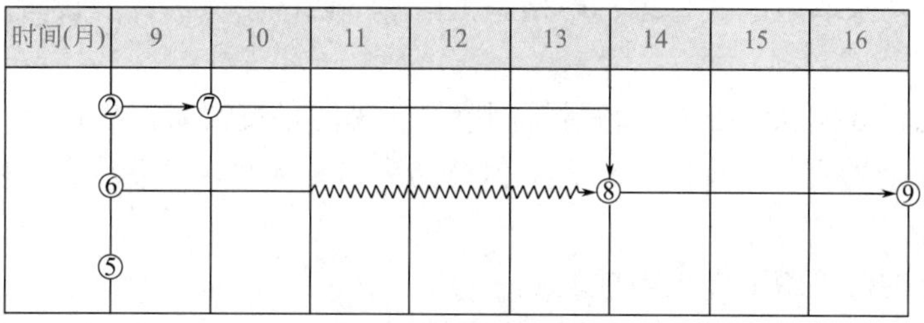

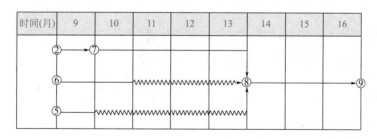

（4）节点⑤到节点⑧有5个月的时间，但工作⑤→⑧只需1个月，剩余4个月用波形线补充。

时间(月)
9
10
11
12
13
14
15
16
②
⑦
⑥
⑧
⑨
⑤

案例七

（2020年一建真题案例一节选）

 背景资料

　　某工程项目部根据当地政府要求进行新冠肺炎疫情后复工，按照住房和城乡建设部办公厅《房屋市政工程复工复产指南》（建办质〔2020〕8号）规定，制定了项目疫情防控措施，其中规定：

　　（1）施工现场采取封闭式管理，严格施工区等"四区"分离，并设置隔离区和符合标准的隔离室。

　　（2）根据工程规模和务工人员数量等因素，合理配备疫情防控物资。

　　（3）现场办公场所、会议室、宿舍应保持通风，每天至少通风3次，并定期对上述重点场所进行消毒。

　　项目部制定的模板施工方案中规定：

　　（1）模板选用15mm厚木胶合板，木枋格栅、围檩。

　　（2）水平模板支撑采用碗扣式钢管脚手架，顶部设置可调托撑。

　　（3）碗扣式脚手架钢管材料为Q235级，高度超过4m，模板支撑架安全等级按Ⅰ级要求设计。

　　（4）模板及其支架的设计中考虑了下列各项荷载：

　　① 模板及支架自重（G_1）；

　　② 新浇筑混凝土自重（G_2）；

　　③ 钢筋自重（G_3）；

　　④ 新浇筑混凝土对模板的侧压力（G_4）；

　　⑤ 施工人员及施工设备产生的荷载（Q_1）；

　　⑥ 混凝土下料产生的水平荷载（Q_2）；

　　⑦ 泵送混凝土或不均匀堆载等因素产生的附加水平荷载（Q_3）；

　　⑧ 风荷载（Q_4）。

　　进行各项模板设计时，参与模板及支架承载力计算的荷载项见下表。

参与模板及支架承载力计算的荷载项（部分）

计算内容	参与荷载项
底面模板承载力	
支架水平杆及节点承载力	G_1、G_2、G_3、Q_1
支架立杆承载力	
支架结构整体稳定	

某部位标准层楼板模板支撑架设计剖面示意图如下图所示。

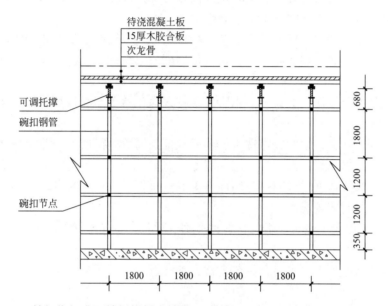

某部位标准层楼板模板支撑架设计剖面示意图（单位：mm）

问题1： 项目疫情防控措施规定的"四区"中除了施工区外还有哪些？施工现场主要疫情防控物资有哪些？需要消毒的重点场所还有哪些？

答案：

（1）材料加工和存放区、办公区、生活区。

（2）主要疫情防控物资有：体温计、口罩、消毒剂等。

（3）需要消毒的重点场所还有：食堂、盥洗室、厕所等。

解析：

根据《房屋市政工程复工复产指南》（建办质〔2020〕8号）第3.4.1条规定，对施工现场起重机械的驾驶室、操作室等人员长期密闭作业场所进行消毒，予以记录并建立台账，但第三小问并没有把这两处写进去。要注意问题中的关键词"需要消毒的重点场所"，由此推断命题人考核的是第3.5.5条。

知识点引申：

《房屋市政工程复工复产指南》（建办质〔2020〕8号）节选

2.4.1　施工现场采取封闭式管理。严格施工区、材料加工和存放区、办公区、生活区等"四区"分离。

2.4.3 根据工程规模和务工人员数量等因素，合理配备体温计、口罩、消毒剂等疫情防控物资。

2.4.4 安排专人负责文明施工和卫生保洁等工作，按照相关规定分类设置防疫垃圾（废弃口罩等）、生活垃圾和建筑垃圾收集装置。

3.1.2 在施工现场进出口设立体温监测点，对所有进入施工现场人员进行体温检测并登记，每天测温不少于两次。凡有发热、干咳等症状的，应阻止其进入，并及时报告和妥善处置。

3.3.2 每日对现场人员开展卫生防疫岗前教育。宣传教育应尽量选择开阔、通风良好的场地，分批次进行，人员间隔不小于1米。

3.4.1 对施工现场起重机械的驾驶室、操作室等人员长期密闭作业场所进行消毒，予以记录并建立台账。施工现场起重机械投入使用前应组织检查，将驾驶室、操作室是否消毒作为必查项。

3.5.1 现场办公场所、会议室、宿舍应保持通风，每天至少通风3次，每次不少于30分钟。

3.5.5 定期对宿舍、食堂、盥洗室、厕所等重点场所进行消毒，并加强循环使用餐具清洁消毒管理，严格执行一人一具一用一消毒。

5.2.1 发生涉疫情况，应第一时间向有关部门报告、第一时间启动应急预案、第一时间采取停工措施并封闭现场。

问题2：作为混凝土浇筑模板的材料种类都有哪些？（如木材）

答案：

钢材、冷弯薄壁型钢、木材、铝合金材、胶合板。

解析：

模板用材规定教材中没有单独说明，按教材作答可能会漏答或重复答。本问应依据《建筑施工模板安全技术规范》JGJ 162—2008中第3部分"材料选用"来作答。

知识点引申：

《建筑施工模板安全技术规范》JGJ 162—2008节选

7.1 模板拆除要求

7.1.2 当混凝土未达到规定强度或已达到设计规定强度，需提前拆模或承受部分超设计荷载时，必须经过计算和技术主管确认其强度能足够承受此荷载后，方可拆除。

7.1.5 后张预应力混凝土结构的侧模宜在施加预应力前拆除，底模应在施加预应力后拆除。设计有规定时，应按规定执行。

7.1.10 高处拆除模板时，应符合有关高处作业的规定。严禁使用大锤和撬棍，操作层上临时拆下的模板堆放不能超过3层。

7.2.2 当立柱的水平拉杆超出2层时，应首先拆除2层以上的拉杆。当拆除最后一道水平拉杆时，应和拆除立柱同时进行。

7.2.3 当拆除4～8m跨度的梁下立柱时，应先从跨中开始，对称地分别向两端拆除。拆除时，严禁采用连梁底板向旁侧一片拉倒的拆除方法。

问题3：写出表中其他模板与支架承载力计算内容项目的参与荷载项。（如：支架水平杆及节点承载力 G_1、G_2、G_3、Q_1）

答案：

底面模板承载力：G_1、G_2、G_3、Q_1

支架立杆承载力：G_1、G_2、G_3、Q_1、Q_4

支架结构整体稳定：G_1、G_2、G_3、Q_1、Q_4（或Q_3）

知识点引申：

《混凝土结构工程施工规范》GB 50666—2011节选

4.3.7 模板及支架承载力计算的各项荷载可按表4.3.7确定，并应采用最不利的荷载基本组合进行设计。参与组合的永久荷载应包括模板及支架自重（G_1）、新浇筑混凝土自重（G_2）、钢筋自重（G_3）及新浇筑混凝土对模板的侧压力（G_4）等；参与组合的可变荷载宜包括施工人员及施工设备产生的荷载（Q_1）、混凝土下料产生的水平荷载（Q_2）、泵送混凝土或不均匀堆载等因素产生的附加水平荷载（Q_3）及风荷载（Q_4）等。

表4.3.7 参与模板及支架承载力计算的各项荷载

计算内容		参与荷载项
模板	底面模板的承载力	$G_1+G_2+G_3+Q_1$
	侧面模板的承载力	G_4+Q_2
支架	支架水平杆及节点的承载力	$G_1+G_2+G_3+Q_1$
	立杆的承载力	$G_1+G_2+G_3+Q_1+Q_4$
	支架结构的整体稳定	$G_1+G_2+G_3+Q_1+Q_3$ $G_1+G_2+G_3+Q_1+Q_4$

注：表中的"+"仅表示各项荷载参与组合，而不表示代数相加。

问题4： 指出图中模板支撑架设计剖面图中的错误之处。

答案：

错误1：立杆底部未设置底座或垫板。（《建筑施工碗扣式钢管脚手架安全技术规范》JGJ 166—2016第6.1.1条第3款）

错误2：立杆间距1800mm，超过规范要求。（《建筑施工碗扣式钢管脚手架安全技术规范》JGJ 166—2016第6.3.6条第1款）

错误3：立柱间无斜撑杆。（《建筑施工碗扣式钢管脚手架安全技术规范》JGJ 166—2016第6.3.8条第1款）

错误4：最上层水平杆过高（1800mm）。（《建筑施工碗扣式钢管脚手架安全技术规范》JGJ 166—2016第6.3.5条第2款、第4款）

错误5：立杆顶层悬臂段过长（680mm）。（《建筑施工碗扣式钢管脚手架安全技术规范》JGJ 166—2016第6.3.3条）

知识点引申：

《建筑施工碗扣式钢管脚手架安全技术规范》JGJ 166—2016节选

6.1.1 脚手架地基应符合下列规定：

1 地基应坚实、平整，场地应有排水措施，不应有积水；

2 土层地基上的立杆底部应设置底座和混凝土垫层，垫层混凝土标号不应低于C15，厚度不应小于150mm；当采用垫板代替混凝土垫层时，垫板宜采用厚度不小于50mm、宽度不小于200mm、长度不少于两跨的木垫板；

3 混凝土结构层上的立杆底部应设置底座或垫板；

4 对承载力不足的地基土或混凝土结构层，应进行加固处理；

5 湿陷性黄土、膨胀土、软土地基应有防水措施；

6 当基础表面高差较小时，可采用可调底座调整；当基础表面高差较大时，可利用立杆碗扣节点位差配合可调底座进行调整，且高处的立杆距离坡顶边缘不宜小于500mm。

6.1.2 双排脚手架起步立杆应采用不同型号的杆件交错布置，架体相邻立杆接头应错开设置，不应设置在同步内（图6.1.2）。模板支撑架相邻立杆接头宜交错布置。

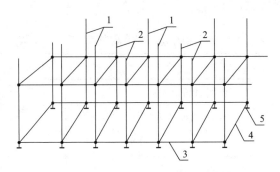

图 6.1.2 双排脚手架起步立杆布置示意图
1—第一种型号立杆；2—第二种型号立杆；3—纵向扫地杆；4—横向扫地杆；5—立杆底座

6.1.3 脚手架的水平杆应按步距沿纵向和横向连续设置，不得缺失。在立杆的底部碗扣处应设置一道纵向水平杆、横向水平杆作为扫地杆，扫地杆距离地面高度不应超过400mm，水平杆和扫地杆应与相邻立杆连接牢固。

6.3.1 模板支撑架搭设高度不宜超过30m。

6.3.2 模板支撑架每根立杆的顶部应设置可调托撑。当被支撑的建筑结构底面存在坡度时，应随坡度调整架体高度，可利用立杆碗扣节点位差增设水平杆，并应配合可调托撑进行调整。

6.3.3 立杆顶端可调托撑伸出顶层水平杆的悬臂长度（图6.3.3）不应超过650mm。可调托撑和可调底座螺杆插入立杆的长度不得小于150mm，伸出立杆的长度不宜大于300mm，安装时其螺杆应与立杆钢管上下同心，且螺杆外径与立杆钢管内径的间隙不应大于3mm。

6.3.5 水平杆步距应通过设计计算确定，并应符合下列规定：

1 步距应通过立杆碗扣节点间距均匀设置；

2 当立杆采用Q235级材质钢管时，步距不应大于1.8m；

3 当立杆采用Q345级材质钢管时，步距不应大于2.0m；

4 对安全等级为Ⅰ级的模板支撑架，架体顶层两步距应比标准步距缩小至少一个节点间距，但立杆稳定性计算时的立杆计算长度应采用标准步距。

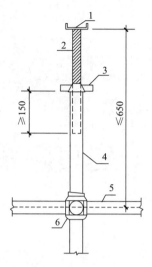

图 6.3.3　立杆顶端可调托撑伸出顶层水平杆的悬臂长度（mm）
1—托座；2—螺杆；3—调节螺母；4—立杆；5—顶层水平杆；6—碗扣节点

6.3.6　立杆间距应通过设计计算确定，并应符合下列规定：

1　当立杆采用Q235级材质钢管时，立杆间距不应大于1.5m；

2　当立杆采用Q345级材质钢管时，立杆间距不应大于1.8m。

6.3.8　模板支撑架应设置竖向斜撑杆，并应符合下列规定：

1　安全等级为Ⅰ级的模板支撑架应在架体周边、内部纵向和横向每隔4m～6m各设置一道竖向斜撑杆；安全等级为Ⅱ级的模板支撑架应在架体周边、内部纵向和横向每隔6m～9m各设置一道竖向斜撑杆。

2　每道竖向斜撑杆可沿架体纵向和横向每隔不大于两跨在相邻立杆间由底到顶连续设置；也可沿架体竖向每隔不大于两步距采用八字形对称设置，或采用等覆盖率的其他设置方式。

案例八

（2018年一建真题案例五节选）

 背景资料

一新建工程，地下2层，地上20层，高度为70m，建筑面积为40000m²，标准层平面尺寸为40m×40m。"在建工程施工防火技术方案"中，已完成结构施工楼层的消防设施平面布置设计见下图。图中立管设计参数为：消防用水量为15L/s，水流速$i=1.5m/s$；消防箱包括消防水枪、水带与软管。监理工程师按照《建设工程施工现场消防安全技术规范》GB 50720—2011提出了整改要求。

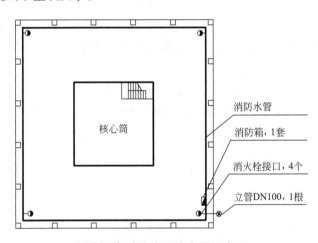

核心筒

消防水管
消防箱，1套
消火栓接口，4个
立管DN100，1根

标准层临时消防设施布置示意图

问题：指出图中的不妥之处，并说明理由。

答案：

不妥1：消防立管为DN100。

理由：根据管径计算，$d=\sqrt{\dfrac{4\times15}{\pi\times1.5\times1000}}$=0.113m=113mm，应该选择DN125。

不妥2：立管设置1根。

理由：立管不应少于2根，设置位置应便于消防人员操作。（《建设工程施工现场消防

安全技术规范》GB 50720—2011第5.3.10条）

不妥3：消火栓接口间距约40m。

理由：本建筑高度为70m，属于高层建筑，不符合规范要求消火栓接口间距不应大于30m的规定。（《建设工程施工现场消防安全技术规范》GB 50720—2011第5.3.12条）

不妥4：没有设置消防软管接口。

理由：各结构层均应设置消防软管接口。（《建设工程施工现场消防安全技术规范》GB 50720—2011第5.3.12条）

不妥5：楼梯位置未设置消防设施。

理由：每层楼梯处均应设置消防箱。（《建设工程施工现场消防安全技术规范》GB 50720—2011第5.3.13条）

不妥6：消防箱1套。

理由：每个设置点不少于2套。（《建设工程施工现场消防安全技术规范》GB 50720—2011第5.3.13条）

解析：

答案中的不妥1，计算管径时，消防用水量为什么不加10%漏水损失？根据《建设工程施工现场消防安全技术规范》GB 50720—2011中的第5.3.10条第2款，消防竖管的管径应根据在建工程临时消防用水量、竖管内水流计算速度确定，且不应小于DN100。规范说得很清楚，算消防管径时，就用消防用水量，不再考虑任何漏水损失。因为消防用水是专用的，不存在漏水损失这一说法。

知识点引申：

1. 常用的消防管道规格包括：DN25、DN32、DN40、DN50、DN70、DN80、DN100、DN125、DN150、DN200。

2. 临时室外、室内消防给水系统，依据《建设工程施工现场消防安全技术规范》GB 50720—2011（节选）：

5.3.2 临时消防用水量应为临时室外消防用水量与临时室内消防用水量之和。

5.3.3 临时室外消防用水量应按临时用房和在建工程的临时室外消防用水量的较大者确定，施工现场火灾次数可按同时发生1次确定。

5.3.4 临时用房建筑面积之和大于1000m²或在建工程单体体积大于10000m³时，应设置临时室外消防给水系统。当施工现场处于市政消火栓150m保护范围内，且市政消火栓的数量满足室外消防用水量要求时，可不设置临时室外消防给水系统。

5.3.5 临时用房的临时室外消防用水量不应小于表5.3.5的规定。

表5.3.5 临时用房的临时室外消防用水量

临时用房的建筑面积之和	火灾延续时间（h）	消火栓用水量（L/s）	每支水枪最小流量（L/s）
1000m²＜面积≤5000m²	1	10	5
面积＞5000m²		15	5

5.3.6 在建工程的临时室外消防用水量不应小于表5.3.6的规定。

表 5.3.6　在建工程的临时室外消防用水量

在建工程（单体）体积	火灾延续时间（h）	消火栓用水量（L/s）	每支水枪最小流量（L/s）
$10000m^3 <$体积$\leq 30000m^3$	1	15	5
体积$> 30000m^3$	2	20	5

5.3.7　施工现场临时室外消防给水系统的设置应符合下列规定：

1　给水管网宜布置成环状。

2　临时室外消防给水干管的管径，应根据施工现场临时消防用水量和干管内水流计算速度计算确定，且不应小于DN100。

3　室外消火栓应沿在建工程、临时用房和可燃材料堆场及其加工场均匀布置，与在建工程、临时用房和可燃材料堆场及其加工场的外边线的距离不应小于5m。

4　消火栓的间距不应大于120m。

5　消火栓的最大保护半径不应大于150m。

5.3.8　建筑高度大于24m或单体体积超过$30000m^3$的在建工程，应设置临时室内消防给水系统。

5.3.9　在建工程的临时室内消防用水量不应小于表5.3.9的规定。

表 5.3.9　在建工程的临时室内消防用水量

建筑高度、在建工程体积（单体）	火灾延续时间（h）	消火栓用水量（L/s）	每支水枪最小流量（L/s）
$24m <$建筑高度$\leq 50m$ 或$30000m^3 <$体积$\leq 50000m^3$	1	10	5
建筑高度$> 50m$ 或体积$> 50000m^3$	1	15	5

5.3.10　在建工程临时室内消防竖管的设置应符合下列规定：

1　消防竖管的设置位置应便于消防人员操作，其数量不应少于2根，当结构封顶时，应将消防竖管设置成环状。

2　消防竖管的管径应根据在建工程临时消防用水量、竖管内水流计算速度计算确定，且不应小于DN100。

5.3.12　设置临时室内消防给水系统的在建工程，各结构层均应设置室内消火栓接口及消防软管接口，并应符合下列规定：

1　消火栓接口及软管接口应设置在位置明显且易于操作的部位。

2　消火栓接口的前端应设置截止阀。

3　消火栓接口或软管接口的间距，多层建筑不应大于50m，高层建筑不应大于30m。

5.3.13　在建工程结构施工完毕的每层楼梯处应设置消防水枪、水带及软管，且每个设置点不应少于2套。

5.3.14　高度超过100m的在建工程，应在适当楼层增设临时中转水池及加压水泵。中转水池的有效容积不应少于$10m^3$，上、下两个中转水池的高差不宜超过100m。

（2017年一建真题案例五节选）

 背景资料

某新建办公楼工程，在对地下室结构实体采用回弹法进行强度检验的过程中，出现个别部位C35混凝土强度不足，项目部质量经理随即安排公司试验室检测人员采用钻芯法对该部位实体混凝土进行检测，并将检验报告上报监理工程师。监理工程师认为其做法不妥，要求整改。整改后钻芯检测的试样强度分别为28.5MPa、31MPa、32MPa。该建设单位项目负责人组织对工程进行检查验收，施工单位分别填写了单位工程质量竣工验收记录表中的"验收记录""验收结论""综合验收结论"。"综合验收结论"为"合格"。参加验收单位人员分别进行了签字。政府质量监督部门认为一些做法不妥，要求改正。

问题1：说明混凝土结构实体检验管理的正确做法。该钻芯检验部位C35混凝土实体的检验结论是什么？并说明理由。

答案：

（1）混凝土结构实体检验管理的正确做法：

① 监理单位见证取样。

② 施工单位组织实施。

③ 具有资质的检测机构承担检验。

（2）该钻芯检验部位C35混凝土实体检验结论：不合格。

（3）理由：

平均值：（28.5+31+32）/3=30.5MPa＜30.8MPa（35×88%）

最小值：28.5MPa＞28MPa（35×80%）

两个条件没有同时满足，所以混凝土强度实体检验结果不合格。

知识点引申：

《混凝土结构工程施工质量验收规范》GB 50204—2015节选

10.1.1 对涉及混凝土结构安全的有代表性的部位应进行结构实体检验。结构实体检验应包括混凝土强度、钢筋保护层厚度、结构位置与尺寸偏差以及合同约定的项目；必要时可检验其他项目。

结构实体检验应由监理单位组织施工单位实施，并见证实施过程。施工单位应制定结

构实体检验专项方案，并经监理单位审核批准后实施。除结构位置与尺寸偏差外的结构实体检验项目，应由具有相应资质的检测机构完成。

10.1.2　结构实体混凝土强度应按不同强度等级分别检验，检验方法宜采用同条件养护试件方法；当未取得同条件养护试件强度或同条件养护试件强度不符合要求时，可采用回弹–取芯法进行检验。

结构实体混凝土同条件养护试件强度检验应符合本规范附录C的规定；结构实体混凝土回弹–取芯法强度检验应符合本规范附录D的规定。

C.0.3　对同一强度等级的同条件养护试件，其强度值应除以0.88后按现行国家标准《混凝土强度检验评定标准》GB/T 50107等有关规定进行评定，评定结果符合要求时可判结构实体混凝土强度合格。

D.0.7　对同一强度等级的混凝土，当符合下列规定时，结构实体混凝土强度可判为合格：

1　三个芯样的抗压强度算术平均值不小于设计要求的混凝土强度等级值的88%；

2　三个芯样抗压强度的最小值不小于设计要求的混凝土强度等级值的80%。

问题2：单位工程质量竣工验收记录表中"验收记录""验收结论""综合验收结论"应该由哪些单位填写？"综合验收结论"应该包括哪些内容？

答案：

1．填写主体：

（1）验收记录由施工单位填写。

（2）验收结论由监理单位填写。

（3）综合验收结论由建设单位填写。

2．综合验收结论包括：

（1）工程质量是否符合设计文件和相关标准的规定。

（2）总体质量水平评价。

知识点引申：

《建筑工程施工质量验收统一标准》GB 50300—2013节选

附录H　单位工程质量竣工验收记录

H.0.2　表H.0.1–1中的验收记录由施工单位填写，验收结论由监理单位填写。综合验收结论经参加验收各方共同商定，由建设单位填写，应对工程质量是否符合设计文件和相关标准的规定及总体质量水平作出评价。

表 H.0.1-1　单位工程质量竣工验收记录

工程名称			结构类型		层数/建筑面积	
施工单位			技术负责人		开工日期	
项目负责人			项目技术负责人		完工日期	
序号	项目		验收记录		验收结论	
1	分部工程验收		共　　分部，经查符合设计及标准规定　　分部			
2	质量控制资料核查		共　　项，经核查符合规定　　项			

序号	项目	验收记录	验收结论
3	安全和使用功能核查及抽查结果	共核查　项，符合规定　项，共抽查　项，符合规定　项，经返工处理符合规定　项	
4	观感质量验收	共抽查　项，达到"好"和"一般"的　项，经返修处理符合要求的　项	
	综合验收结论		

参加验收单位	建设单位	监理单位	施工单位	设计单位	勘察单位
	（公章）项目负责人：年 月 日	（公章）总监理工程师：年 月 日	（公章）项目负责人：年 月 日	（公章）项目负责人：年 月 日	（公章）项目负责人：年 月 日

注：单位工程验收时，验收签字人员应由相应单位的法人代表书面授权。

案例十

（2016年一建真题案例三节选）

某新建工程，建筑面积为15000m²，地下2层，地上5层，钢筋混凝土框架结构，800mm厚钢筋混凝土筏板基础，建筑总高20m。建设单位与某施工总承包单位签订了施工总承包合同。施工总承包单位将建设工程的基坑工程分包给了建设单位指定的专业分包单位。

施工总承包单位项目经理部成立了安全生产领导小组，并配备了3名土建类专职安全员。项目经理部对现场的施工安全危险源进行了分辨识别，编制了项目现场防汛应急救援预案，按规定履行了审批手续，并要求专业分包单位按照应急救援预案进行一次应急演练。专业分包单位以没有配备相应救援器材和难以现场演练为由拒绝。总承包单位要求专业分包单位根据国家和相关规定进行整改。

......

问题1：本工程至少应配置几名专职安全员？根据《住房和城乡建设部关于印发建筑施工企业主要负责人、项目负责人和专职安全生产管理人员安全生产管理规定实施意见的通知》（建质〔2015〕206号），项目经理部配置的专职安全员是否妥当？并说明理由。

答案：

（1）至少应配备2名专职安全员。

（2）项目经理部配置的专职安全员不妥当。

理由：建质〔2008〕91号文件规定了建筑面积为1万～5万m²的，至少应配备2名综合类专职安全生产管理人员，本工程建筑面积为15000m²，只配备了3名土建类专职安全员，没有配备综合类专职安全员。

知识点引申：

1.职安全生产管理人员分为机械、土建、综合三类。

（1）机械类专职安全生产管理人员可以从事起重机械、土石方机械、桩工机械等安全生产管理工作。

（2）土建类专职安全生产管理人员可以从事除起重机械、土石方机械、桩工机械等安全生产管理工作以外的安全生产管理工作。

（3）综合类专职安全生产管理人员可以从事全部安全生产管理工作。

2.《关于印发〈建筑施工企业安全生产管理机构设置及专职安全生产管理人员配备办法〉的通知》（建质〔2008〕91号）节选

第十三条　总承包单位配备项目专职安全生产管理人员应当满足下列要求：

（一）建筑工程、装修工程按照建筑面积配备：

（1）1万平方米以下的工程不少于1人；

（2）1万～5万平方米的工程不少于2人；

（3）5万平方米及以上的工程不少于3人，且按专业配备专职安全生产管理人员。

问题2： 对施工总承包单位编制的防汛应急救援预案，专业分包单位应该如何执行？

答案：

（1）专业分包单位应该按照应急救援预案要求建立应急救援组织或配备应急救援人员，配备救援器材、设备，并定期进行应急演练。

（2）对于难以进行现场演练的预案，可按演练程序和内容采取室内桌牌式模拟演练。

知识点引申：

《建设工程安全生产管理条例》节选

第四十九条　施工单位应当根据建设工程施工的特点、范围，对施工现场易发生重大事故的部位、环节进行监控，制定施工现场生产安全事故应急救援预案。实行施工总承包的，由总承包单位统一组织编制建设工程生产安全事故应急救援预案，工程总承包单位和分包单位按照应急救援预案，各自建立应急救援组织或者配备应急救援人员，配备救援器材、设备，并定期组织演练。

《建筑施工安全检查标准》JGJ 59—2011节选

3.1.3　安全管理保证项目的检查评定应符合下列规定：

6　应急救援

（1）工程项目部应针对工程特点，进行重大危险源的辨识；应制定防触电、防坍塌、防高处坠落、防起重及机械伤害、防火灾、防物体打击等主要内容的专项应急救援预案，并对施工现场易发生重大安全事故的部位、环节进行监控；

（2）施工现场应建立应急救援组织，培训、配备应急救援人员，定期组织员工进行应急救援演练；

（3）按应急救援预案要求，应配备应急救援器材和设备。

第3.1.3条第6款条文说明：

重大危险源的辨识应根据工程特点和施工工艺，将施工中可能造成重大人身伤害的危险因素、危险部位、危险作业列为重大危险源并进行公示，并以此为基础编制应急救援预案和控制措施。

项目应定期组织综合或专项的应急救援演练。对难以进行现场演练的预案，可按演练程序和内容采取室内桌牌式模拟演练。

按照工程的不同情况和应急救援预案要求，应配备相应的应急救援器材，包括：急救箱、氧气袋、担架、应急照明灯具、消防器材、通信器材、机械、设备、材料、工具、车辆、备用电源等。

案例十一

（2016年一建真题案例五节选）

 背景资料

某住宅楼工程，场地占地面积约为10000m²，建筑面积约为14000m²，地下2层，地上16层。

......

根据项目试验计划，项目总工程师会同试验员选定1、3、5、7、9、11、13、16层各留置1组C30混凝土同条件养护试件，试件在浇筑地点制作，脱模后放置在下一层楼梯口处。第5层C30混凝土同条件养护试件强度试验结果为28MPa。

施工过程中发生塔式起重机倒塌事故，在调查塔式起重机基础时发现：塔式起重机基础尺寸为6m×6m×0.9m，混凝土强度等级为C20，天然地基持力层承载力特征值（f_{ak}）为120kPa，施工单位仅对地基承载力进行计算，并据此判断满足安全要求。

针对项目发生的塔式起重机事故，当地建设行政主管部门认定为施工总承包单位的不良行为记录，对其诚信行为记录及时进行了公布、上报，并向施工总承包单位工商注册所在地的建设行政主管部门进行了通报。

问题1： 指出同条件养护试件的做法有何不妥？并写出正确做法。第5层C30混凝土同条件养护试件的强度代表值是多少？

答案：

（1）不妥之处及正确做法如下：

不妥1：项目总工程师会同试验员选定试件。

正确做法：项目总工程师会同监理方共同选定。

不妥2：在1、3、5、7、9、11、13、16层各留置1组C30混凝土同条件养护试件。

正确做法：每连续两层楼取样不应少于1组，每次取样应至少留置一组试件。

不妥3：脱模后放置在下一层楼梯口处。

正确做法：脱模后应放置在浇筑地点，与结构同条件养护。

（2）C30混凝土同条件养护试件的强度代表值：28÷0.88＝31.82MPa。

知识点引申：

《混凝土结构工程施工质量验收规范》GB 50204—2015节选

附录C　结构实体混凝土同条件养护试件强度检验

C.0.1　同条件养护试件的取样和留置应符合下列规定：

1　同条件养护试件所对应的结构构件或结构部位，应由施工、监理等各方共同选定，且同条件养护试件的取样宜均匀分布于工程施工周期内；

2　同条件养护试件应在混凝土浇筑入模处见证取样；

3　同条件养护试件应留置在靠近相应结构构件的适当位置，并应采取相同的养护方法；

4　同一强度等级的同条件养护试件不宜少于10组，且不应少于3组。每连续两层楼取样不应少于1组；每2000m³取样不得少于一组。

C.0.2　每组同条件养护试件的强度值应根据强度试验结果按现行国家标准《普通混凝土力学性能试验方法标准》GB/T 50081的规定确定。

C.0.3　对同一强度等级的同条件养护试件，其强度值应除以0.88后按现行国家标准《混凝土强度检验评定标准》GB/T 50107的有关规定进行评定，评定结果符合要求时可判结构实体混凝土强度合格。

注：《普通混凝土力学性能试验方法标准》GB/T 50081已被《混凝土物理力学性能试验方法标准》GB/T 50081代替。

问题2： 分别指出项目塔式起重机基础设计计算和构造中的不妥之处，并写出正确做法。

答案：

不妥1：塔式起重机的基础尺寸为6m×6m×0.9m。

正确做法：塔式起重机基础高度不宜小于1.2m。

不妥2：塔式起重机基础混凝土强度等级为C20。

正确做法：塔式起重机基础的混凝土强度等级不应低于C30。

不妥3：施工单位仅对地基承载力进行计算。

正确做法：还应进行地基变形和地基稳定性验算。

知识点引申：

《塔式起重机混凝土基础工程技术标准》JGJ/T 187—2019节选

3.0.4　塔机基础和地基应分别按下列规定进行计算：

1　塔机基础及地基均应满足承载力计算的有关规定。

2　对不符合本标准第4.2.1条规定的塔机基础，应进行地基变形计算。

3　对不符合本标准第4.3.1条规定的塔机基础，应进行稳定性计算。

4.2.1　当地基主要受力层的承载力特征值不小于130kPa或小于130kPa但有地区经验时，且黏性土的状态不低于可塑（液性指数 $I_L \leq 0.75$）、砂土的密实度不低于稍密，可不进行塔机基础的天然地基变形验算。

4.3.1　当塔机基础底标高接近稳定边坡坡底或基坑底部并符合下列要求之一时，可不进行地基稳定性验算：

1　基础底面外边缘线至坡顶的水平距离不小于2.0m，基础底面至坡（坑）底的竖向距离不大于1.0m，基底地基承载力特征值不小于130kPa，且其下无软弱下卧层；

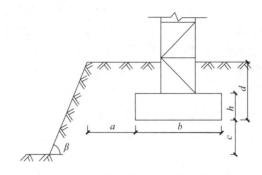

图 4.3.1　基础位于边坡的示意图

a—基础底面外边缘线至坡顶的水平距离（m）；b—垂直于坡顶边缘线的基础底面边长（m）；
c—基础底面至坡（坑）底的竖向距离（m）；d—基础埋置深度（m）；β—边坡坡角（°）

2　采用桩基础。

5.2.1　基础高度应满足塔机预埋件的抗拔要求，且不宜小于1200mm，不宜采用坡形或台阶形截面的基础。

5.2.2　基础的混凝土强度等级不应低于C30，垫层混凝土强度等级不应低于C20，混凝土垫层厚度不应小于100mm。

5.2.3　板式基础在基础表层和底层配置直径不应小于12mm、间距不应大于200mm的钢筋，且上下层主筋用间距不大于500mm的竖向构造钢筋连接。

5.2.5　矩形基础的长边与短边长度之比不应大于2，宜采用方形基础；十字形基础的节点处应采用加腋构造，且塔机塔身的4根立柱应分别位于条形基础的轴线上。

8.1.3　安装塔机时基础混凝土应达到设计强度的80%以上，塔机运行使用时基础混凝土应达到设计强度的100%。

问题3：分别写出项目所在地和企业工商注册所在地建设行政主管部门对施工企业诚信行为记录的管理内容有哪些。

答案：

1．项目所在地建设行政主管部门的管理内容：

（1）负责采集、审核、记录、汇总和公布诚信行为记录。

（2）逐级上报诚信行为记录。

（3）向企业工商注册所在地的建设行政主管部门通报。

（4）建立和完善施工企业信用档案。

2．企业工商注册所在地建设行政主管部门的管理内容：

（1）对各方主体的诚信行为进行检查、记录。

（2）将不良行为记录及时上报上级建设行政主管部门。

解析：

本问是非常偏的考点，教材上没有相关知识点，需参考《建筑市场诚信行为信息管理办法》第四条。

知识点引申：

《建筑市场诚信行为信息管理办法》节选

第四条　建设部负责制定全国统一的建筑市场各方主体的诚信标准；负责指导建立建筑市场各方主体的信用档案；负责建立和完善全国联网的统一的建筑市场信用管理信息平台；负责对外发布全国建筑市场各方主体诚信行为记录信息；负责指导对建筑市场各方主体的信用评价工作。

各省、自治区和直辖市建设行政主管部门负责本地区建筑市场各方主体的信用管理工作，采集、审核、汇总和发布所属各市、县建设行政主管部门报送的各方主体的诚信行为记录，并将符合《全国建筑市场各方主体不良行为记录认定标准》的不良行为记录及时报送建设部。报送内容应包括：各方主体的基本信息、在建筑市场经营和生产活动中的不良行为表现、相关处罚决定等。

各市、县建设行政主管部门按照统一的诚信标准和管理办法，负责对本地区参与工程建设的各方主体的诚信行为进行检查、记录，同时将不良行为记录信息及时报送上级建设行政主管部门。

中央管理企业和工商注册不在本地区的企业的诚信行为记录，由其项目所在地建设行政主管部门负责采集、审核、记录、汇总和公布，逐级上报，同时向企业工商注册所在地的建设行政主管部门通报，建立和完善其信用档案。

案例十二

（2014年一建真题案例四节选，规范有更新）

 背景资料

某大型综合商场工程，建筑面积为49500m²，地下1层，地上3层，现浇钢筋混凝土框架结构。E单位中标，双方按照《建设工程施工合同（示范文本）》GF—2017—0201签订了施工总承包合同，幕墙工程为专业分包，安全文明施工费为322.00万元。

从工程招标投标至竣工结算的过程中，发生了下列事件：

事件一：建设单位按照合同约定支付了工程预付款，但合同中未约定安全文明施工费预支付比例，双方协商按国家相关部门规定的最低预支付比例进行支付。

事件二：E施工单位对项目部安全管理工作进行检查，发现安全生产领导小组只有E单位项目经理、总工程师、专职安全管理人员。E施工单位要求项目部整改。

事件三：2014年3月30日工程竣工验收，5月1日双方完成竣工结算，双方书面签字确认，于2014年5月20日前由建设单位支付未付工程款560万元（不含5%的保修金）给E施工单位。此后，E施工单位3次书面要求建设单位支付所欠款项，但是截至8月30日建设单位仍未支付560万元的工程款。随即E施工单位以行使工程款优先受偿权为由，向法院提起诉讼，要求建设单位支付欠款560万元，以及拖欠利息5.2万元、违约金10万元。

问题1：事件一中，建设单位预支付的安全文明施工费最低是多少万元？并说明理由。安全文明施工费包括哪些费用？（保留两位小数）

答案：

（1）安全文明施工费最低为322.00×50%=161.00万元

理由：根据《建设工程施工合同（示范文本）》GF—2017—0201规定，除专用合同条款另有约定外，发包人应在开工后28天内预付安全文明施工费总额的50%，其余部分与进度款同期支付。

（2）安全文明施工费包括：

① 环境保护费。

② 文明施工费。

③ 安全施工费。

④ 临时设施费。

⑤ 建筑工人实名制管理费。

知识点引申：

《建设工程施工合同（示范文本）》GF—2017—0201 节选

6.1.6 安全文明施工费

安全文明施工费由发包人承担，发包人不得以任何形式扣减该部分费用。因基准日期后合同所适用的法律或政府有关规定发生变化，增加的安全文明施工费由发包人承担。

承包人经发包人同意采取合同约定以外的安全措施所产生的费用，由发包人承担。

除专用合同条款另有约定外，发包人应在开工后28天内预付安全文明施工费总额的50%，其余部分与进度款同期支付。发包人逾期支付安全文明施工费超过7天的，承包人有权向发包人发出要求预付的催告通知，发包人收到通知后7天内仍未支付的，承包人有权暂停施工。

承包人对安全文明施工费应专款专用，承包人应在财务账目中单独列项备查，不得挪作他用。

问题2：事件二中，项目安全生产领导小组还应有哪些人员？（分单位列出）

答案：

项目安全生产领导小组还应有：

（1）幕墙工程专业分包单位：项目经理、项目技术负责人、专职安全生产管理人员。

（2）劳务分包单位：项目经理、项目技术负责人、专职安全生产管理人员。

知识点引申：

《关于印发〈建筑施工企业安全生产管理机构设置及专职安全生产管理人员配备办法〉的通知》

（建质〔2008〕91号）节选

第十条 建筑施工企业应当在建设工程项目组建安全生产领导小组。建设工程实行施工总承包的，安全生产领导小组由总承包企业、专业承包企业和劳务分包企业项目经理、技术负责人和专职安全生产管理人员组成。

问题3：事件三中，工程价款优先受偿权从哪天开始计算，共计多长时间？E单位诉讼是否成立？其可以行使的工程款优先受偿权是多少万元？

答案：

（1）自发包人应当给付建设工程价款之日起算，共计18个月。

（2）E单位诉讼成立。

（3）可以行使的工程款优先受偿权是560万元。

知识点引申：

建设工程价款优先受偿权

1.《中华人民共和国民法典》节选

第八百零七条 发包人未按照约定支付价款的，承包人可以催告发包人在合理期限内支付价款。发包人逾期不支付的，除根据建设工程的性质不宜折价、拍卖外，承包人可以与发包人协议将该工程折价，也可以请求人民法院将该工程依法拍卖。建设工程的价款就该工程折价或者拍卖的价款优先受偿。

上述条款需注意以下几点：

（1）发包人未按照约定支付建设工程价款是前提条件之一。

（2）承包人应当催告发包人在合理期限内支付价款，并在合理期限内行使其优先受偿权。

2.《最高人民法院关于审理建设工程施工合同纠纷案件适用法律问题的解释（一）》（法释〔2020〕25号，2021年1月1日起施行）节选

第三十六条 承包人根据民法典第八百零七条规定享有的建设工程价款优先受偿权优于抵押权和其他债权。

第三十七条 装饰装修工程具备折价或者拍卖条件，装饰装修工程的承包人请求工程价款就该装饰装修工程折价或者拍卖的价款优先受偿的，人民法院应予支持。

第三十八条 建设工程质量合格，承包人请求其承建工程的价款就工程折价或者拍卖的价款优先受偿的，人民法院应予支持。

第三十九条 未竣工的建设工程质量合格，承包人请求其承建工程的价款就其承建工程部分折价或者拍卖的价款优先受偿的，人民法院应予支持。

第四十条 承包人建设工程价款优先受偿的范围依照国务院有关行政主管部门关于建设工程价款范围的规定确定。

承包人就逾期支付建设工程价款的利息、违约金、损害赔偿金等主张优先受偿的，人民法院不予支持。

第四十一条 承包人应当在合理期限内行使建设工程价款优先受偿权，但最长不得超过十八个月，自发包人应当给付建设工程价款之日起算。

案例十三

（2011年一建真题案例一节选）

 背景资料

  某公共建筑工程，建筑面积为22000m²，地下2层，地上5层，层高3.2m，钢筋混凝土框架结构。大堂一至三层中空，大堂顶板为钢筋混凝土井字梁结构。

  施工总承包单位根据《建筑施工扣件式钢管脚手架安全技术规范》JGJ 130—2011，编制了《大堂顶板模板工程施工方案》，并绘制了模板及支架示意图，如下图所示。监理工程师审查后要求重新绘制。

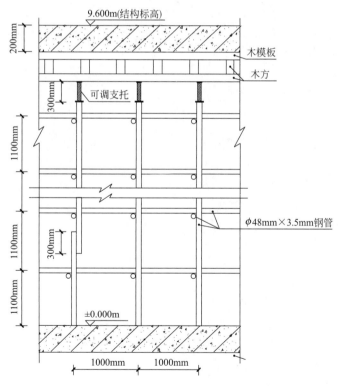

  问题：指出模板及支架示意图中的不妥之处，分别写出正确做法。

  答案：

不妥1：立柱底部直接落在混凝土底板上。

正确做法：钢管立柱底部宜设置垫板或底座。

不妥2：钢管采用ϕ48mm×3.5mm。

正确做法：钢管宜采用ϕ48.3mm×3.6mm，每根钢管的最大质量不应大于25.8kg。

不妥3：立柱底部没有设置纵横扫地杆。

正确做法：在立柱底部的水平方向上应按纵下横上的程序设扫地杆。

不妥4：立柱的接长采用搭接。

正确做法：立柱接长严禁搭接，必须采用对接扣件连接。

不妥5：支架未设剪刀撑。

正确做法：应设置竖向和水平的连续剪刀撑。

案例十四

（2020年二建真题案例一节选）

 背景资料

某新建住宅楼，框剪结构，地下2层，地上18层，建筑面积为2.5万 m^2，甲公司总承包施工。

新冠肺炎疫情后，项目部按照住房和城乡建设部办公厅《房屋市政工程复工复产指南》（建办质〔2020〕8号）规定和当地政府要求组织复工。成立以项目经理为组长的疫情防控领导小组并制定项目疫情防控措施，明确"施工现场实行封闭式管理，设置包括废弃口罩类等分类收集装置，安排专人负责卫生保洁工作……"，确保疫情防控工作有效、合规。

项目部在质量月活动中，组织了直螺纹套筒连接等知识竞赛活动，以提高管理人员、操作工人的质量意识和业务技能，减少质量通病的发生。钢筋直螺纹加工、连接常用检查和使用工具的作用如下图所示。

序号	工具名称	待检(施)项目
1	量尺	丝扣通畅
2	通规	有效丝扣长度
3	止规	校核扭紧力矩
4	管钳扳手	丝头长度
5	扭力扳手	连接丝头与套筒

钢筋直螺纹加工、连接常用检查和使用工具的作用连线图（部分）

问题1：除废弃口罩类外，现场设置的收集装置还应有哪些分类？
答案：
现场设置的收集装置还应有：生活垃圾类、建筑垃圾类。
问题2：对图中钢筋直螺纹加工、连接常用工具及待检（施）项目对应关系进行正确连线。（在答题卡上重新绘制）
答案：

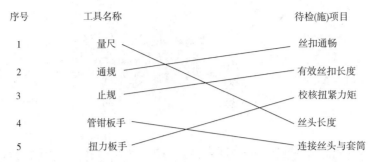

序号	工具名称	待检(施)项目
1	量尺	丝扣通畅
2	通规	有效丝扣长度
3	止规	校核扭紧力矩
4	管钳板手	丝头长度
5	扭力板手	连接丝头与套筒

知识点引申：

《钢筋机械连接技术规程》JGJ 107—2016节选

6.2.1 直螺纹钢筋丝头加工应符合下列规定：

4 钢筋丝头宜满足6f级精度要求，应采用专用直螺纹量规检验，通规应能顺利旋入并达到要求的拧入长度，止规旋入不得超过3p。各规格的自检数量不应少于10%，检验合格率不应小于95%。

6.3.1 直螺纹接头的安装应符合下列规定：

1 安装接头时可用管钳扳手拧紧，钢丝接头应在套筒中央位置相互顶紧，标准型、正反丝型、异径型接头安装后的单侧外露螺纹不宜超过2p；对无法对顶的其他直螺纹接头，应附加锁紧螺母、顶紧凸台等措施紧固。

2 接头安装后应用扭力扳手校核拧紧扭矩。

3 校核用扭力扳手的准确度级别可选用10级。

注：p为螺纹的螺距。

案例十五

（2020年二建真题案例二节选）

 **背景资料**

　　某新建商住楼工程，钢筋混凝土框架-剪力墙结构，地下1层，地上16层，建筑面积为2.8万 m²，基础桩为泥浆护壁成孔灌注桩。

　　项目部进场后，在泥浆护壁成孔灌注桩钢筋笼作业交底会上，重点强调钢筋笼制作和钢筋笼保护层垫块的注意事项，要求钢筋笼分段制作，分段长度要综合考虑成笼的三个因素。钢筋保护层垫块，每节钢筋笼不少于2组，长度大于12m的中间加设1组，每组块数为2块，垫块可自由分布。

　　……

　　问题：写出泥浆护壁成孔灌注桩钢筋笼制作和安装综合考虑的三个因素，指出钢筋笼保护层垫块的设置数量及位置的错误之处并改正。

　　答案：

　　（1）三个因素：钢筋笼的整体刚度、材料长度、起重设备的有效高度。

　　（2）错误之处及正确做法：

　　错误1：每组钢筋混凝土垫块的块数为2块。

　　正确做法：每组块数不得少于3块。

　　错误2：垫块自由分布。

　　正确做法：每组垫块需均匀分布在同一截面的主筋上。

　　知识点引申：

泥浆护壁成孔灌注桩钢筋笼制作与安装质量控制

（根据《建筑地基基础工程施工规范》GB 51004—2015第5.6.14条整理）

　　（1）钢筋笼宜分段制作，分段长度应根据钢筋笼整体刚度、钢筋长度以及起重设备的有效高度等因素确定。钢筋笼接头宜采用焊接或机械式接头，接头应相互错开。

　　（2）钢筋笼上应设置保护层垫块，每节钢筋笼不应少于2组，每组不应少于3块，且应均匀分布于同一截面上。

案例十六

（2019年二建真题案例二节选）

 **背景资料**

　　某办公楼工程，建筑面积为24000m²，地下1层，地上12层，筏板基础，钢筋混凝土框架结构，砌筑工程采用蒸压灰砂砖砌体。本工程混凝土设计强度等级：梁、板均为C30，地下部分框架柱为C40，地上部分框架柱为C35。施工总承包单位针对梁柱核心区（梁柱节点部位）混凝土浇筑制定了专项技术措施。拟采取竖向结构与水平结构连续浇筑的方式：地下部分梁柱核心区中，沿柱边设置隔离措施，先浇筑框架柱及隔离措施内的C40混凝土，再浇筑隔离措施外的C30梁、板混凝土；地上部分，先浇筑柱C35混凝土至梁柱核心区底面（梁底标高处），梁柱核心区与梁、板一起浇筑C30混凝土。针对上述技术措施，监理工程师提出异议，要求修正其中的错误和补充必要的确认程序，现场才能实施。

　　……

　　问题：针对监理工程师对混凝土浇筑措施提出的异议，施工总承包单位应修正和补充哪些措施和确认程序？

　　答案：

　　（1）地下部分应修正补充：应在交界区域采取分隔措施。分隔位置应在梁、板构件中，且距离框架构件边缘不应小于500mm。

　　（2）地上部分应补充的确认程序：柱、墙位置梁、板高度范围内的混凝土经设计单位同意，可采用强度等级为C30的混凝土进行浇筑。

　　知识点引申：

　　《混凝土结构工程施工规范》GB 50666—2011节选

　　8.3.8　柱、墙混凝土设计强度等级高于梁、板混凝土设计强度等级时，混凝土浇筑应符合下列规定：

　　1　柱、墙混凝土设计强度比梁、板混凝土设计强度高一个等级时，柱、墙位置梁、板高度范围内的混凝土经设计单位确认，可采用与梁、板混凝土设计强度等级相同的混凝土进行浇筑；

　　2　柱、墙混凝土设计强度比梁、板混凝土设计强度高两个等级及以上时，应在交界区域采取分隔措施；分隔位置应在低强度等级的构件中，且距高强度等级构件边缘不应小于500mm；

   3 宜先浇筑强度等级高的混凝土，后浇筑强度等级低的混凝土。

案例十七

（2018年二建真题案例一节选）

背景资料

某办公楼工程，框架结构，成孔灌注桩基础，地下1层，地上20层，总建筑面积为25000m²，其中地下建筑面积为3000m²，施工单位中标后与建设单位签订了施工承包合同。合同签订后，施工单位实施了项目进度策划，其中上部标准层结构工序安排如下：

工作内容	施工准备	模板支撑体系搭设	模板支设	钢筋加工	钢筋绑扎	管线预埋	混凝土浇筑
工序编号	A	B	C	D	E	F	G
时间（d）	1	2	2	2	2	1	1
紧后工序	B、D	C、F	E	E	G	G	—

……

装饰装修阶段，施工单位采取编制进度控制流程、建立协调机制等措施，保证了合同约定工期目标的实现。

问题1：根据上部标准层结构工序安排表绘制出双代号网络图，找出关键线路，并计算上部标准层结构每层工期是多少日历天？

答案：

（1）绘制的双代号网络图如下图所示：

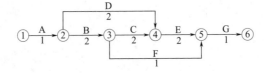

（2）关键线路为：A→B→C→E→G（或表示为①→②→③→④→⑤→⑥）。

（3）上部标准层结构每层工期为：8日历天。

问题2：装饰装修阶段采取的施工进度控制措施是哪一类措施？施工进度控制措施还有哪几种措施？

2025年版全国一级建造师建筑工程管理与实务案例专题聚焦

答案：

（1）编制进度控制流程、建立协调机制等措施属于组织措施。

（2）施工进度控制措施还有：① 管理措施；② 经济措施；③ 技术措施。

知识点引申：

进度管理

1．项目进度管理应遵循下列程序：

（1）编制进度计划。

（2）进度计划交底，落实管理责任。

（3）实施进度计划，进行进度控制和变更管理。

2．各类进度计划应包括下列内容：

（1）编制说明。

（2）进度安排。

（3）资源需求计划。

（4）进度保证措施。

3．进度计划检查的内容：

（1）工作完成数量。

（2）工作时间的执行情况。

（3）工作顺序的执行情况。

（4）资源使用及其与进度计划的匹配情况。

（5）前次检查提出问题的整改情况。

案例十八

（2018年二建真题案例四节选）

 背景资料

某开发商投资兴建办公楼工程，建筑面积为 $9600m^2$，地下1层，地上8层，现浇钢筋混凝土框架结构。经公开招标投标，某施工单位中标。

……

施工单位为了落实用工管理，对项目部劳务人员实名制管理进行检查。发现项目部在施工现场配备了专职劳务管理人员，登记了劳务人员基本身份信息，存有考勤、工资结算及支付记录。施工单位认为项目部劳务实名制管理工作仍不完善，责令项目部进行整改。

问题：项目部在劳务人员实名制管理工作中还应该完善哪些工作？

答案：

（1）采集进入施工现场的建筑工人和项目管理人员的基本信息，并及时核实、实时更新。

（2）真实完整记录建筑工人工作岗位、劳动合同签订情况等从业信息。

（3）建立建筑工人实名制管理台账。

（4）通过信息化手段将相关数据实时、准确、完整上传至相关部门的建筑工人实名制管理平台。

知识点引申：

《建筑工人实名制管理办法（试行）》（2019年3月1日施行）节选

第七条　建筑企业应承担施工现场建筑工人实名制管理职责，制定本企业建筑工人实名制管理制度，配备专（兼）职建筑工人实名制管理人员，通过信息化手段将相关数据实时、准确、完整上传至相关部门的建筑工人实名制管理平台。

总承包企业（包括施工总承包、工程总承包以及依法与建设单位直接签订合同的专业承包企业，下同）对所承接工程项目的建筑工人实名制管理负责，分包企业对其招用的建筑工人实名制管理负直接责任，配合总承包企业做好相关工作。

第十一条　建筑工人实名制信息由基本信息、从业信息、诚信信息等内容组成。

基本信息应包括建筑工人和项目管理人员的身份证信息、文化程度、工种（专业）、技能（职称或岗位证书）等级和基本安全培训等信息。

从业信息应包括工作岗位、劳动合同签订、考勤、工资支付和从业记录等信息。

诚信信息应包括诚信评价、举报投诉、良好及不良行为记录等信息。

第十二条　总承包企业应以真实身份信息为基础，采集进入施工现场的建筑工人和项目管理人员的基本信息，并及时核实、实时更新；真实完整记录建筑工人工作岗位、劳动合同签订情况、考勤、工资支付等从业信息，建立建筑工人实名制管理台账；按项目所在地建筑工人实名制管理要求，将采集的建筑工人信息及时上传相关部门。

案例十九

（2016年二建真题案例一节选）

 背景资料

　　某高校新建新校区，包括办公楼、教学楼、科研中心、后勤服务楼、学生宿舍等多个单体建筑，由某建筑工程公司进行该群体工程的施工建设。其中，科研中心工程为现浇钢筋混凝土框架结构，地上10层，地下2层，建筑檐口高度为45m，由于有超大尺寸的特殊设备，设置在地下2层的试验室为两层通高；结构设计图纸说明中规定地下室的后浇带需待主楼结构封顶后才能封闭。

　　在施工过程中，发生了下列事件：

　　事件一：施工单位针对两层通高试验室区域单独编制了模板及支架专项施工方案，方案中针对模板整体设计有模板和支架选型、构造设计、荷载及其效应计算，并绘制有施工节点详图。监理工程师审查后要求补充该模板整体设计必要的验算内容。

　　事件二：科研中心工程的后浇带施工方案明确指出：

　　（1）梁、板的模板与支架整体一次性搭设完毕。

　　（2）在楼板浇筑混凝土前，后浇带两侧用快易收口网进行分隔，上部用木板遮盖防止落入物料。

　　（3）两侧混凝土结构强度达到拆模条件后，拆除所有底模及支架，后浇带位置处重新搭设支架及模板，两侧进行固顶，待主体结构封顶后浇筑后浇带混凝土。

　　监理工程师认为方案中上述做法存在不妥，责令改正后重新报审。针对后浇带混凝土填充作业，监理工程师要求施工单位提前将施工技术要点以书面形式对作业人员进行交底。

　　……

　　问题1：事件一中，按照监理工程师要求，针对模板及支架施工方案，施工单位应补充哪些必要验算内容？

　　答案：

　　（1）模板及支架的承载力、刚度验算。

　　（2）模板及支架的抗倾覆验算。

知识点引申：

《混凝土结构工程施工规范》GB 50666—2011节选

4.3.2　模板及支架设计应包括下列内容：

1　模板及支架的选型及构造设计；

2　模板及支架的荷载及其效应计算；

3　模板及支架的承载力、刚度验算；

4　模板及支架的抗倾覆验算；

5　绘制模板及支架施工图。

问题2：事件二中，后浇带施工方案中有哪些不妥之处？后浇带混凝土填充作业的施工技术要点主要有哪些？

答案：

（1）后浇带施工方案的不妥之处：

不妥1：后浇带模板与支架和梁、板的模板与支架一次性搭设完毕。

不妥2：所有底模和支架全部拆除后重新搭设后浇带的模板及支架。

（2）技术要点：

①采用微膨胀的补偿收缩混凝土。

②后浇带两侧的接缝表面应先清理干净，再涂刷混凝土界面处理剂或水泥基渗透结晶型防水涂料。

③后浇带应在其两侧混凝土龄期达到42d后再施工。

④后浇带浇筑后应及时养护，养护时间不得少于28d。

解析：

本问很多考生审题会出现错误，认为此处按照主体结构后浇带的做法来答题即可，忽视了此处的后浇带为地下室基础底板后浇带，而地下室后浇带必须参照《地下工程防水技术规范》GB 50108—2008和《地下防水工程质量验收规范》GB 50208—2011。如对于混凝土浇筑完毕后的养护时间，主体结构后浇带要求至少为14d，地下室后浇带要求至少为28d；又比如后浇带混凝土强度等级是否要提高一级，主体结构后浇带浇筑要求强度等级提高一级，但地下室后浇带的强度要求不应低于两侧混凝土的强度。

知识点引申：

《地下工程防水技术规范》GB 50108—2008节选

4.1.26　施工缝的施工应符合下列规定：

1　水平施工缝浇筑混凝土前，应将其表面浮浆和杂物清除，然后铺设净浆或涂刷混凝土界面处理剂、水泥基渗透结晶型防水涂料等材料，再铺30 ～ 50mm厚的1：1水泥砂浆，并应及时浇筑混凝土；

2　垂直施工缝浇筑混凝土前，应将其表面清理干净，再涂刷混凝土界面处理剂或水泥基渗透结晶型防水涂料，并应及时浇筑混凝土。

5.2.2　后浇带应在其两侧混凝土龄期达到42d后再施工；高层建筑的后浇带施工应按规定时间进行。

5.2.3　后浇带应采用补偿收缩混凝土浇筑，其抗渗和抗压强度等级不应低于两侧混凝土。

5.2.4 后浇带应设在受力和变形较小的部位，其间距和位置应按结构设计要求确定，宽度宜为700～1000mm。

5.2.5 后浇带两侧可做成平直缝或阶梯缝。

5.2.13 后浇带混凝土应一次浇筑，不得留设施工缝；混凝土浇筑后应及时养护，养护时间不得少于28d。

案例二十

（2016年二建真题案例三节选）

 **背景资料**

某学校活动中心工程，现浇钢筋混凝土框架结构，地上6层，地下2层，采用自然通风。

在基础底板混凝土浇筑前，监理工程师检查施工单位的技术管理工作，要求施工单位按规定检查混凝土运输单，并做好混凝土扩展度测定等工作。全部工作完成并确认无误后，方可浇筑混凝土。

……

问题：除已列出的工作内容外，施工单位针对混凝土运输单还要做哪些技术管理与测定工作？

答案：

（1）核对混凝土配合比。

（2）确认混凝土强度等级。

（3）检查混凝土运输时间。

（4）测定混凝土坍落度。

知识点引申：

《混凝土结构工程施工规范》GB 50666—2011节选

8.1.1 混凝土浇筑前应完成下列工作：

1 隐蔽工程验收和技术复核；

2 对操作人员进行技术交底；

3 根据施工方案中的技术要求，检查并确认施工现场具备实施条件；

4 施工单位填报浇筑申请单，并经监理单位签认。

8.8.3 混凝土浇筑前应检查混凝土送料单，核对混凝土配合比，确认混凝土强度等级，检查混凝土运输时间，测定混凝土坍落度，必要时还应测定混凝土扩展度。

案例二十一

（2015年二建真题案例三节选）

 **背景资料**

某新建办公楼工程，总建筑面积为18600m²，地下2层，地上4层，筏板基础，钢筋混凝土框架结构。某分项工程采用新技术，现行验收规范中对该新技术的质量未作出相应规定。设计单位制定了"专项验收"标准。由于该专项验收标准涉及结构安全，建设单位要求施工单位就此验收标准组织专家论证。监理单位认为程序错误，提出异议。

问题：分别指出背景资料的不妥之处，并写出相应的正确做法。

答案：

不妥1：设计单位制定了"专项验收"标准。

正确做法：应由建设单位组织监理、设计、施工等相关单位制定专项验收要求。

不妥2：建设单位要求施工单位就此验收标准组织专家论证。

正确做法：涉及安全、节能、环境保护等项目的专项验收要求应由建设单位组织专家论证。

知识点引申：

《建筑工程施工质量验收统一标准》GB 50300—2013节选

3.0.5 当专业验收规范对工程中的验收项目未作出相应规定时，应由建设单位组织监理、设计、施工等相关单位制定专项验收要求。涉及安全、节能、环境保护等项目的专项验收要求应由建设单位组织专家论证。

案例二十二

 **背景资料**

　　某抗震设防烈度为7度的建筑工程，在主体结构施工过程中，监理工程师在检查钢筋连接情况时，发现梁、柱钢筋的搭接接头有位于梁、柱端箍筋加密区的情况。

　　……

　　问题：梁、柱端箍筋加密区出现搭接接头是否妥当？说明理由。如梁、柱端箍筋加密区的接头不可避免，应如何处理？

　　答案：

　　（1）梁、柱端箍筋加密区出现搭接接头不妥当。

　　理由：接头不宜设置在有抗震要求的框架梁端、柱端的箍筋加密区。

　　（2）当无法避开时，应用等强度高质量机械连接接头，且不应超过50%。

　　知识点引申：

《混凝土结构工程施工规范》GB 50666—2011节选

　　5.4.1　钢筋接头宜设置在受力较小处；有抗震设防要求的结构中，梁端、柱端箍筋加密区范围内不宜设置钢筋接头，且不应进行钢筋搭接。同一纵向受力钢筋不宜设置两个或两个以上接头。接头末端至钢筋弯起点的距离，不应小于钢筋直径的10倍。

　　5.4.4　当纵向受力钢筋采用机械连接接头或焊接接头时，接头的设置应符合下列规定：

　　1　同一构件内的接头宜分批错开。

　　2　接头连接区段的长度为35d，且不应小于500mm，凡接头中点位于该连接区段长度内的接头均应属于同一连接区段；其中d为相互连接两根钢筋中较小直径。

　　3　同一连接区段内，纵向受力钢筋接头面积百分率为该区段内有接头的纵向受力钢筋截面面积与全部纵向受力钢筋截面面积的比值；纵向受力钢筋的接头面积百分率应符合下列规定：

　　1）受拉接头，不宜大于50%；受压接头，可不受限制；

　　2）板、墙、柱中受拉机械连接接头，可根据实际情况放宽；装配式混凝土结构构件连接处受拉接头，可根据实际情况放宽；

　　3）直接承受动力荷载的结构构件中，不宜采用焊接；当采用机械连接时，不应超过50%。